人生三修：

修心　修性　修行

宿文渊　编著

图书在版编目（CIP）数据

人生三修：修心　修性　修行 / 宿文渊编著 . —杭州：浙江工商大学出版社，2018.6（2021.6 重印）

ISBN 978-7-5178-2221-9

Ⅰ . ①人… Ⅱ . ①宿… Ⅲ . ①个人—修养—通俗读物 Ⅳ . ① B825-49

中国版本图书馆 CIP 数据核字（2017）第 140885 号

人生三修：修心　修性　修行

宿文渊 编著

责任编辑　张春琴
封面设计　思梵星尚
责任印制　包建辉
出版发行　浙江工商大学出版社
（杭州市教工路 198 号　邮政编码 310012）
（E-mail: zjgsupress@163.com）
（网址：http: //www.zjgsupress.com）
电话：0571-88904980，88831806（传真）
排　　版　北京东方视点数据技术有限公司
印　　刷　唐山富达印务有限公司
开　　本　710mm × 1000mm　1/16
印　　张　20
字　　数　277 千
版 印 次　2018 年 6 月第 1 版　2021 年 6 月第 3 次印刷
书　　号　ISBN 978-7-5178-2221-9
定　　价　78.00 元

浙江工商大学出版社营销部邮购电话　0571-88904970

前言

生活中，我们常常为境遇所苦，为得失所累，为名利所惑，为喧嚣所扰；在顺境中迷失，在困境里彷徨；失去了就抱怨，得到了却不知足；穷困时不知如何自处，富有时被烦恼缠身，总是不得解脱。要解决这些问题，我们需要学会修心、修性、修行。

房间需要经常打扫，不然就会很快落满灰尘，人的心灵也是如此。那些看不见、摸不着、感觉不到的心尘，唯有靠自我修炼才能使心灵时时保持洁净、澄澈。修心就是净化内心的过程：消除烦恼，留下欢乐；赶走悲伤，留下坚强。脱离金钱、名利、权位的束缚，让自己的心灵更有力量去面对、承受这世间种种的坎坷和磨难。静下心来，时时自省，让从容和淡然在体内散开，让我们的心灵永远向善、向美、澄澈安宁。如此，人生的幸福也将依次在我们眼前展现。修心，让每个人都能执一盏灯，驱散心内的黑暗与迷茫，在疲惫中找到安心之所，在忙碌中找到定心之处，在喧嚣里找到静心之地。

修性，不是让你不屑一切，只是使你少了份热烈，多了份稳重；不是无所求，庸碌一生，而是放下妄想与执着；不是看破红尘、不思进取，而是经过岁月磨砺后看淡世俗名利。学会修性的人，拥有超人的自信和勇于担当的奋斗豪情，拥有不怕寂寞、脚踏实地、百折不回的执着，常怀宽容之心，豁达而坚强，凡事不妄求于前，不追念于后，从容平淡，自然达观，随心、随情、随性。保持坦然愉快的心情，让自己的内心变得强大，在每天结束的时候看到一个新我，拥有一个超然的人生。

人生就是一次修行，在经历了挫折和磨难的考验之后，总能在逆境中找寻到前行的方向，不断地提升修为，增强自控能力，拥有智慧的头脑、积极的心态、准确的眼光、强有力的行动和钢铁般坚强的意志。做到从容应对，在各种诱惑面前耐得住性子，不为之所动；保持清醒的头脑，“不戚戚于贫贱，不汲汲于富贵”；远离虚伪和诱惑，明白什么是爱、什么不是爱，什么属于自己、什么不属于自己；不以物喜，不以己悲；有足够的时间和心情去品评人生的况味，享受人生的乐趣；在世事的牵累、终日的忙碌中偷出空闲，滋养自己，表现出端庄的气度、深厚的内涵；知道爱恨情仇、恩怨得失虽无法忘记，但可以宽宥，从而让一切慢慢沉淀在记忆里。于简单中活出丰富，于苍白处增添斑斓的色彩。

《人生三修：修心 修性 修行》从现实生活的实际出发，以睿智的富有哲理的观点和看法，教人看透人生真谛，教你正确面对生活中的种种不如意，能选择，懂放弃。教你懂得尽人事，听天命，不贪婪，不妄求，懂宽容，知进退，宠辱不惊，成功了不扬扬自得，失败了不悲观失意，在忙碌之中体会内心的宁静和生活的乐趣。本书逻辑缜密、符合实际，富有现实的指导意义，将道理与故事相结合，文字灵动而深刻，句句触动人心，帮助读者找到自身问题的所在，调整心态，调整看问题的角度，最终摆脱烦恼和痛苦的困惑，活出属于自己的幸福和快乐。

行走在喧嚣人世，修心、修性、修行，给自己修一条宽广的人生大道，在风雨得失中昂起头颅，在悲喜的大潮中挺直脊背，接受人生的各种挑战，忍受住各种突如其来的磨难和苦厄，在一点一滴的积累中逐渐让自己变得强大，在人生的赛场上成为笑到最后的人。

目录

修 心

修 性

修　行

修心

第一章

观心：修好心才能转好运

做人先从观心开始

佛学思想中有这样一个观念：人来到这个世界，比是为偿还欠债，报答所有恩缘。因为我们赤条条地来到这个世界上，本来一无所有。长大成人，吃的、穿的、所有的一切，都是众生、国家、父母、师友们给予我们的恩惠。只有我负别人，别人并无负我之处，因此，要尽我所有，尽我所能，贡献给世人，以报答其恩惠，还清我生生世世累积起来的旧债，甚至不惜牺牲自己而为人、济世、利物。

国学大师南怀瑾在讲解《金刚经》时说："先学做人，能把儒家四书五经等做人之理通达了、成功了，学佛一定成功。像盖房子一样，先把基础打好。人都没有做好，就要学佛，你成了佛，我成什么？要注意啊！要先学做人，人成了，就是成佛，佛法告诉你的就是这个道理。"

很多人苦苦寻觅幸福，但佛陀告诉世人，做好自己，做好眼前的事，即得幸福，得道。其实，学佛也好，找到幸福也好，首先最应该做的不是念"阿弥陀佛"或空想，而是做好当下的事情，完成一个人在这世上应该做的事。只有把该做的事情做圆满了，才能体悟生活的道理，领悟人生的真谛，获得对尘世的正确见解。老老实实做人，踏踏实实做事，那么，人人都可成佛。

有一位年轻和尚，一心求道，多年苦修参禅，但一直没有开悟。

有一天，他打听到深山中有一古寺，住持和尚修炼圆通，是得道高僧。于是，年轻和尚打点行装，跋山涉水，千辛万苦来到住持和尚面前，两人打起了机锋。

年轻和尚："请问高僧，您得道之前，做什么？"

住持和尚："砍柴担水做饭。"

年轻和尚："得道之后又做什么？"

住持和尚："砍柴担水做饭。"

年轻和尚哂笑："何谓得道？"

住持和尚："我得道之前，砍柴时惦念着挑水，挑水时惦念着做饭，做饭时又想着砍柴；得道之后，砍柴即砍柴，担水即担水，做饭即做饭，这就是得道。"

住持和尚说，得道就是"砍柴即砍柴，担水即担水，做饭即做饭"，这真是一语道破禅机，认认真真地干好手中的每件事情便是得道。不要把佛法想得过于高深和遥不可及，其实佛法很平凡，它存在于我们生活的每个细节之中。做佛就是做人，一个真正成佛的人，往往在人间最平常的地方。正如佛所说的，真正的智慧成就，即非般若波罗蜜。"般若波罗蜜"是梵语，是"智慧"的意思，智慧到了极点，到了没有智慧的境界，那才是真智慧。真理就存在于平凡中，能到达人间最平凡处，才能接近佛法之道，也就是做人之道。

在佛家看来，世法与佛法是同样的道理，因此，出家的人要懂世法，世法懂了，佛法就通了。真正的佛法，并不是以梅花明月、洁身自好便能彻悟的，后世学佛的人，只重理悟而不重行持，大错而特错矣。

先学做人，再学做佛，这是佛法的本义。一个人如果真的能够照此修行，不但可以使自己获得幸福，还能够造福社会，成为社会的有用之材。

踏踏实实，保持真实的自己

“木末芙蓉花，山中发红萼，涧户寂无人，纷纷开且落。”这是王维的一首诗，名叫《辛夷坞》。这首诗写的是在辛夷坞这个幽深的山谷里，辛夷花自开自落，平淡得很，既没有生的喜悦，也没有死的悲哀。无情有性，辛夷花得之于自然，又回归自然。它不需要赞美，也不需要人们对它的凋谢洒同情之泪，它把自己生命的美丽发挥到了极致。

在佛家眼中，众生平等，没有高低贵贱，每个个体都自在自足，自性自然圆满。《占察善恶业报经》有云：“如来法身自性不空，有真实体，具足无量清净功业，从无始世来自然圆满，非修非作，乃至一切众生身中亦皆具足，不变不异，无增无减。”一个人如果能体察到自身不增不减的天赋，就能在世间拥有精彩和圆满。

我们常常会有这样的感觉，远处的风景都被笼罩在薄雾或尘埃之下，越是走近就越是朦胧；心里的念头被围困在重峦叠嶂之中，越是急于走出迷阵就越是辨不清方向。这是因为我们过多地执着于思维，而忽视了自性。佛祖曾经讲过一个故事，教导我们认识自性。

一位富人有四位妻子：第一个妻子活泼可爱，在富人身边寸步不离；第二个妻子是富人抢来的，倾国倾城却不苟言笑；第三个妻子整天忙于打理富人的琐碎生活，把家中大小事务管理得井然有序；第四个妻子终日东奔西跑，富人甚至忘记了她的存在。

富人生病即将去世，他把四位妻子叫到床前，问她们：“平日里你们都说爱我，如今我就要死了，谁愿意陪我一起去阴间呢？”

第一个妻子说：“你自己去吧，以前一直都是我陪在你身边，现在该换她们了。”

第二个妻子说：“我是迫于无奈才嫁你为妻的，活着的时候都不情愿，更不要说陪你赴死！”

第三个妻子说：“虽然我很爱你，但是我已经习惯了安逸稳定的生活，不愿意陪你去过餐风饮露、衣食无着的日子。”

富人非常伤心，他近乎绝望地看着第四个妻子。

第四个妻子说：“既然我是你的妻子，无论你到哪里我都会陪在你身边。”

富人心中一惊，既感动又愧疚地看着第四个妻子，含笑去世。

佛祖解释说：“其实这位富人就是芸芸众生中的一位，四位妻子则代表每个人活着的时候所拥有的东西。第一位妻子指的是你们的肉体，生来不可剥离，死时却注定要分开；第二位妻子指的是你们的金钱，生不带来，死不带去；第三位妻子指的是你们的妻子，活着的时候相敬如宾、举案齐眉，死的时候仍然要分道扬镳；第四位妻子指的是你们的自性，人们常常忘记了她的存在，而她却永远陪伴着你。”

每个人都有自性，也就是自己的本心，生而相随，死而相伴，不能抛却。然而，并不是所有人都能体察自性，于是很多人随波逐流，丧失自我。我们常常需要他人的赞美才能前行，一旦受打击就会停滞不前。要做到像辛夷花一样平淡地自开自落并不容易，但如果明了自己的本心，并坚信执守，就不会被他人的态度左右。

我们无法改变别人的看法，但可以保持一个真实的自己。想要讨好每个人是愚蠢的，也没有必要，与其把精力花在别人身上，还不如用尽全力踏踏实实做人、兢兢业业做事。改变别人的看法是很难的，做好自己却是容易的，如果一个人能保持自我生命的圆满，修一颗笃定的本心，就能把生命的精彩发挥到极致。

主动孤独，沉淀一切烦恼

有的人生性好静，懒于在灯红酒绿、尔虞我诈的社交场合敷衍应酬，闲暇时更愿意结伴于青灯古卷，品茗读书，抑或独自远行，涉足山川沃野。但是，更多的人害怕孤独，无论是独自垂钓的宁静和淡泊，还是众人皆醉我独醒的超然，于他们而言，都是不堪忍受的折磨。

佛家将孤独的形式分为四种：

第一种是“主动的孤独”，就是为了修行而主动创造一个与他人隔绝的环境，无论打坐诵经，还是读书写作，都完全不受外界的干扰，只留下一颗求知之心。

第二种是“被动的孤独”，可以理解为情感上的孤独，是一个人从内心深处感受到的寂寞，或被团体成员所排斥时，即使身在团体之中依然能感觉到的孤独。

第三种是“思想的孤独”，当一个人的观点不为他人所接受，思想得不到他人认可时，就会感受到精神上的孤立无援。

第四种是“权势的孤独”，高处不胜寒的感受是大多数身居高位的人所共有的。

孤独的形式有所不同，但孤独的味道每个人都品尝过。下面这个故事中的修行者，就是一个切身体会到孤独并为此痛苦的人。

在一次禅七（禅宗的参禅方法，以七日为期坐禅修行）中，一位修行者突然哭了起来。圣严法师问他为何哭泣，他回答：“生活在世界上的孤独感让我害怕。”

圣严法师说：“难道你不知道每个人都是独自来到这个世界，最后也独自离开吗？”

修行者说知道，但是仍然害怕。

圣严法师问："那么在禅七修行中你还害怕吗？"

他说不怕，但是一回到日常生活中，由孤独而生的恐惧与不安就会再度袭来。

这个修行者所体验到的更多的是情感上的孤独，情感无所寄托让他感到茫然和痛苦。在现实生活中，孤独是不可避免的，但是我们可以改变面对孤独的态度。事实上，孤独是修行与生活中都必不可少的状态，尤其对于真正有心修行的人来说，热闹的场合固然可以参与，但更应该适应孤独的情境，并且要能够出于自愿随时置身于孤独之中，追求"主动的孤独"。

一位禅宗大师曾闭关修行多年，在闭关之前，一位年老的居士前来拜访，并问他："你想成为什么样的和尚？"禅师并未做出明确的回答，这就像无法预计陶器经过炉火的烧烤会变成什么样子。孤独的修行与学习就像陶器烧制的过程一样，痛苦在所难免，但能使人得到提升。

一个人独处时，最好的知音是自己，最大的敌人也是自己。对于修佛之人而言，倘若一个人的修行功夫不够深，就很容易被自己的妄念左右。对于普通人来说更是如此。在孤独的环境中，若不能踏踏实实地潜心学习，就可能迷失在自己所设的迷障中。

孤独固然令人痛苦，但能让人变得更加坚强、更加成熟。"主动的孤独"更是如此，无论是修行，还是日常的学习，孤独的环境都能够让人获得平静的心态和静谧的氛围，不容易受到外界杂务琐事的干扰。在孤独的环境中，人最好的知音就是自己，通过"主动的孤独"，平静地面对自己，调理身心，思考生命。当人处于孤独之中时，一切烦恼和牵挂都会沉淀下来，这样他会更容易看见自己的内心深处，更容易在内心深处找到自我，了解自己。只有真正了解自己，才能在现实生活中找到适合自己的人生方向，并努力贯彻，坚持到底。

自省的力量

自省，就是自我反省、自我检查，自知已短，从而弥补短处、纠正过失。佛陀强调自觉觉他，强调以达到觉行圆满为修行的最高境界。要改正错误，除了虚心接受他人意见之外，还要不忘时时观照已身。自省自悟之道，可以使人在不断地自我反省中达到水一样的境界，在至柔之中发挥至刚至净的威力，具有广阔的胸襟和气度。

"知人者智，自知者明。"观水自照，可知自身得失。人生在世，若能时刻自省，还有什么痛苦、烦恼是不能排遣、摆脱的呢？佛说："大海不容死尸。"水性是至洁的，表面藏垢纳污，实质水净沙明，至净至刚，不为外物所染。

古代，一位官员被革职遣返，心中苦闷无处排解，便来到一位禅师的法堂。禅师静静地听完了此人的倾诉，将他带入自己的禅房之中。禅师指着桌上的一瓶水，微笑着对官员说："你看这瓶水，它已经放置在这里许久了，每天都有尘埃、灰烬落在里面，但它依然澄清透明。你知道这是何故吗？"官员思索良久，似有所悟："所有的灰尘都沉淀到瓶底了。"

禅师点了点头，说道："世间烦恼之事数之不尽，有些事越想忘掉却越挥之不去，那就索性记住它好了。就像瓶中水，如果你不停地振荡它，就会使整瓶水都不得安宁，混浊一片；如果你愿意慢慢地、静静地让它们沉淀下来，用宽广的胸怀容纳它们，那么心灵不但并未因此受到污染，反而更加纯净。"官员恍然大悟。

观水学做人，时常自省，便能和光同尘，愈深邃愈安静；便能至柔而有骨，执着而穿石，以"天下之至柔，驰骋天下之至坚"。时常自省，便能灵活处世，不拘泥于形式，因时而变，因势而变，因器而变，因机而动，生机无限；时常自省，便能清澈透明，纤尘不染；时常自省，便能润泽万物，有容乃大，通达而广济天下，奉献而不图回报。

古人说："以铜为镜，可以正衣冠；以古为镜，可以知兴替；以人为镜，可以明得失。"如果没有自省的态度，那么，即使明镜摆在面前，也是视若无睹，何谈正衣冠、知兴替、明得失呢？

佛陀为了说明自省过失的重要性，打了一个比喻，记载于《百喻经》中。

有一个村庄的人合伙偷得了一头牛，并将它宰杀后分食。失牛的人追踪到村子里，问村人："我的牛在你们村庄里吗？"

偷牛的村人答："我们没有村庄。"

失牛的人问："池边不是有棵树吗？"

村人答："没有树。"

失牛的人又问："你们是不是在村庄的东边偷牛？"

村人仍旧回答："没有'东边'。"

失牛的人再问："你们是不是在正午偷牛？"

村人还是回答："并没有'正午'。"

于是，失牛的人说："没有村庄，没有池塘，没有树还算合理，可是天底下怎会没有东边，没有正午呢？所以你们一直在说谎，牛一定是你们偷的。"

那些村人再也无法抵赖，只好承认。

佛陀用这个故事来比喻那些犯了戒条却极力隐瞒，不肯自省忏悔，改过迁善的人，他们总是用一个谎言来掩盖另一个谎言，最终无法掩盖其罪。只有勇于承认自己的过失，恳切地发出忏悔，才能走上光明的大道。

人人都犯过错误，但很少有人能自省，因为自省是一次自我解剖的痛苦过程，好比一个人拿起刀亲手割掉身上的毒瘤，需要巨大的勇气。认识到自己的错误或许不难，而用一颗坦诚的心灵面对它，却不是一件容易的事。懂得自省，是大智；敢于自省，则是大勇。割毒瘤可能会有难忍的疼痛，也会留下疤痕，却是根除病毒的唯一方法。只要"坦荡胸怀对日月"，心地光明磊落，自省的勇气就会倍增。

自省是道德完善的重要方法，是治愈错误的良药，它能给混沌的心灵带来一缕光芒。在我们迷路时，在掉进了罪恶的深渊时，在灵魂被扭曲时，在自以为是、沾沾自喜时，自省就像一股清泉，将思想里的浅薄、浮躁、消沉、自满、狂傲等污垢荡涤干净，重现清新、昂扬、雄浑和高雅，让生命重放异彩、生机勃勃。

有约束，才不会走错路

佛法中之所以有十分严格的持戒，是因为任何事物都需要一定的约束。俗话说，“没有规矩，不能成方圆”，世间万事万物都受到一定的约束，没有事物拥有绝对的自由，只有不同约束条件下的相对自由。

约束和自由并非绝对，而是相对的。一方面，有了约束才会有自由，因为自由存在的前提是束缚，没有道德、法律上的约束和规定，或者各种人为的规则和要求，自由就无从谈起；另一方面，没有自由，约束也就失去了其意义和作用。

不仅是人，自然界里的其他生物亦如此。“大鱼吃小鱼，小鱼吃虾米”这句话，阐述的是生物链，而生物链就是自然界中自由与约束的关系。没有一种生物是没有天敌的，它们在和同类生活的同时，也要提防天敌的袭击。假设哪天狮子不吃羊了，豹不食兔子了，所有动物都安乐地繁殖，那么终有一天，世界上的动物会越来越多，那么除了“人口危机”外，还会出现“动物危机”，到时候动物们是不是也需要找一个星球来移居呢？

人与动物最根本的区别在于，人有一种非凡的能力，那便是自我约束。自我约束就是自律，是人生很重要也很难得的品德，也是一个人修养的体现。一个声誉良好的人总是能使自律成为习惯，正因为自律，他的品行才能经受住多种考验。而一时的忽视，就有可能让你前功尽弃，使好名声化为流水。

这天，刚刚做完日常佛事，僧侣们正要走出禅房时，方丈守心法师扬

手碰落了供台上的一个瓷瓶，瓷瓶摔得粉碎。众弟子一下愣在那里，不知方丈这一举动是有意为之，还是无意所致。守心法师见学僧都以探询的眼光看着自己，便语气凝重地说：“一泥土，不知经历了多少工序，经过了多长时间的煅烧，才超脱成珍贵的瓷瓶，被我们摆上神圣的供桌，成为一件高贵圣洁的法器。如果保存好了，千百年都不会损坏，可以万世流传。可是，扬手之间，它就坠落于地，一文不值了。同理，一个人，尤其是敛德修行的僧人，取得了法号，悟出了境界，不是件易事，若不珍惜、不自律，堕落起来便与瓷瓶无异！”僧侣们都默默无语，有些人忽然有所顿悟，合掌跪地，深表忏悔。

正如守心法师所言，人若不珍惜、不自律，堕落起来便与坠地的瓷瓶一样，一文不值。名声品行积累起来不容易，但挥霍一空只是眨眼之间，令人痛惜，所以古人总是强调谨小慎微、善始善终。

约束看似抽象，但事实上，世界万物都是由它构成的。河床是河流的约束，如果河流没有了河床的约束，那么它将泛滥成灾；轨道是火车的约束，如果火车失去了轨道，那么它将无法行驶；土壤是植物的约束，如果植物离开了土壤，那么它将不能生存。道德与理智是人的约束，如果人失去了理智，没有了道德与规定的约束，那么这个世界将一片狼藉，也就不会有今天的文明了。

约束是必要的，对人、对事物具有促进的作用。放任自由将导致自由泛滥成灾，只有约束才能成就秩序、成就和谐、成就圆满。生活中唯有学会自律，学会自我控制和自我约束，修炼一颗坚毅守矩的心，才能拥有坚强的意志，成就美好人生。

以勇气忏悔，用真诚改过

世界著名的文学大师巴尔扎克说：“悔和爱是两种美德。”一个人能为自己的过错忏悔，是有力量的表现，是心灵接近纯净光明的象征。在佛家看来，忏悔能消一切业，能增长善法功德。

常惭愧、常反省、常忏悔，才能常进步。一颗时时自省、时时惭愧、时时忏悔的心，如一盏警示灯，保证生活航路的平稳安全。如果一个人从懂事的时候开始，就经常惭愧对父母的孝顺不够、对老师的尊敬不够、对亲人的照顾不够，经常惭愧对晚辈的提携不够、对别人的恭敬与沟通不够，经常惭愧不懂世间的各种学术、没有能力担当世间的各种责任，并在这种惭愧之上自省，进而忏悔改正，就一定会奋发图强，有所作为。这是学佛者的佛道，也是为人者的人道。

佛陀让弟子们在庭院中竖起一根大铁柱。

在新年的前夜，佛陀叫来阿难，请他先去沐浴，然后换上一件新袈裟。等阿难梳洗完，穿着新装来到佛陀面前时，佛陀慈爱地对阿难说：

“阿难！我要请你帮我做一件很重要的事。”

阿难急忙问：“世尊，您要我给您做什么事呢？”

佛陀微微一笑，指着那根竖立在不远处的铁柱对阿难说：

“你去敲一敲那根铁柱，一定要用力地敲，使劲地敲。”

阿难点头答应后就走到那根铁柱旁，拾起地上一块坚硬的石头，对着那根铁柱先试着比画了几下，随后用力敲了一下。

猛然间，那根铁柱发出了响亮的声音，这声音几乎传遍整个舍卫国，连地狱里的饿鬼和畜生道中的畜生们也都听见了。更奇怪的是，大家听到这声音后，所有的痛苦、烦恼都消失了。这些事阿难在敲击铁柱前并没有想到，事实上，连阿难自己也被声音震撼了。

这声音将在僧房中休息的比丘们召唤了出来，他们都会聚到讲经堂。

佛陀对他们说：“众位弟子，明天就开始新的一年了，大家已学习了一年的佛法，现在你们应该反省一下自身，我也同样需要反省。你们两人一组，各自向对方检讨自己的过失，并要对自己所犯的过失做出忏悔，使自己的身心清净不染杂念。”

所有弟子都遵从佛陀的吩咐，两人一组，认真检讨自身，忏悔后重新回到了自己的座位上。

这一天中，有一万个比丘感受到了佛义，消除了一切杂念，另有八千个比丘修成了阿罗汉。

使八千比丘修成阿罗汉，使一万比丘除却杂念，这就是忏悔的力量。忏悔能让你战胜内在的敌人，清除自己灵魂深处的污垢尘埃，减轻精神痛苦并净化自己的精神境界。

忏悔是一日三省吾身的坚毅，是放下屠刀的睿智，是与过去丑陋行为的诀别。如果一个人有了忏悔的需要，是因为他发现了美好而光明的东西。忏悔并不是一件容易的事情，因为它意味着完全袒露内心，正视自己的过失，这需要很大的勇气。

忏悔能洁净灵魂，在忏悔中，我们能认识并改正已犯下的过错，在此基础上防止同样的错误再次发生，并且不断地改进并完善自身。其实，无论是学佛修行，还是工作生活，都应该正视自己的不足。唯有认识到自己的不足，才能够使自己更完美，由此使生活更完美。

敲响心灵的忏悔之钟，以莫大的勇气，严肃而诚挚地看待自己的瑕疵，探索内心，找出自己的缺点，并诚心改过，修一颗真诚的忏悔心。

心不动，荣辱皆安定

“不动心”是一个人修养和定力的体现，若一个人心无定力，就会被外界环境左右，随外界的境遇而动摇。佛家认为，心是一切的基础，一个人如果想要真正入定，必须先从修心开始。修心即是净心，心灵不随外物而转，就能达到心智的自由。

五色幡升空时迎风飘动，一僧说是幡动，一僧说是风动，六祖惠能从旁边经过，笑谈，既非风动，也非幡动，乃二僧心动。

风动、幡动，都不过是外境的变迁，不动心，才能真正认清自我，保持内心的安宁。

人们想要净心时，往往习惯于用理性去控制，但这样做很可能适得其反。虽然在不断告诉自己“不能动心，不能动心”，其实这个时候心已经动了；提醒自己“心不能随境转”，这个时候心已经转了。真正的净心不是刻意控制，也不是刻意把握它。什么时候都知道自己的心，心自然而然就不因外在环境而波动。心不动了，人就不会为外界的诱惑所动，从而可以净化自身。

仰山禅师有一次请示洪恩禅师：“为什么吾人不能很快地认识自己？”

洪恩禅师回答：“我给你说个譬喻，如一室有六窗，室内有一猕猴，蹦跳不停，另有五只猕猴从东西南北窗边追逐猩猩。猩猩回应，如是六窗，俱唤俱应。六只猕猴，六只猩猩，不容易很快认出哪一个是自己。”

仰山禅师听后，知道洪恩禅师是说吾人内在的六识（眼、耳、鼻、舌、身、意）和追逐外境的六尘（色、声、香、味、触、法），鼓噪繁动，彼此纠缠不清，如空中金星蜉蝣不停，如此怎能很快认识哪一个是真的自己？因此便起而礼谢道：

“适蒙和尚以譬喻开示，无不了知，如果内在的猕猴睡觉，外境的猩猩欲与它相见，且又如何？”

洪恩禅师便下绳床，拉着仰山禅师，手舞足蹈似的说道：

“好比在田地里，防止鸟雀偷吃禾苗的果实，竖一个稻草假人，所谓‘犹如木人看花鸟，何妨万物假围绕’？”

仰山终于言下契入（在言语中体会佛法真意）。

人之所以难以认清自己，是因为真心蒙尘，就像一面镜子，被灰尘遮盖，就不能清晰地映照出物体的形貌。真心不显，妄心就会占据人心，时时刻刻攀缘外境，心猿意马，不肯休息。

不识本心，内心不定，心就会随物转；倘若能了知自己的心，动静如一，那么万象万物都可以随心而转。净心才能入定，从而摆脱外物的牵绊；心不因外物而动才能真正认清自己，遇到顺境不动，遇到逆境也不动，不受任何外在的影响。“心不在焉，视而不见，听而不闻，食而不知其味”，不管世间如何变化，在心静的人看来，都是一样。

可是，大部分时候我们的心不但无法静定，无法转物，还常常随着外境的变动团团转。心灵之所以做不了主，是因为世间诱惑太大，我们容易被虚名所惑，被虚利所迷，无法摆脱欲望的纠缠。

人们常常有一种随波逐流的从众心理，做事的动机往往不是那么明确，看到别人怎么做自己也怎么做，而不是按照自己的主观意愿去行动，尤其是在通往成功、幸福、快乐的道路上，一切似乎已经有了约定俗成的标准。

俗话说：“众口铄金，积毁销骨。”能在多数人的否定中肯定自我的人是具有大智慧的人，也是能走向成功的人。能够在多数人的打击中昂然挺立，坚持自己的判断，不为外物所动，这样的人一定能有所成就。只要心中澄澈清明，就不会被欲望牵制。

每个人都有无可取代的优点

有一位得道高僧说：“如果你认定自己是块陋石，那么你可能永远只是一块陋石；如果你坚信自己是一块无价的宝石，那么你就是无价的宝石。”

人如果能够正确地看待自己，那就成功了一半，关键在于，人很难做到正确地看待自己。

佛陀或者高僧度人，就是要教人们找到自身的慧根，告诉人们成佛的关键在于自己的修为和领悟。度人的第一任务，是教会别人认清自己的优点。

有一次，石屋禅师和一个偶遇的青年男子结伴同行。天黑了，那个男子邀请禅师去他家过夜："天色已晚，不如在我家过夜，明日一早再赶路？"

禅师向他道谢，与他一同来到他家。半夜的时候，禅师听见有人蹑手蹑脚地进入他的屋子里，禅师大喝一声："谁！"

那人被吓得跪在地上，禅师揭去他脸上蒙着的黑布一看，原来是白天和他同行的青年男子。

"怎么是你？哦，我知道了，原来你留我过夜是为了这个！我一个和尚能有多少钱，你要干就干大买卖！"

那男子说："原来是同道中人！你能教我怎么干大买卖吗？"

禅师对他说："可惜呀！你放着终生享用不尽的东西不去学，却来做这样的小买卖。这种终生享用不尽的东西，你想要吗？"

"这种终生享用不尽的东西在哪里？"

禅师突然紧紧抓住男子的衣襟，厉声喝道："它就在你的怀里，你却不知道，身怀宝藏却自甘堕落，枉费了父母给你的身体！"

一语惊醒梦中人，这个人从此改邪归正，拜石屋禅师为师，后来成为著名的禅僧。

在失败或者不如意的时候，人们往往怨天尤人，觉得世道不公。事实并非如此。人们之所以有这种想法，是因为他们忽略了自身的力量。正像故事中所表达的，很多时候我们都对自身高贵的灵魂视而不见。这个灵魂是我们最忠实的朋友，只要需要它、相信它，它就不会离我们而去。

任何人都不要觉得自己过于平凡、不值一提，每一个人都拥有佛性，关键在于能否给予自己肯定。人是可以改变的，一切就看自己怎么看待。如果太早给自己下定论，屈服于现有的命运，那么，一生将只能停留彷徨。

在学会肯定他人之前，应当先学会肯定自己。自我肯定，要有"我能、我会、我可以"的自信。一个能自我肯定的人，自然拥有自信。

每个人身上都有独一无二的优点，认清自身的宝藏，了知自己的心，对自己有坚定不移的信心，才能实现自我，走出一条正确的道路来。

以自谦的态度提升自己

修行之人，要戒骄戒躁，而对“我”的强烈执着，往往使人无法认清自我而容易自大，在为人处世之时就会表现得傲慢无礼。人一旦忽视了因缘的帮助，而错认为所有的成就完全是来自自身的能力与伟大，就容易产生“慢”的心理。

“慢”的表现分为四种：

第一种是源于不能正确认识自己而自以为了不起的傲慢。

第二种是自己觉得强过别人而产生的慢心。

第三种是增上慢，在修行中有了一点经验就觉得自己修成了正果。

第四种是卑劣慢，也就是人们常说的酸葡萄心理，自己明明有缺点，却不肯承认别人比自己优秀，甚至鄙视别人的优点和成就。

一个傲慢的人常常会因为过于自大而忽视了身边人的感受，会漠视甚至伤害身边的人。傲慢的人经受不住挫折，一旦遭到别人的批评或者责怪，就容易愤怒，甚至攻击别人，以求自慰。

日本明治时代有一位著名的南隐禅师，常常能用一两句话给人以深刻的点拨，很多人慕名而至，前来问佛参禅。

有一天，一位官员前来拜访，请南隐禅师为他讲解何谓天堂，何谓地狱，并希望禅师能够带他到天堂和地狱去看一看。南隐禅师面露鄙夷之色，开始用刻薄的语言嘲笑官员的无知。

官员大怒，立刻让身边的差役棒打南隐禅师，南隐禅师跑到佛像后面，探出头来对着官员喊：“你不是让我带你参观地狱吗？看，这就是地狱！”

官员顿时明白了南隐禅师所指，心生愧疚，于是低头向禅师道歉，官员被南隐禅师的智慧所折服，神情之中流露出谦卑之色。

南隐禅师又说：“看，这不就是天堂吗？”

在听到南隐禅师的辱骂之后，这名官员尚未思考禅师的用意便勃然大怒，是对我相的过于执着，一念之间，便坠入地狱；反之，当他以一颗谦卑之心待人时，便身处天堂之中，这正是一念天堂，一念地狱。由此可知，谦虚能够助人克服傲慢之心，将人从负面情绪的炼狱之中解脱出来。

谦虚是一种美德，古语有云："谦受益，满招损。"一个谦虚的人，始终将自己摆放在比真正的自我更低的地方，就好像大海本在最低处一样，位置定得低，才能拥有更加广阔的提升空间。

有一个学僧在无德禅师座下学禅，刚开始他非常专心，学到了不少东西。一年之后，他自以为学得差不多了，便想下山去云游四方，禅师讲法的时候他什么都听不进去，还常常表现出不耐烦的样子。他的这些行为无德禅师全看在了眼里。

这天无德禅师决定问清缘由，他找到学僧问："这些日子，你听法时经常三心二意，不知是何原因。"

学僧见禅师已识透他的心机，便不再隐瞒什么，对禅师说："老师，我这一年学的东西已经够了，我想去云游四方，到外面去参禅学道。"

"什么是够了呢？"禅师问。

"够了就是满了，装不下了。"僧人认真地回答。

禅师随手找来一个木盆，然后装满鹅卵石，问学僧："这一盆石子满了吗？"

"满了。"学僧毫不犹豫地答道。

禅师又抓了好几把沙子撒入盆里，沙子漏了下去。

"满了吗？"禅师又问道。

"满了！"学僧还是信心十足地答道。

禅师又抓起一把石灰撒入盆里，石灰也不见了。

"满了吗？"禅师再问。

"好像满了。"学僧有些犹豫地说。

禅师又往盆里倒了一杯水下去，水也不见了。

“满了吗？”禅师又问。

学僧没有说话，跪拜在禅师面前道：“老师，弟子明白了！”

学到一点东西就不可一世，盲目骄傲是可笑而且可怜的。一颗谦虚的心正如那盛了石子、沙子、石灰及水的木盆，总是能盛放更多的东西，在日积月累中不断充盈，谦虚的人才能成为真正的智者。

骄傲是一种不幸，自负是一种毁灭。俗话说：“谦虚的人马到成功，骄傲的人途穷日暮。”谦虚的人，因为看得透彻，所以不急躁；因为想得长远，所以不狂妄；因为站得高，所以不骄傲；因为立得正，所以不畏惧。

谦虚之人，虚怀若谷，能纳百川于胸中；而骄傲自满，必难吸收有用之物。人生有涯而学海无涯，一个人不管知识多么渊博，也不过是沧海一粟。只有保持一颗谦虚的心，以一种谦卑的态度处世，才能够在念念之间一步步接近人生的至高境界。

第二章

安心：真正的贫穷是心无安处

明浮躁源，戒浮躁心

无论外界怎样，我们都应该随时提醒自己不要有一丝一毫的浮躁，认认真真、踏踏实实才是处世之道。

浮躁，是轻浮急躁的意思，是造成人们做事的目的与结果不一致的常见原因。心浮气躁的人做起事来一味追求速度，既无准备，也无计划，恨不能一日千里、一蹴而就，结果往往遭遇挫折和失败，由此给自己造成心理上的痛苦和烦恼。要从浮躁中解脱身心，首先必须找出浮躁的根源。

浮躁源自急于求成的心态和希望立刻拥有一切的贪婪。一个人若是贪求太多，心中的念头就会一个接着一个，不得平息。念头一多，情绪波动就大，而情绪越是起伏不定，做事就越急躁，越不得要领，因此也就难以达到目标。

现代高僧弘一法师在念佛一事上很强调戒“躁”，他十分痛恨浮躁，认为有些人之所以念不好佛，完全是浮躁导致的。人人都能念佛，不认识字的人可以先听大家念，一边听一边学；而口舌不灵便的人则可以跟着大家慢慢地念；懒惰的人也可以被大家一起念佛的积极性所感染，从而也和大家一起念。

不认识字的人、口舌不灵便的人、懒惰的人之所以念不好佛，是因为他们只盯着结果，而不愿花费心思做好眼前的事。正如弘一法师所说，只要肯用心，人人都能念好佛。做事情也是如此，只要静下心来努力去做，没有做不到的。

一位学僧问禅师："师父，以我的资质多久可以开悟？"

禅师说："十年。"

学僧又问："要十年吗？师父，如果我加倍苦修，又需要多久开悟呢？"

禅师说："得要二十年。"

学僧很是疑惑，于是又问："如果我夜以继日、不休不眠，只为禅修，又需要多久开悟呢？"

禅师说："那样你永无开悟之日。"

学僧惊讶道："为什么？"

禅师说："因为你只在意禅修的结果，又如何有时间来关注自己呢？"

禅师意在劝诫学僧，凡事切不可急躁冒进。的确，想要成就一番伟业，关键在于戒除急躁，真正静下心来，一心一意地将事情做好。一个人越是急躁，就会在错误的思路中陷得越深，也就越难以摆脱痛苦。

宋朝的朱熹十五六岁就开始研究禅学，而到了中年之时才感觉到，速成不是创作良方。于是，他以"欲速则不达"这句话警醒自己，之后下苦功，方获得了一定的成就。他有一句十六字箴言："宁详毋略，宁近毋远，宁下毋高，宁拙毋巧。"

然而，对于"只争朝夕"的现代人来说，追求形式上的成功和表面的风光，远比踏踏实实追求理想容易。我们总是希望尽可能多地拥有美好的东西，于是心浮气躁、汲汲营营地追求，但往往求得了这个，丢失了那个，心中满是愤懑。求不得、舍不得，懊恼不堪，生命就这样在拥有和失去之间流走。

如果我们真正想要成就一番事业，就必须静下心来，脚踏实地，摆脱速成心理，戒除急躁。具体可以参考以下几点：

一、梳理情绪，掌控情绪。不要被急躁的心情牵着鼻子走，要了解每一种情绪的来龙去脉，然后将它们分门别类，这样才能让内心纷杂的念头安定下来。

二、收敛自己的心，不要四处贪求，为了得不到的东西烦恼。

三、专注眼前。别想太多，试着用心留意此时此刻的呼吸，顺着它的节奏，让杂念在一呼一吸间逐渐沉淀。

四、明确最根本的目标，制订计划，细分步骤，一步一个脚印地走下去，循序渐进地达到目标。

无论外界怎样，我们都应该随时提醒自己不要有一丝一毫的浮躁，只有认认真真、踏踏实实地生活，才能保持宁静平和的心态，为每一个目标做好充分的准备，耐心做好每一阶段的事，最终获得成功。

心常在静处

与其让浮躁影响我们正常的思维，不如放开胸怀，静下心来，默享生活原味。

“非宁静而无以致远。”诸葛亮如此告诫幼子。静是什么？是泰山崩于前而色不变，是大胸襟，也是大觉悟，非丝非竹而自恬愉，非烟非茗而自清芬。

《华严经》中有一首偈语：“菩萨清凉月，常游毕竟空。众生心垢净，菩提月现前。”这就是说，如果我们能保持心灵平淡清静，佛性就会自显。

静，是一种大知大觉的灵机，是高山野云般的空灵智慧，是修佛之人必持的禅定智慧。“宁静即释迦”，我们的心若能常常保持清静，没有贪、嗔、痴，遇到什么境界都不受影响——不论外在的利诱，还是险恶的威胁，内心都不受其影响，就叫作宁静。

生活紧张而焦灼的人很难品味到静的清芬与恬愉，因为身外的嘈杂和喧哗太多，以至于忽略了自己的内心。

小和尚问老和尚："僧人皈依佛门，四大皆空，讲究的是虚静。那么，我们来世上一遭，究竟是为了什么呢？还有什么是属于我们的呢？"

"为了自己的心啊。"老和尚开导小和尚说，"属于我们的太多太多了，自由的身心、超脱的意念，以及蓝天白云、这山那水。"老和尚看着小和尚一脸困惑的样子，又补充说："当一个人四大皆空时，这世间的一切就都是他的了。见山是山、见水是水，梦游四海、思渡五岳，我们还有什么不可以企及的呢？"

小和尚说："那尘世间的人们不也拥有这些东西吗？"

老和尚说："不！有钱的人，心中只拥有钱；有宅第的人，心中只惦记着宅第；有权势的人，心中只关注权势：他们拥有某项事物的同时，也失去了除此之外的所有事物。"

这时，太阳落山，月亮从东方升起，山中炊烟袅袅腾腾。小和尚望着山水云月，舒心地笑了。

人们常常为名誉、钱财等身外之物奔波劳碌，殊不知，身外之物堆积得越多，离生活最本真的清静就越远。心浮气躁、患得患失之间，人很难得到沉静的安宁。与其让浮躁影响我们正常的思维，不如放开胸怀，静下心来，默享生活的原味。

宁静可以沉淀出生活中许多纷杂的浮躁，过滤出浅薄粗浮等人性的杂质，可以避免许多鲁莽、无聊、荒谬的事情发生。宁静是一种气质、一种修养、一种境界、一种充满内涵的悠远。安之若素，沉默从容，往往比气急败坏、声嘶力竭更显涵养和理智。想获得宁静，可参考以下几点：

一、不轻易起心动念。这或许是达到"心静则万物莫不自得"之境界的最佳途径。有些时候，人真的不必太急功近利，不如将心跳放缓，安然领略人生的每一处风景。

二、观想。所谓观想，就是找一个目标物，这个目标物可以是任何有形的物体，将它放在眼前观看，然后将脑中的想法集中在眼前的物体上，控制自己不去想其他的事。经常训练观想，让心灵入定，能有效去除杂念。

三、平衡负面情绪。一个人快乐时，内心往往很平静，狂风暴雨的声音，也可以当成美妙的乐曲来享受；但若是在痛苦烦恼时面对暴风雨，就很可能心生焦躁和恐惧。因此，去除烦恼，才能让心沉淀下来。

此心常在静处，谁能差遣？拥有一颗宁静的心，才能平静看待世间的得失，才能从容地面对自己的生活。太多不切实际的杂念，是我们登上人生顶峰的最大阻碍。如果能够让心沉下来，不因外界的干扰而动念，我们就有可能更接近成功，生活的本真快乐也能在沉静的瞬间自然显现。

细沙含一方世界，野花藏一座天堂

一旦我们懂得放慢脚步，为自己寻找一方安静心空，就可以在遭遇困难时仍拥有幸福的感觉，也可以从容地面对生活中的压力和挫折。

“尽日寻春不见春，芒鞋踏遍陇头云，归来笑拈梅花嗅，春在枝头已十分。”一路行走一路歌是人人向往的境界，一路行走一路愁却是大多数现代人的生活常态。生活的旅途中，人们常常忽略美好而执着于痛苦，在不停歇的拼搏和追逐中，疲惫万分。

步履匆匆，以至于忽视了路边美景；身在花丛，却嗅不到满园芬芳。古人说“月影松涛含道趣，花香鸟语透禅机”，禅门语“青青翠竹，尽是法身；郁郁黄花，无非般若”，细沙中包含的那一方世界，野花中蕴藏的那一座天堂，你是否看到了呢？

有好多天，慧海和尚独坐寺内，郁闷不语。师父看出其中玄机，并不言语，微笑着和慧海走出寺门。

半绿的草芽，斜飞的小鸟，流动的小溪，门外是一片大好的春光，慧海和尚深深地吸了一口清新的空气，偷窥师父，师父正安详地打坐于半山坡上。慧海有些纳闷，不知师父葫芦里卖的什么药。

过了一个上午，师父才起身，还是不说一句话，只打个手势，把慧海领回寺内。

刚入寺门，师父突然向前一步，轻掩两扇木门，把慧海关在寺外。慧海不明白师父的意思，独自坐于门前，纳闷不语。很快天色就暗了下来，雾气笼罩了四周的山冈、树林、小溪，连鸟语、水声也变得不明朗起来。

这时师父在寺内朗声叫慧海的名字，进去后师父问："外边怎么样？"

"全黑了。"

"还有什么吗？"

"什么也没有了。"

"不，"师父说，"外边的清风、绿野、花草、小溪一切都在。"

慧海顿悟，明白了师父的苦心。

慧海和尚沉浸在烦闷之中，看不见身旁大好的春光。漆黑的天色正如慧海被烦恼遮蔽的双眼，掩盖了白天的美景。其实，清风绿野一直都在，只是人们对此视而不见罢了。

心中装满各种纷杂的思想，自然无法闻到近在鼻端的花香，只有身处安宁的境界中，一切才可寻。安宁是心灵的平静，能够让人在嘈杂浮华中找到自己的心灵空间。安宁并不是一种懒散、没有生气的状态，而是一种清澈空灵的心灵之境。一旦我们懂得放慢脚步，为自己寻找一方安宁心空，就可以在遭遇困难时仍拥有幸福的感觉，也可以从容地面对生活中的压力和挫折，欣赏到生活中的美好。

我们常常会看到这样一类人：他们勤奋、努力地工作，但是脾气暴躁，生活也因此变得混乱不堪。他们只顾匆匆赶路，却忘了欣赏路边的风景，从而葬送了自己安静的生活，失去了自己本该拥有的幸福。

真正能享受平和宁静的人，才是离自我、离幸福最近的人。在当今这个忙碌的社会里，人们会因各种各样的事情而狂躁不安，会因自我控制能力的弱化而情绪大幅波动，会因焦虑和多疑而饱受煎熬。只有那些明智的人，才会掌控并引领自己朝着他们原本需求的方向走去。

无论我们身在何处，要做什么，要往哪里去，都应记住：在生活的沙漠中，总会有一片绿洲等待我们去发现，总会有一些花朵为我们绽放。不妨放慢脚步，好好欣赏周围的风景，很多时候，幸福只是躲在安宁背后的一道风景，等待着我们将一切纷乱沉淀下来，在去除心灵的阴霾之后，用心去寻找，去发现。

越亲近自然，焦虑越易消失

大自然具有无穷无尽的美，能给人们疲惫的心灵带来抚慰。

王维诗云：

人闲桂花落，夜静春山空。

月出惊山鸟，时鸣春涧中。

人人皆以为王维只是在写自然界景物的美丽，其实这首诗不只体现了自然界的美丽，更是诗人内心的写照，是诗人心中禅心与禅境的完美结合。这首诗的境界之所以如此静谧、寂远，原因在于诗人心无挂碍，眼中只有山间花落、月出、鸟鸣融为一体的美丽，不见人生的烦恼。

很多禅修之人，修行了几十年，仍无法达到自悟的程度，这是因为他们受到俗世的羁绊，心生浮躁之气，缺少清净、纯洁的安详。

有位虔诚的佛教信徒，每天都从自家的花园中采撷鲜花到寺院供佛。一天，当她送花到佛殿时，碰巧遇上无德禅师从法堂出来，无德禅师非常欣喜地道："你每天都这么虔诚地以鲜花供佛，佛典记载，常以鲜花供佛者，来世当得庄严相貌的福报。"

信徒非常高兴地回答："我每次来您这里礼佛时，觉得心灵就像洗涤过似的清凉，但回到家中，心就烦乱起来。作为一名家庭主妇，如何在喧嚣的尘世中保持一颗清凉纯洁的心呢？”

无德禅师反问道："你以花礼佛，对花草总有一些常识，我现在问你，你如何保持花朵的新鲜呢？”

信徒答道："保持花朵新鲜的方法，莫过于每天换水，并且在换水时把花梗剪去一截，因为这一截花梗已经腐烂，腐烂之后不易吸收水分，花就容易凋谢！”

无德禅师说："保持一颗清凉纯洁的心也是这样啊，我们生活的环境就像瓶中的水，我们就是花，唯有不停地净化我们的心灵，改变我们的气质，并且不断地忏悔、检讨，改掉陋习、缺点，才能不断汲取大自然的养分啊。”

信徒听后，幡然醒悟。

无德禅师的话就像一泓清新的山泉，浇灌着人的心田。的确，要想心灵保持纯洁，就要不断地忏悔，改掉自己的缺点。如此，无论生活多么眼花缭乱，都可以化作装点心灵的花，衬托心灵的美。

在如今这个高速发展的时代，都市的噪音及紧张的生活节奏令人焦虑不安，适度地离开熙攘的尘嚣世界，接近大自然，享受大自然带给我们的乐趣，是品味生活的良好方式。在自然中放松自己的方法包括以下几种：

一是在空虚或焦躁时，不妨走近自然，欣赏大自然的壮观美景，感受大自然的宽广胸襟，心情就会愉快起来，一切苦闷和阴影也都会散去。

二是让眼睛看向远方的地平线，凝视自然地形、色彩的变化，感受自然的香味和声音，可以获得和大自然融为一体的感觉，由此也可以缓解生活中的压力。

三是凝视天际时，不妨想象眼睛的肌肉已释放所有的紧张。在古代，面对大自然时产生的渺小感几乎令人害怕，今天我们对于一泻千里的瀑布或高耸的悬崖峭壁依然感到敬畏。站在它们脚下，我们能用更宽广的角度看自己，并调整我们看事情的角度。我们花越多时间在大自然的美景中，就有越多的焦虑远离我们。

修一颗不为身体境遇所动的心

人或得意，或失意，不管什么样的心境皆是由身而来。身处何境，甚至身体上具体的痛楚，都能时时影响人的心理状态。因此，所谓的“修养”，一言以概之，便是修炼出一颗不为身体境遇所动的心。能做到成败骤然降临而不惊，宠辱无故加诸己身而不动，便是拥有了一种笑看花开花落的淡定和智慧。

宠，是得意的表象；辱，是失意的代号。当一个人功成名就时，如果平素就有淡泊名利的真修养，就不会欣喜若狂，喜极而泣，甚至得意忘形。得意中不忘形，顺境中居安思危，就能在功名加身时保持心境的淡然。如果面对一时的失意依然能挺直脊背，坦然处之，就能时刻守住心灵的平和，在逆境中奋发，最终走出失意的阴影。

要做到得意失意皆平和并不容易，就连为人达观洒脱的文豪苏轼，受人羞辱也难以淡然处之，可见宠辱不惊的修为之难。

宋朝时苏轼在江北瓜州任职，瓜州和江南金山寺只一江之隔，他和金山寺的住持佛印禅师经常谈禅论道。一日，苏轼自觉修持有得，撰诗一首，派遣书童过江，送给佛印禅师印证，诗云：“稽首天中天，毫光照大千；八风吹不动，端坐紫金莲。”八风是指人生所遇到的“嗔、讥、毁、誉、利、衰、苦、乐”八种境界，因其能侵扰人心情绪，故称之为风。

佛印禅师阅后，拿笔批了两个字，就叫书童带回去。苏轼以为禅师一定会赞赏自己修行参禅的境界，急忙打开禅师的批示，一看，只见上面写着“放屁”两个字，不禁无名火起，于是乘船过江找禅师理论。船到金山寺时，佛印禅师早已站在江边等待苏轼，苏轼一见禅师就气呼呼地说："禅师！我们是至交，我的诗、我的修行，你不赞赏也就罢了，怎可骂人呢？"禅师若无其事地说："骂你什么呀？"苏轼把上批"放屁"两字的诗拿给禅师看。禅师哈哈大笑，说："言说八风吹不动，为何一屁打过江？"

苏轼闻言惭愧不已，自觉修为不够。

"八风吹不动"是一种心不随身而动的修为境界，可是要将这种境界时刻落到实处，并不容易。

要做到八风吹不动、宠辱不惊，首先，人们要用广阔的视角去看待事物，运用全方位的思考方式来解决问题。一旦思维钻入了牛角尖，就可能对任何挫折都耿耿于怀，无法腾出空间来整理思绪，因此也就没有办法以坦然之心面对困境。

其次，遇事不慌张。别人讲的话，做的事，都要在自己脑中先过一遍，细细想一想再做出反应。无论是来自他人的赞美、帮助，还是羞辱、侵害，都应以理智来应对。

再次，要做到不动心。不为名利而动，不为苦难而动，不为权势而动，不为嗔怒而动，不为毁谤而动。

《菜根谭》里说："宠辱不惊，闲看庭前花开花落；去留无意，漫随天外云卷云舒。"为人做官能视宠辱如花开花落般平常，才能"不惊"；视职位去留如云卷云舒般自然，才能"无意"。"闲看庭前"大有"躲进小楼成一统，管他冬夏与春秋"之意；"漫随天外"则显示了目光高远，不似小人一般浅见的博大情怀；一句"云卷云舒"又隐含了"大丈夫能屈能伸"的崇高境界。对事对物，对功名利禄，失之不忧，得之不喜，正所谓"淡泊以明志，宁静以致远"。

修持一颗淡定之心，做到得意时淡然，失意时坦然，方能心态平和、恬然自得，方能达观进取、笑看风云。

做第三类人：提起，放下

我们要放下浮躁的心，提起淡定的心。无论进退，都不喜不忧，处于低谷不消沉，登上顶峰也不迷失。

人可以分为三类：第一类，提不起、放不下；第二类，提得起、放不下；第三类，提得起、放得下。

第一类人占据了芸芸众生中的大多数，他们只懂享受，却从不承担责任。他们的内心放不下对功名利禄的追求，像是寄居在荨麻茎秆上的菟丝子，攀附在其他植物之上，毫不费力地汲取着养分，却从不奉献什么。

第二类人有担当，有责任心，而且往往目标明确，会凭借自己的能力向上攀登。可他们一旦有所获得就舍不得放下，往往拖着越来越重的行囊，艰难上路。

第三类人有理想、有魄力、有担当，而且心地坦然，头脑睿智，可攻可守，可进可退。

提放自如，并非一件简单的事情。提起需要承担责任的勇气，放下也需要斩断妄念的魄力。提起什么，放下什么，也需要有所选择。

一天，寺前来了两个陌生人，年长的仰头看看山，问寺里的和尚："这就是世上最高的山吗？"

"大概是的。"和尚轻轻地答道。年长的没再说什么，就开始往上爬。

年轻人对和尚笑了笑，问："等我回来，你想要我给你带什么？"和尚看着年轻人说："如果你真的到了山顶，就把那一时刻你最不想要的东西给我就行了。"

年轻人很奇怪，但也没多问，就跟着年长的人往上爬。斗转星移，不知又过了多久，年轻人独自走下山来。

又是那座寺前，和尚问年轻人："你们到山顶了吗？"

"是的。"

"另一个人呢？"

"他，永远不会回来了。"

"为什么？"

"唉，对于一个登山者来说，一生最大的愿望就是战胜世上最高的山峰，当他的愿望真的实现了，也就没了人生的目标，这就如同一匹好马折断了腿，活着与死去，已经没有什么区别了。"

"他……"

"他从山崖上跳下去了。"

"那你呢？"

"我本来也想一起跳下去，但我猛然想起答应过你，把我在山顶上最不想要的东西给你，看来，那就是我的生命。"

"那你就来陪我吧！"

年轻人在庙旁搭了个草房，住了下来。人在山旁，日子过得虽然逍遥自在，却如白开水般没有味道。年轻人总爱默默地看着山，在纸上胡乱画着。久而久之，纸上的线条渐渐清晰了，轮廓也明朗了。后来，年轻人成了一个画家，绘画界宣称，一颗耀眼的新星正在升起。接着，年轻人又开始写作，不久，他就以文章回归自然、清秀隽永而一举成名。

许多年过去了，昔日的年轻人已经成了老人，当他回想往事的时候，他觉得画画、写作其实没有什么两样。最后，他明白了一个道理：其实，更高的山并不在人的身旁，而在人的心里，只有忘我才能超越。

故事中年长的登山者就属于第二类人，他执着地追求着登上世界最高峰的荣誉，而愿望实现了，他却不能将之放下并继续前行，所以他认为只有绝路可寻；而另一位年轻人也有了轻生的念头，但因为不能违背对和尚的承诺，他才有机会了悟真正的禅机——世界上更高的山在人的心里。收放之间，我们便能不断得到提升，只有坦然放下一切俗物俗心的牵绊，才能真正觅得生命的意义。

星云大师曾说，做人要像一只皮箱，随时提放自如，当提起时提起，当放下时放下。光是提起，拖累太多，非常辛苦；光是放下，要用的时候，就会感到不便。提放自如，意味着不浮躁、不虚荣、不自私，意味着心灵定静，不因任何外界因素而动摇。

要做到提放自如，首先，要把去恶行善的心提起，把争名逐利的心放下。“诸恶莫作，众善奉行，自净其意，是诸佛教。”去恶行善是佛教的基本教义之一，行善是分内事，止恶也是该主动承担的责任。真正的智者应该孑然一身，不受虚名牵绊，也不为富贵诱惑。

其次，要把成己成人的心提起，把成败得失的心放下。成就自己的目的是成就别人，只有充实自己，才有足够的能力去帮助别人。在充实自己的过程中，失败是难免的，要能够在失败中吸取教训，在成功中积累经验，而不只是沉浸在收获的快乐中，或者在失败的痛苦中不能自拔。

最后，要把淡定的心提起，把浮躁的心放下。无论进退，都不急躁冲动，都不喜不忧，不沉醉不迷失，专注于自身，如此方能收获心灵的平和与充盈。

在喧嚣处，修得暇满身

真正的清闲应是身处繁华世间，心中能不生浮躁，不起烦恼，拥有一颗无分别的心，从容面对任何境遇。

人们生活在喧嚣之中，不仅环境的喧嚣无处不在，内心深处不息的追逐和欲望带来的喧嚣，也令人不得安宁。人们或许可以回归大自然，寻找片刻的宁静，然而大多数时候，人们身陷凡尘，无法平复内心的欲求和骚动，因为人们不懂得在喧嚣处为自己留一份清静。

历史上，许多得道禅师远离世俗，独自在佛法中寻得了内心的宁静，这份宁静，使他们曾经孤单的内心绽放出芬芳的莲花，荒凉如沙漠的灵魂注入一股清泉。他们孤单，但并不寂寞，内心感到的只是清净。这份清净，使他们能听到落叶的声音，明白时光的絮语。

有的人可能认为清静是一种难耐的寂寞，但在禅师们的心中，清净是生活中难能可贵的境界。

赵州禅师问新来的僧人："你来过这里吗？"

僧人答："来过！"

赵州禅师便对他说："吃茶去！"

又问另一个僧人："你来过这里吗？"

僧人答："没有。"

赵州禅师也对他说："吃茶去！"

在一旁的院主奇怪地问："怎么来过的叫他去吃茶，没有来过的也叫他去吃茶呢？"

赵州禅师就叫："院主！"院主答应了一声，赵州禅师对他说："走，吃茶去！"

心清净，才有心思吃茶，才能品味出茶的清香。一个想得太多的人，心灵如同投进石子的湖面，失去了原来的平静。偶尔如此没有关系，若常常如此，心湖没有静止的时候，人们便永远体会不到安宁。内心清净的人，不会想太多，亦不会要求太多，就像母体中的婴儿，处于一种无可无不可的快乐无忧的境界。

心若清净，凡事简单，如此，才能尽享生命的清闲之福。暇满之身就是健康有闲，可世界上的人有清闲不肯享受，有好身体要去消耗掉，而且真到了清闲暇满，自己反而悲哀起来。这类人内心是喧嚣的，他们不知道清净的重要，不懂清闲的滋味。

真正的清闲应是身处繁华世间，心中不生浮躁，不起烦恼，拥有一颗无分别的心，从容面对任何境遇。

唐朝时，有一位懒瓒禅师隐居在湖南衡山的一个山洞中，他曾写下一首诗，表达他的心境：

世事悠悠，不如山岳，卧藤萝下，块石枕头；

不朝天子，岂羡王侯？生死无虑，更复何忧？

这首诗传到唐德宗的耳中，德宗心想，这首诗写得如此洒脱，作者一定也是一位洒脱飘逸的人物吧！应该见一见！于是就派大臣去迎请懒瓒禅师。

大臣拿着圣旨东寻西问，总算找到了懒瓒禅师所住的岩洞。见到懒瓒禅师时，正好瞧见禅师在洞中生火做饭。大臣便在洞口大声说道："圣旨驾到，赶快下跪接旨！"洞中的懒瓒禅师却毫不理睬。

大臣探头一瞧，只见懒瓒禅师以牛粪生火，炉上烧的是地瓜，火愈烧愈炽，整个洞中烟雾弥漫，熏得懒瓒禅师鼻涕纵横，眼泪直流。大臣忍不住说："和尚，看你脏的！你的鼻涕流下来了，赶紧擦一擦吧！"

懒瓒禅师头也不回地答道："我才没工夫为俗人擦鼻涕呢！"

懒瓒禅师边说边夹起炙热的地瓜往嘴里送，并连声赞道："好吃，好吃！"

大臣凑近一看，惊得目瞪口呆，懒瓒禅师吃的东西哪是地瓜呀，分明是像地瓜一样的石头！懒瓒禅师顺手捡了两块递给大臣，并说："请趁热吃吧！世事都是由心生的，所有东西都来源于知识。贫富贵贱，生熟软硬，你在心里把它看作一样不就行了吗？"

大臣看不惯禅师这些奇异的举动，也听不懂那些深奥的佛法，不敢回答，只好赶回朝廷，添油加醋地把懒瓒禅师的古怪和肮脏禀告皇上。德宗听后并不生气，反而赞叹道："我们国内能有这样的禅师，真是我们大家的福气啊！"

懒瓒禅师是真正达到佛的境界的人，他的眼中没有富贵贫贱，没有生熟软硬，万物在他心里都是一样的，他的心是真正清净、没有分别的。

就像六祖慧能的禅语：“菩提本无树，明镜亦非台。本来无一物，何处惹尘埃。”

一个人的大清净，不是寂静无声、死气沉沉，而是看透繁华后的欢喜。一心清净，即使是冰天雪地、万物沉眠，心里的莲花也能处处开放。

世间熙攘喧嚣，因此世人心生浮躁。在喧嚣处为自己留一份清净，不时从热闹的俗世中退回来，调和内心，就能在纷扰中安顿自己。

第三章

静心：在喧嚣中安顿身心

世事无常，不必挂怀

在 300 多年前的日本,有一位老禅师在圆寂之前应弟子所求留下遗偈，他只写了一个“梦”字，而后便含笑去世，他就是高僧泽庵宗彭。

高僧圆寂之时，一般都会根据自己一生的修行或者大悟之后的禅理为后人留下遗偈，一般以五言、四方为主，像泽庵禅师这样只留下一字为偈的实属罕见。他在入灭之际为后人揭示了人生如梦的真谛，他一生写了上百首有关“梦”的诗和歌，其中一首写道：

人世沧桑虽有情，来去匆匆皆为梦。红枫染尽群山麓，残阳西下闻秋岁。

生命就像大梦一场，梦醒之后，即使头脑中还残留着梦中的些许痕迹，但是双手已经握不住一物。古人语“一指弹风花落去，浮生若梦了无痕”，人生本来如此，世人在不可掌控的时空变迁中忙碌奔波，直至死去。

永嘉大师在《证道歌》里也谈到过梦：“梦中明明有六趣，觉后空空无大千。”

觉后为空，而未觉之时，则感叹世事无常，被莫测的命运捉弄。一切事物生灭变化，迁留不住，没有永恒不变的东西，就像《佛说无常经》中所言：“大地及日月，时至皆归尽；未曾有一事，不被无常吞。”

佛陀在竹林精舍时，有一天接受居士的祈请，偕同弟子至城中开示说法。结束后，在出城返回精舍的途中，遇见一人赶着牛群回城。牛头头肥壮，一路上跳跃奔逐，彼此还不时以牛角互相抵触。佛陀见到此景，有感而发，说了一首偈子：

譬人操杖，行牧食牛，老死犹然，亦养命去，千百非一，族性男女，贮聚财产，无不衰丧，生者日夜，命自攻削，寿之消尽，如荧穿水。

回到竹林精舍，待佛陀洗足毕，就座后，阿难即稽首请示："世尊，您在回途中所说的偈语，弟子未能完全了解其中的义理，祈请世尊慈悲开示！"佛陀告诉阿难："回来的路上，你是否见到那位牧牛人赶着牛回城？"阿难回答："是的。"佛陀接着说："这群牛的主人是屠户之家，原本养了上千头牛，为了让牛健壮肥美，屠户雇人天天放这群牛到牧草丰美的地方吃草，逐日挑选最肥壮的牛，宰杀赚钱。就这样一天过一天，这群牛已经被宰杀超过了半数，然而，这群糊涂的牛儿浑然不知，依旧每天开心地吃草玩乐，或与同伴争斗。我因为感伤它们如此无知，所以才会说此偈语。"

接着，佛陀又对大众开示："不仅这群牛如此，世人也是一样，不知晓无常的道理，执着地认为有一个不变的'我'存在，每天只知贪图五欲之乐，更为了永不满足的欲求彼此伤害。当无常来临之际，又无能力超越。所以，世人又与这群牛有何差别呢！"

不仅这群牛不知道无常的道理，很多人从生到死也都像在梦中一样，在其中忙忙碌碌、吵吵闹闹，煞有介事。而世间的一切，每时每刻都不断变化着，没有永恒的东西，例如人有生老病死，这些都是无常。

佛法说，人生存的过程本身就是一个苦的事实，而在这个苦里就有无常。无常生白发，无常催别离，无常导致求不得，无常将朋友变为冤家。捉摸不定，随时变化，这是无常，也是空。

无常就是没有永恒，同时又是永恒，表面看来这是一个悖论，事实上并不矛盾。佛法讲的“无常”，指的是没有一样东西是永远不变的，只有“经常在变”这个原则永远不变，所以无常就是永恒。

诗仙李白曰：“夫天地者，万物之逆旅也；光阴者，百代之过客也。而浮生若梦,为欢几何。”天地是万事万物的旅舍,光阴是古往今来的过客，人生浮泛，如梦一般，能有几多欢乐？又何必过于痴迷！

苏轼也在《前赤壁赋》中感叹“哀吾生之须臾，羡长江之无穷”，在浩瀚的宇宙面前，生命不过是须臾一瞬，注定要受无常红尘的颠簸。从梦中醒来，心中便会开阔明澈再无挂碍，对生死、自我也将不再执着。

假如有一天世人能够认识并接受世事无常的事实，就能够明白自己心中的欲望皆是妄念，自己所执着的一切都不是永恒的存在，想到这些而放下执着，才能得到解脱。

不自扰，烦恼都在身外

生命短暂，快乐有尽而苦难无穷。在佛教的四圣谛中，苦谛是最关键的一谛,也是佛教人生观的理论基础。佛教认为,人生有八苦:生、老、病、死、怨憎会、爱别离、求不得、五蕴盛。一个人从出生后发出第一声啼哭，到去世时留下最后一抹微笑，几十年都无法逃避人生的重重劫难。因此，人们寄希望于修行，希望在修行中得到解脱，而佛教的解脱之道就是灭苦之道。

解脱分为身体的解脱和心的解脱，也就是肉体的自由与心灵的自在，其中心的解脱比身体的解脱更为重要。现实生活中，常常有人抱怨学业不顺利、生活节奏太快、工作太累。这些人身在牢笼之外，却将自己的心困于牢笼之中；而有的人即使身陷囹圄，也能够保持一颗从容淡定的心，欣赏明媚春光，聆听虫鸣鸟语，享受柔和微风。

“天下本无事，庸人自扰之”，的确，大多数烦恼其实都是人们自找的。

道信第一次见到僧璨禅师时，施礼问道："大师慈悲，请您指点我解脱的方法。"

僧璨禅师并未直接回答他的问题，而是反问："谁把你绑起来了呢？"

道信不明僧璨禅师为何发此问，于是恭恭敬敬地回答："没有谁捆绑弟子。"

僧璨禅师微微一笑，对道信说："既然没有人把你绑起来，你又为何求我帮你解脱呢？不是多此一举吗？"

道信顿时开悟，后继承僧璨禅师的衣钵，成为禅宗的第四祖。

开悟之前的道信没有领悟到是自己的心束缚了自己，心不自在，即使肉体进退自如，依旧会挣扎于痛苦与困惑之中。

《金刚经》中说"应无所住而生其心"，"无所住"就是无所挂碍、不执着，让心自在，不让心停在任何事物上，事过心过，事来心生。做了好事马上要丢掉，同样，对于痛苦的事情，也要丢掉。如果不丢掉，就是心有所住，也就是心被困住了。

希迁禅师住在湖南，有一次他问一位新来参学的学僧："你从什么地方来？"

学僧恭敬地回答："从江西来。"

希迁禅师问："那你见过马祖禅师吗？"

学僧回答："见过。"

希迁禅师随意用手指着一堆木柴问道："马祖禅师像一堆木柴吗？"

学僧无言以对。

在希迁禅师处无法契入，这位学僧在回到江西后拜访马祖禅师，讲述了他与希迁禅师的对话。马祖禅师听完后，安详一笑，问学僧道："你看那一堆木柴大约有多少重量？"

"我没仔细称过。"学僧回答。

马祖哈哈大笑："你的力量实在太大了。"

学僧很惊讶，问："为什么呢？"

马祖说："你从湖南那么远的地方，背了一堆柴来，还不够有力气？"

马祖禅师用诙谐的语言点出了学僧的心态：放不下他人的毁誉，一点小小的烦恼时时放在心上，不肯释怀。殊不知，只要自己放得下，一切烦恼便都在身外，不会对自己产生丝毫影响。

"百年三万六千日，不在愁中即病中"，古人的诗句道出了人生苦恼的境地。其实世间本没有烦恼，是人心有了欲望，有了攀比心，才生出了"得不到"的烦扰和"比不上"的苦闷。一个人若能从容淡定，便会远离烦恼，体验另一种生命，另一番境界。

人只要活着，便会有无尽的烦恼，是纠结其中，还是超脱其外，全在于自己。不做庸人不自扰，不将烦恼放心头，风过耳处，才能享受云淡天高。

当提起时提起，当放下时放下

世上人，无论学佛之人还是不学佛之人都深知"放下"的重要性，可是真正能做到的人却不多。"放下"二字，诸多禅味，人生在世，想要做到提放自如，并非一件简单的事情。提起需要承担责任的勇气，放下也需要斩断妄念的魄力。提得起的人，是慈悲的人，是负责的人，是奉献的人；而能够放下的人，是有智慧的人，是自在的人，是解脱的人。

大多数人，总是提不起意志和毅力，放不下成败；提不起信心和善心，放不下贪心和嗔心。

一对学禅的师兄弟走在一条泥泞的道路上。走到一处浅滩时，他们看见一位美丽的少女在那里踟蹰不前。

"来吧！小姑娘，我背你过去。"大和尚说罢，把少女背了起来。

过了浅滩，他把小姑娘放下，然后和小和尚继续前进。

小和尚跟在大和尚后面，一路上心里不悦，默不作声。

晚上，回到寺院后，他忍不住了，对大和尚说："我们出家人要守戒律，不能亲近女色，你今天为什么要背那个小姑娘过河呢？"

"呀！你说的是那个小姑娘呀！我早就把她放下了，怎么你到现在还挂在心上？"大和尚笑着答道。

大和尚背女子过河的举动是提起，是负责和奉献；背完之后立刻抛到脑后，是放下。既提得起，也放得下，这是大境界。小和尚则当提起时提不起，当放下时又迟迟不放，在提放之间走入歧途。

佛法言：悬崖撒手，自肯承担。"悬崖撒手"就是一种放的姿态，有所舍，才能有所得。唯有放下，才能真提起。放下，不仅要放下自己，还要放下周遭所有的一切。表面的不执着并非真正地放下，正如故事中的小和尚一样，看见别人有难，却为了佛门戒律而袖手旁观，以为是谨守佛门戒律，却不知自己的挂心才是真正的放不下。

只有从内心深处真正做到提放自如，才能达到放下荣辱，自在解脱的大境界。令人遗憾的是，很多人连自己拥有什么、缺少什么都分辨不清，又何谈提起与放下？

赵州禅师的禅风非常锐利，学者凡有所问，他的回答经常不从正面说明，要人从另一方面去体会。

有一次，一个信徒前来拜访他，因为没有准备供养他的礼品，就歉意地说："我空手而来！"

赵州禅师望着信徒说："既是空手而来，那就请放下吧！"

信徒不解他的意思，反问："禅师！我没有带礼品来，你要我放下什么呢？"

赵州禅师立即回答道："那么，你就带着回去好了。"

信徒更是不解，说道："我什么都没有，带什么回去呢？"

赵州禅师道："你就带那个什么都没有的东西回去好了。"

信徒不解赵州禅师的禅机，满腹狐疑，不禁自语："没有的东西怎么好带呢？”

赵州禅师这才指示说：“你不缺少的东西，那就是你没有的东西；你没有的东西，那就是你不缺少的东西！”

信徒仍然不解，无可奈何地问：“禅师！就请您明白告诉我吧！”

赵州禅师也无奈地说道：“和你饶舌多言，可惜你没有佛性，但你并不缺佛性。你既不肯放下，也不肯提起，是没有佛性呢，还是不缺少佛性呢？”

我们缺少的东西，其实是实实在在拥有的东西，而我们却看不见自己的本真，无故寻愁觅恨，不满足，不知足，追求一些追求不到的东西。

我们无法清醒地认识到自己应该在乎什么，应该放下什么，所以才被心魔所困。我们要知道，放下了，才有可能真正抓住生命本身的乐趣。放下了，才有可能得以释怀。放下时不执着于放下，自在；拿起时不执着于拿起，也自在。世间万物，不必计较太多，跟着自己的心走，心里放下了，也就真的放下了。

不拘于外物，便是轻松

佛祖在一次法会上说：“人生历世，多一物多一心，少一物少一念，不要为外物所拘，心安理得处，就可明心见性，参悟佛法。”

不拘于外物，是一种大智慧。现实生活中，我们每天都渴望获得自由，为此，就必须摆脱外力的影响，才能真正达到逍遥的境界。何为逍遥？在古人看来，如果人们能做到顺应天地万物的本性，把握六气的变化，而在无边无际的境界中遨游，他们就不必再仰赖外物，自然能逍遥遨游于天地之间。

要做到不依赖于外物，必须有大舍弃。倘若一个人，只顾在富贵功名里钻营，心被外物束缚，就没有机会停下来思索自己的人生。人生在世，需要纯粹一点，才看得见眼前广阔的风景。

只有舍弃心外之物，才能活得轻松。若盲目地执着于外物，就只会让自己活在束缚之中。

一位禅师讲经时，遇到一位居士。那位居士有很多金银珠宝存在银庄里，有一次，居士带禅师去银庄见识那些珠宝。

他们经过好几道手续，终于由银庄的伙计护送到了内堂。在内堂，居士打开箱子取出金银珠宝后，禅师问："这是你的？"

居士听了，心里很不舒服。他想，我只不过因为怕小偷，不敢拿回家，怕被人抢而不敢戴在手上罢了。虽说是存在银庄里，一个月才来看一次，可是，这些财产毫无疑问都属于我，禅师居然怀疑它不是我的。

禅师说："如果这都算是你的，那外面所有的珠宝铺都是我的。因为我可以到那里，随便叫人拿珠宝出来给我看一看，摸一摸，再让他们收起来。这些与你所做的事不是一模一样？你这些存进银庄的珠宝和那些珠宝铺的珠宝又有什么区别？这些珠宝，你既不敢戴着它，又不敢放在家里，怎么能算自己的？"

表面看来，居士拥有珠宝，实际上却是被珠宝所缚。

对于外物的追求和执着，是人生一切痛苦的根源。我们对生命有太多苛求，因而生活得精疲力竭，远离了幸福与快乐，生命也变得仓促，充满了忧虑和恐惧。其实，人生于世，赤条条而来，离开时也不过两手空空，在生命的过程中，一切拥有都是暂时的，都是身外物，没有什么真正属于自己。既然如此，何必执着于外物，被外物所役？超越外物，就是超越自我，无物就是无我。不拘于物，不以物喜，不以己悲，给生命一份从容，给自己一片坦然，心境就不会随外界的变化而变化。

不拘于外物的真正含义在于抛去一切多余的杂念，直指目标。把握住人生的大方向，其余一切都是无谓的执着。执着于外物而忽视自己的身心，无异于本末倒置，不如保持心境的安宁，舍弃繁华和喧嚣。

释怀是看不见的幸福

每个人在生活中都会经历诸多事情，好的、坏的，不一而足。如何对待自己经历过的每一件事，牢记于心，还是抛到脑后，是需要用心考虑的事。在佛家看来，执着于眼前的念想，而忘记生活的方向，是大糊涂。处世做人，应当时时警醒自己记住本心，记住人生的大方向、大目标，而忘记生活中小事的纠葛，才能做到佛家所说的释怀。

人生如海，潮起潮落，既有春风得意、高潮迭起的快乐，也有万念俱灰、惆怅漠然的凄苦。快乐时，不妨尽情享受快乐，珍惜眼前的一切；痛苦时，也不要怨天尤人。生于尘世，每个人都不可避免地要经历苦雨凄风，面对艰难困苦，想开了就是天堂，想不开就是地狱。

我们应当在“忘”与“记”之中做出正确的选择：忘掉不愉快，记住别人的好；忘却自己的不满之心，记住一些美好的东西。这样才能活得更自在、更轻松。

一位法师正要出门时，其房内突然闯进一位身材魁梧的大汉，狠狠地撞在法师身上，把他的眼镜撞碎了，还戳破了他的眼皮。那位撞人的大汉，毫无羞愧之色，理直气壮地说：“谁叫你戴眼镜的？”

法师笑了笑没有说话。

大汉颇觉惊讶地问：“喂！和尚，为什么不生气呀？”

法师借机开示说：“为什么要生气呢？生气就能使眼镜复原吗？生气就能让身上不痛吗？倘若我生气，必然生事端，就会造成更多的业障及恶缘，也不能把事情化解。若是我早些或晚些开门，就能够避免事情的发生，说到底，其实自己也有错。”

大汉闻言非常感动，向大师拜了又拜，问了大师名号，便离开了。

后来有一天，大师收到大汉的一封信，知道大汉勤奋努力，找到一份很好的工作，因为能够以平和、宽容之心待人处世，所以得到了他人的尊重和家人的爱，生活非常幸福。

佛家讲究释怀，法师不执着于琐事，心不为烦恼所挂碍，这就是一种释怀。

释怀是一种看不见的幸福，不与别人斤斤计较，不但给了别人机会，也取得了别人的信任和尊敬，使我们能够与他人和睦相处。释怀也是一种财富，能够释怀，便拥有一颗善良、真诚的心。遗忘别人的不好，铭记别人的好，我们对别人释怀，即是对自己释怀。正如一位哲人所说的：“人类尽管有这样那样的缺点，但我们仍然要原谅他们，因为他们就是我们。”

人之所以有痛苦和烦恼，是因为放不下执着心。放下不是放弃一切，而是放下让自己感到沉重的东西，放下不属于自己的东西。放下是对自己和他人的大度，是一种坦然的生活态度，也是一种生命的境界。

生活中的不如意不可避免，事过心过，不要被它绊住自己的脚步，让身心沉入无止境的痛苦之中。学会对生活中的磨难与痛苦释怀，学会忘记他人的不好，记住一切美好的事，使内心充满快乐和安宁，才能在人生的路上顺畅前行。

执着是茧，缚住自己也隔绝幸福

《菩提心论》里曾对“执着”做过这样的解释：执着是对自我的过分坚持。人总是趋向于保护自我、相信自我、供养自我、信赖自己，凭自己旧有的经验行事。

人常作茧自缚。世人为了能够突显自己，用各种办法诋毁他人，甚至踩在别人的头上往上爬，其实是在给自己编织蚕茧，慢慢地使别人远离我们的世界，直到别人再也进不来，自己也永远出不去的时候，我们就会被生活拒绝，成为幸福的绝缘体。

若执着在人生的愁绪和痛苦当中，我们就无法得到解脱。人生在世要学会轻安，自在，不刻意追求，不索取，不用任何执着心给自己设置障碍。能活得简单自然，本身就是一种幸福。世间之事大多有自己运行的规律，许多事由不得我们做主，越执着就越错，也就越不可解脱。

苏东坡和佛印禅师是好朋友，他们习惯拿对方开玩笑。有一天，苏东坡到金山寺和佛印禅师打坐参禅，苏东坡觉得身心通畅，于是问禅师道："禅师，你看我坐的样子怎么样？"

"好庄严，像一尊佛！"

苏东坡听了非常高兴。

佛印禅师接着问苏东坡道："学士，你看我坐的姿势怎么样？"

苏东坡从来不放过嘲弄禅师的机会，马上回答说："像一堆牛粪！"

佛印禅师听了也很高兴。

苏东坡以为赢了佛印禅师，于是逢人便说："我今天赢了！"

消息传到他妹妹苏小妹的耳中，妹妹就问："哥哥！你究竟是怎么赢了禅师的？"苏东坡神采飞扬地叙述了一遍他与佛印的对话。

苏小妹听了苏东坡得意的叙述之后，说："哥哥，你输了！禅师心中如佛，所以他看你如佛；而你心中像牛粪，所以你看禅师像牛粪！"

苏东坡哑然，方知自己禅功不及佛印禅师。

苏东坡禅功不及佛印禅师正表现在，他心中还有一个执着于自我的羞耻心，说自己是佛就高兴，说别人是牛粪就沾沾自喜，如果别人说自己是牛粪，就会心中冒火，这正是一个人执着于自我的表现。

究其根源，都是为了一个"我"，最放不下的也是这个"我"。于是所有人都拼尽一生，去赚取这个"我"所需要的物质享受和精神享受，最终衍生出无穷无尽的痛苦。如果一个人能够放下执着，那么他的心境就会柔和清净，万事万物在他的眼里都是愉悦的、美好的。

呱呱坠地的婴儿，生下来都是两手紧握，两只小小的拳头仿佛要抓住些什么；垂死的老人，临终前都是两手摊开，撒手而去。上天弄人，当人们双手空空来到人世的时候，偏让他紧攥着手；当双手满满离开人世的时候，偏让他把手摊开。无论穷汉还是富翁，无论高官还是百姓，都无法带走任何东西。既然如此，又何必执着于一事、一物？想要跨越生命中的障碍，实现某种突破，就必须放下执着。

破除“我执”，生活处处动人

佛家有一个概念叫“我执”，就是人性对自我的盲目执着，就是人的私心和私欲，“我执”是净心的最大障碍之一。作为人性的根本缺陷，“我执”深深潜藏于知见、情绪、实践等各个方面。

无法破除“我执”的人，总是感到凡是“我”想的理所当然是对的，凡是“我”要的理所当然要得到，“我”理所当然高于一切、优于一切，这样就不可避免地产生偏执、痛苦、贪婪、怨恨、征服欲。人心成了炼狱，人间成了地狱，佛所说的各种痛苦和罪恶就都出现了。

实际上，“我”并非优于一切、高于一切。众生平等，不能以平等之心对待别人，别人也不会以平等之心对待我们。以恶对恶，以自私对自私，自私与恶的恶性循环一旦开始，就无法终结，最终使人难逃苦海。只有破除“我执”，建立正确的自我观和世界观，才能摆脱这种状况。

世间一切烦恼，皆由“我”而起，因“我”生执，因执而生苦，为“我”所困，内心便无法安宁。

有一位小尼姑去见师父，悲哀地对师父说：“师父，我已经看破红尘，遁入空门多年，每天在这青山白云之间，茹素礼佛，晨钟暮鼓，经读得愈多，心中的执念不但不减，反而增加，怎么办啊？”

师父对她说：“点一盏灯，使它既能照亮你，又不会留下你的身影，就可以体悟了！”

几十年之后，有一尼姑庵远近驰名，大家都称之为万灯庵。因为庵中点着成千上万的灯，人们走入其间，仿佛步入一片灯海，灿烂辉煌。

这座万灯庵的住持就是当年的那位小尼姑，自从与师父交谈之后，她每做一桩功德，就点一盏灯，可无论把灯放在脚边，悬在顶上，乃至以一片灯海将自己团团围住，还是会见到自己的影子。灯愈亮，影子愈明显；灯愈多，影子也愈多。她心中的困惑愈来愈深。

圆寂前，她终于在没有一盏灯的禅房里体悟到禅理的机要。

她没有在万灯之间找到一生寻求的东西，却在黑暗的禅房里悟道。她发觉身外的成就再高，也无法在内心寻找到安宁，如同身旁的灯再多再亮，却只能造成身后的影子。唯有一个方法，能使自己皎然澄澈、心无挂碍，那就是，点亮一盏心灯。点亮心灯，才能由自身散发出光明，唯由心灯发出的光，才不会留下自己的影子。

我们经常习惯说：我的钱、我的面子、我的家、我的名誉、我的身体，“我的”让人们处处计较，耿耿于怀。世间事常常因求不得而生烦恼，进而生痛苦、生贪婪。过于执着于自我，就常常被外物牵着鼻子走。一旦破除“我执”，则一切烦恼痛苦事即时消失，禅定境界立现于眼前。若能够达到“无我”的境界，无论忧愁还是喜悦，一切自然会随风消散。

超然忘我，放下得失之心，不执着于自己的得与失、喜与悲，便不会陷入欲求的痛苦之中。淡泊明志，宁静致远，拥有一颗宁静的心，才能从容地面对自己的生活。生活的美与丑，全在自己怎么看，如果将心中的丑陋和阴暗面彻底抛弃，选择积极的心态，懂得用心去体会生活，就会发现，生活处处都美丽动人。

有所舍弃，才能活得洒脱

万里行游而心中不留一念，漫步云端而世事无所牵挂，这般情境是否令你心驰神往？世事因缘，聚散无常，因此佛教大师经常劝诫人们：“只有放下，才能获得真正的自由。”一个人能够不为虚妄所动，不为功名利禄所诱惑，不因得意而忘形，才能体会到自己的真正本性，看清本来的自己。

禅宗认为，一个人只有把一切受物理、环境影响的东西都放下，才能够逍遥自在。人之所以无法达到这般洒脱的境地，就是因为无法舍弃已有的一切。

相传有一位名叫黑指的婆罗门曾在佛陀在世时求法。他拿着两个花瓶，准备献给佛陀。佛陀并没有为他开示什么，而是对他说：“放下！”

黑指谦卑有礼地弯腰将左手中的花瓶放在了地上，再次向佛陀请教，而佛陀依然不动声色地对他说：“放下！”

黑指略一沉吟，又把右手拿的花瓶放了下去，未待他开口，佛陀还是对他说：“放下！”

这时，黑指沉不住气了，不解地问道：“现在，我已经两手空空什么也没有了，不知道您现在要我放下的是什么呢？”

佛陀说：“从开始我就没有要求你放下手里的花瓶啊，我要你放下的是你的六根、六尘和六识。只有你把这些都放下了，把自己也放下了，才能从人世的种种桎梏中得到解脱。”

佛陀说的“放下”听起来容易，做起来却很难。有了功名，自然放不下功名；有了金钱，就放不下金钱；有了爱情，就放不下爱情，所谓“放不下”其实源于“舍不得”。

有了权势，就会拼命将权势抓在手里，舍不得放手；有了金钱，想买什么就买什么，还能过上奢侈华贵的生活，自然会希望钱越多越好，不仅无法舍弃，而且还会拼命敛财。

其实，有得必有失，得到越多，失去也就越多，然而人生的诱惑实在太多，看透名利背后真正的得失并非易事。我们的双眼只看着得到的，却看不到失去的；只看得到表面的辉煌，却不知失去的珍贵。追名逐利中，我们忘了欲望的永无止境，也忘了失去的东西永不再来。身体上的重担，心灵上的压力，何止手上的两个花瓶？

一位中年人向禅师问道，禅师给了中年人一个篓子让他背在肩上，指着一条坎坷的道路说："每当你向前走一步，就弯下腰来捡一粒石子放在篓子中，看看会有什么感受。"

中年人照着禅师的指示去做，他背上的篓子装满了石头后，禅师问他一路走来有什么感受。他回答说："感到越来越沉重。"

禅师说："每一个人来到这个世界上时，都背负着一个空篓子。我们每往前走一步就会从这个世界上捡一样东西，放进篓子里，因此才会有越来越累的感慨。"

中年人又问："那么有什么方法可以减轻生活的重负呢？"

禅师反问他："你是否愿意将名声、财富、家庭、事业、朋友全部舍弃呢？"

那人默然，不能回答。

面对禅师的追问，中年人无法做出回答。一方面，他不愿舍弃任何东西；另一方面又觉得很沉重很累。想活得轻松，又想拥有一切，这是人心的贪婪。即使不能舍弃名声、财富、家庭、事业、朋友，至少可以做到舍弃对名声的执着，抛下对财富的占有欲，放下家庭中因牵绊而生的烦恼，舍弃对事业成败的在意，在与朋友交往的过程中，舍去自私。

人们参禅，总是希望有所得而归，但法师常常告诫修行之人："你来这里，不是我们要给你什么东西，而是希望你放弃很多东西，在这里听到的东西，不要成为你的负担。不要执着，应该放下。若不放下，不舍弃，负担重，会痛苦。”禅修不是为了得到，而是为了学会舍得。学会舍弃，学会剪除生活多余的枝叶，这样才可以使心灵获得解脱，让自己活得洒脱，不为名利成败所累，身心自在。

卸掉重负，轻装上路

历史上，很多得道禅师为了追求更高的境界而放下了一切，丰子恺在谈到佛教大师出家时就做了如下分析：

“我以为人的生活可以分为三层：一是物质生活，二是精神生活，三是灵魂生活。物质生活就是衣食，精神生活就是学术文艺，灵魂生活就是宗教，人生就是这样一座三层楼。

“懒得（或无力）走楼梯的，就住在第一层，即把物质生活弄得很好，锦衣玉食、尊荣富贵、孝子慈孙，这样就满足了，这也是一种人生观。抱这样的人生观的人在世间占大多数。其次，高兴（或有力）走楼梯的，就爬上二层楼去玩玩，或者久居在那里，这就是专心学术文艺的人。这样的人在世间也很多，即所谓知识分子、学者、艺术家。

“还有一种人，‘人生欲’很强，脚力大，对二层楼还不满足，就再走楼梯，爬上三层楼去。这类人做人很认真，满足了物质欲还不够，满足了精神欲还不够，必须探求人生的究竟；他们以为财产子孙都是身外之物，学术文艺都是暂时的美景，连自己的身体都是虚幻的存在；他们不肯做本能的奴隶，必须追究灵魂的来源、宇宙的根本，这些才能满足他们的‘人生欲’。”

为了探知生命的究竟、登上灵魂生活的层楼，把财产子孙都当作身外物，轻轻放下，轻装前行，这是一种气魄。

一位佛教法师出家前曾是一名老师，在剃度的前一天晚上，他与自己的学生话别。学生们对老师能割舍一切遁入空门既敬仰又觉得难以理解，一位学生问："老师何为而出家？"

法师淡淡答道："无所为。"

学生进而问道："忍抛骨肉乎？"

法师给出了这样的回答："人世无常，如暴病而死，欲不抛又安可得？"

法师便是看透了人世无常，也看透了"不抛又安可得"的人生真相，所以毅然割舍尘世。

人活于世，被诸多事情缠身——事业、爱情、金钱、子女、财产、学业这些东西看起来都那么重要，一个也不可放下。可是，什么都想得到的人，最终往往为物所累，导致一无所有。只有懂得放弃的人，才能达到至高的境界。

生活中，每个人都背着背囊在路上行走，负累的东西少，走得快，就能尽早接触到生命的真意。遗憾的是，人们想要的东西太多了，背负着沉重的负累还不够，还要给自己增添莫名的烦忧。

一个背着大包裹的忧愁者，千里迢迢跑来找无际大师。他诉苦道："大师，我是那样的孤独、痛苦和寂寞，长期的跋涉使我疲倦到极点，我的鞋子破了，荆棘割破双脚，手也受伤了，流血不止，嗓子因为长久的呼喊而沙哑，为什么我还不能找到心中的阳光呢？"

大师问："你的大包裹里装的是什么？"

忧愁者说："它对我很重要，里面是我每一次跌倒时的痛苦，每一次受伤后的哭泣，每一次孤寂时的烦恼，靠着它，我才走到你这儿来。"

于是，无际大师带忧愁者来到河边，他们坐船过了河。上岸后，大师说："你扛着船赶路吧！"

"什么？扛着船赶路？"忧愁者很惊讶，"它那么沉，我扛得动吗？"

"是的，孩子，你扛不动它。"大师微微一笑，说，"过河时，船是有用的，但过了河，我们就要放下船赶路，否则，它会变成我们的包袱。痛苦、孤独、寂寞、灾难、眼泪，这些对人生都是有用的，它们能使生命得到升华，但若是念念不忘，它们就成了人生的包袱。放下它吧！孩子，生命不必如此沉重。”

“生命不必如此沉重”，我们也能从中体会到生命的智慧：放下痛苦，才能收获幸福；放下负担，才能走得更远。

天空广阔能容下无数的飞鸟和云彩，海湖广阔能盛下无数的游鱼和水草，要想拥有足够轻松自由的空间，就得抛去琐碎的繁杂之物，比如无意义的烦恼、多余的忧愁、虚情假意的阿谀奉承。如果把生命比作一座花园，这些东西就是无用的杂草，不如将其剪除。

人生旅途中，每个人都会得到很多，幸福、泪水、温暖、孤独，不论好坏，每一种都是属于自己的收获。有收就有放，只有坦然放下一切多余的负累，才能真正提起生命的意义，在收放之间，自我才能不断提升。为心灵找一个安顿之所，卸掉背上的重负，轻装上路吧，人生本不必如此沉重。

第四章

舒心：无心而求，找回内心的纯粹和充盈

谁在给我们设置障碍

给我们设置障碍的并不是生活中的挫折，而是一颗斤斤计较、不豁达的心。

人生在世要学会轻安，自在。生活中难免有种种烦恼和障碍，倘若执着于这愁绪和痛苦中，就无法得到解脱。

人的心像一块田，你撒下什么样的种子，就会有什么样的收获。心胸狭窄的人凡事斤斤计较，以自我为中心，考虑问题总是从自己的角度出发，其实最后的苦果还是要自己尝。

痛苦、悲哀皆为心造，心中放不下痛苦，痛苦便会一直跟随；心里有悲哀，人生便处处悲伤。如果整个身心都被仇恨怨愤占据了，怎么还能容得下其他？生命自然也因此变得狭隘。活在阴影之下的人，当然不可能快乐。

一个人在他二十五岁时因被人陷害，在监狱里待了十年。后来冤案告破，他终于走出监狱。出狱后，他开始了几年如一日地反复控诉、咒骂：“我真不幸，在最年轻有为的时候竟遭受冤屈，在监狱里度过了最美好的一段时光。那样的监狱简直不是人居住的地方，狭窄得连转身都困难。唯一

的小窗口也透不进来阳光，冬天寒冷难忍，夏天蚊虫叮咬，真不明白，上天为什么不惩罚那个陷害我的家伙，即使将他千刀万剐，也难解我心头之恨啊！”

七十五岁那年，在贫病交加中，他终于卧床不起。弥留之际，一位德高望重的禅师来到他的床边：“已经过去那么多年了，你为何还如此耿耿于怀呢？”

禅师的话音刚落，病床上的他声嘶力竭地叫喊起来：“我怎么能释怀，那些将我陷于不幸的人现在还活着，我需要的是诅咒，诅咒那些施与我不幸命运的人。”

禅师问：“你因受冤屈在监狱待了多少年？离开监狱后又生活了多少年？”他恶狠狠地将数字告诉了禅师。

禅师长叹了一口气：“你真是世上最不幸的人，他人囚禁了你区区十年，而当你走出监狱本应获得自由的时候，却用心底的仇恨、抱怨、诅咒囚禁了自己整整四十年！”

十年的时间纵使漫长，可是与四十年相比，也算不得什么。世上最不幸的人不是遭遇无数坎坷的人，而是用苦痛囚禁自己心灵的人。

有一位哲人说过：“世界上没有跨越不了的事，只有无法逾越的心。”心一旦被自己封闭起来，我们自身的发展也就被限制了。所以，遇到不平之事或遭受苦难时，最重要的是放开自己的心，原谅外界的伤害，原谅生命的起伏，原谅自己。懂得原谅，就是给自己一片空间，就是解脱自我。

给我们设置障碍的并不是生活的挫折，而是一颗斤斤计较、不豁达的心。是我们自己给自己设下了障碍，阻碍了跨越痛苦、超越自我的脚步。

你是否也有类似的遭遇？生活中，一次次的受挫、碰壁后，奋发的热情、欲望被“自我设限”压制、扼杀。你开始对失败惶恐不安，却又习以为常，丧失了信心和勇气，渐渐养成了懦弱、犹豫、害怕承担责任、不思进取、不敢拼搏的习惯。这些不良的想法和习惯渐渐地捆绑住你，让你陷入缺乏信心的泥沼里无力自拔，久而久之，你就失去了勇气，于是慢慢沉沦，安于囚笼中。此时，只有走出囚笼，不再抱怨和诅咒，幸福才会温柔地拥抱你。

人人都希望生活顺畅，都希望拥抱幸福，可是现实中很多遭遇都不是人力所能控制的。痛苦也好，难以忍耐的遭遇也罢，关键不是我们为此失去了什么，而是在经历过这些之后，我们学会了什么，得到了什么。

当上天的考验已经成为过去时，我们要学会将这场考验中所经受的苦楚抛到脑后，否则，我们的人生将沦为痛苦的牺牲品。一时的不幸是外力所致，一生的不幸必定是自造了牢笼。因此，不要给自己设置障碍，前行中，该丢弃的要果断丢弃，不要让过去的痛苦经历牵绊住前进的脚步。

不快乐是因为活得不单纯

人之所以不快乐，是因为活得不够单纯。

人本是自然之子，但在社会发展的进程中，人一方面不断进化，以文化区别于动物；同时也被社会所异化，表现出许多非自然的属性，尤其是在商业社会中，这种异化尤为明显。

要保持人原有的质朴、纯真的自然属性，就需要养一颗自然之心。整日工于心计、追逐名利，如何养身，如何养心？要回归自然，首先要在心态上回到自然中去。

以单纯自在的心态乐享自然中最本初原始的一切，从每一种花草身上看见美丽，从每一阵清风中听到时光的低吟浅唱，让生活的每一个细节回归自然的淳朴，便能从现实的烦恼中超脱。

高峰妙禅师住在山洞里，每天以自然中的野果为餐。很多人对他这样的修行方式十分不解，有人问他：“野果有什么好吃的呢？”

高峰妙禅师说：“野果可比任何山珍海味都要美味。”

那人说：“你看你，住在这个山洞里，乱糟糟的，头发长了也不梳理。”

禅师说：“我并没有烦恼，还需要梳理什么？”

“你一年到头就这一身衣服，为什么不多备一套呢？”

“佛法慈悲，道德这身衣服足矣。”

“你没有朋友，没有爱人，不觉得孤单吗？”

高峰妙禅师指指外头：“看见花花草草了吗？大自然的一切都是我的朋友。”

那人猛然醒悟，高峰妙禅师的生活才是自在的，洒脱的。

一心参禅，与大自然融为一体，享受清净、新鲜的生活滋味，实在难能可贵。自然可以开启人的心灵、陶冶人的情操，久居闹市，心久系名利，人就会活得很累。荣华富贵、名声赞誉都是表面的东西，整日费尽心思与人争斗，得到的只是无穷无尽的烦恼，何必这样难为自己？不如将争强好胜的心放下，走出门去，到自然的怀抱中沐浴春风，攀登高山，放歌旷野。

自然是功名的清新剂。人活着要顺其自然，不受外界环境的任何影响。过于倚重外物与环境只会让人充满烦恼，无从解脱。古人说：“天下本无事，庸人自扰之。”的确，天底下大多数烦恼其实都是人自找的，解脱本是多此一举。

生活中，我们也像这个人一样四处寻找解脱的途径，殊不知，并没有谁捆住我们的手脚，真正难以突破的是心中的瓶颈。突破心中的瓶颈，清除心中的垃圾，就可以在属于自己的天空中自由翱翔。

人之所以不快乐，是因为活得不够单纯；活得单纯，才能超脱生活的琐碎烦恼。以下几条可作为具体参照：

一、不刻意追求、不用任何执着心给自己设置障碍。能活得简单自然，本身就是一种幸福。

二、保持本色，不人云亦云，不亦步亦趋。人应活出自己的本色，保留一颗原始朴素的初心；而不应随波逐流，给自己增添负担。

三、过简朴生活。清理生活中由欲望带来的累赘，拥有的东西能满足需要就好。这样的简单生活能清理内心，带来内心的充足和宁静。

一个人若能回归单纯的天性，就能清除心中的烦扰，让心灵恢复最初的本真和快乐。

快乐在于找到内在的纯粹和自由

快乐不是费尽心机计算出的结果，而是一个无心而求的美好过程。

世人皆喜日出，因为日出昭示着希望；许多禅门中人则喜日落，因为观日落可以得定，可以发慧，落日柔和清凉有慈悲相，可提醒是日已过的无常。

落日是永恒，是生必然走向灭的象征，能洞察生灭现象者，才是有智慧的人。日出与日落皆是天地运行的一种规律，正如荣与枯都是生命固有的一种状态，本就无须以人心的悲喜来评价。荣也好，枯也罢，都是无心、随缘的结果，都包含着生命自由而纯粹的喜悦。

药山禅师在庭院中打坐，身边有云岩和道吾两名弟子相伴。禅师坐禅之后，看两名弟子仍然若有所思，便指着院中的两棵老树问道："你们看这两棵老树，已经在寺中经历了上百个年头，如今，这两棵树一枯一荣，你们说，是枯的好，还是荣的好呢？"

道吾回答道："荣的好！"

云岩答道："枯的好！"

药山禅师并未答话，恰逢一位侍者从旁边路过，于是药山禅师将他喊了过来，问他道："你看院中的这两棵树，是枯的好呢，还是荣的好？"

侍者回答道："枯者由他枯，荣者任他荣。"

药山禅师面露微笑，赞许地朝侍者点了点头。

同一个问题有三种不同的答案："荣的好"，表示一个人的性格热忱进取；"枯的好"，说明这个人清净淡泊；"枯者由他枯，荣者任他荣"，则是顺应自然，各有因缘。所以有诗曰："云岩寂寂无窠臼，灿烂宗风是道吾；深信高禅知此意，闲行闲坐任荣枯。"

花草树木的枯荣与太阳的东升西落，如昼夜的交替、四季的转换一样，是自然界里极其平常的事情，而一旦与个人际遇相联系，人们便会生发出无限感慨。大多数人会因为美好事物的逝去而感伤慨叹，但实际上大可不必如此。

枯有枯的道理，荣有荣的理由，并无好坏之分，好或不好只是个人根据主观感受做出的评判。事无好坏，唯人拣择，就像红尘中的我们，每一天的起卧作息皆顺其自然，饥来张口困来眠，看似平常，却正是人生的无限风光。

有一位老师带学生们登山赏雪，雪在山崖树影中交织成一幅美丽的画卷，所有人都被造物的神奇所震撼。

老师站在一棵树下，恰好一滴融化的雪水滴在了他的头上，于是他向学生们提了个问题："同学们，雪融化之后，会变成什么呢？"

学生们异口同声地回答："水！"

老师似有不满，但仍对同学们做了一个赞赏的手势。

这时，一个老和尚从旁边经过，他抬头看了看满山的雪色，若有所思地说："雪融化了，难道不是春天吗？"

雪化之后，变成了春天，一则生活中随心而至的常识，也可以绽放出童话般的美丽。冬天过去，春天将至，日落之后，还有日出，我们又何必自讨纷扰？

生活中，每个人都在寻找快乐，每个人的快乐也不尽相同。有人认为成为另一个比尔·盖茨，获得巨额财富就是快乐；有人认为拥有闭月羞花、傲视西施貂蝉的美貌是快乐；有人认为和相爱之人相濡以沫、白头到老是快乐；有人认为平平淡淡过完每一天是快乐。

快乐不是费尽心机计算出的结果，而是一个无心而求的美好过程。只有不为欲望所苦，顺其自然地生活的人才能时时刻刻享受永恒而无限的快乐。从现在起，不妨试着清空内心多余的执念，安于生活：

一、以舍为有。不妄想，不贪求，舍弃多余的欲望，才能减轻心灵的重负，活得轻松自在。

二、满心欢喜。不仅要从内心生发出无限的欢喜，还要学会将这种欢喜传播给别人，这样才能让身心圆满充足。

三、吃亏受苦时，要将这些当成理所当然的事坦然接受。这样，自然不会有怨天尤人的心，自然就能获得自在。

快乐在于找到内在的纯粹和自由，心胸空灵，身处欲望之中，心离欲望之外，便能达到不受拘束的境界。荣枯无意，生命本是自然，无心而求才能达到真正的自在之境。

静心抬头，发觉生活的千般美丽

如果能够静心抬头，为自己开一扇窗，便看得见广阔晴朗的天，心中的烦恼也好似天边浮云，转瞬便会消逝。

世人每天都在忙碌、不安和烦恼中度过，一个烦恼过去下一个烦恼又来，愁工作、愁财富、愁子女，甚至有时候顾影自怜。总之，各种各样的烦恼层出不穷，永不停息。

烦恼由心产生，世间烦恼本是庸人自扰。一个人如果在面对世事变幻的时候，能够始终保持自己的本心，不生妄念，又何来烦恼呢？

烦恼如同不良生活习惯所导致的疾病，淡定从容的生活态度，则是免于烦恼的健康生活习惯。这种良好的习惯并非每个人都有，即使是得道的高僧也会偶尔心生妄念，自寻烦恼。

白云守端禅师在方会禅师门下参禅，几年来都无法开悟。方会禅师怜念他迟迟找不到入手处，便想借机开示他。一天，方会禅师在禅寺前的广场上和白云守端禅师闲谈，方会禅师问：“你还记得你的师父柴陵郁禅师是怎么开悟的吗？”白云守端回答道：“我的师父是因为有一天跌了一跤才开悟的。悟道以后，他说了一首偈语：‘我有明珠一颗，久被尘劳封锁，今朝尘尽光生，照破山河万朵。’”

方会禅师听完以后，大笑几声，径直而去，留下白云守端愣在当场，心想：“难道我说错了吗？为什么老师嘲笑我呢？”白云守端始终放不下方会禅师的笑声，几日来，饭也无心吃，睡梦中也会无端惊醒。他实在忍受不住，就请求老师明示。

方会禅师听他诉说了几日来的苦恼，意味深长地说：“你看过庙前那些表演把戏的小丑吗？小丑使出浑身解数，只是为了博取观众一笑。我那天对你一笑，你不但不喜欢，反而不思茶饭，梦寐难安。你对外境这么认真，连一个表演把戏的小丑都不如，如何参透无心无相的禅呢？”

方会禅师一针见血地找到了白云守端的病根，连一笑都不能放下，更何况整个世界呢？烦恼是无缘无故的风，如果无法保持平静淡定，对任何事都深思不已、纠缠不休，我们的心湖就会被烦恼的风掀起波澜。

有句佛语叫“掬水月在手”，苍天的月亮太高，凡尘的力量难以企及，但是开启智慧，掬一捧水，月亮就会被捧在掌心。面对生活中各种纷繁复杂的问题也应有此心境，不要一心攀摘得不到的东西，而要以智慧心发觉生活的千般美丽。解脱烦恼的方法其实很简单，从生活中的细节开始做起，一点点改变心境，就能活得快乐从容：

一、淡定安然地面对各种问题。生活中总有不尽如人意的地方，关键在于我们怎样看待。一个人若总是把问题的责任归咎于自己，或者永远盯着消极面，那么，不用多久一定会烦恼成疾。

二、不为自己制订过高的目标。

三、遇事不喋喋不休地批评、挑刺、埋怨、小题大做，不自寻烦恼。

“百年三万六千日，不在愁中即病中”，古人的诗句道出了人生苦恼的原因。其实世间本没有烦恼，是人心有了欲望，有了攀比，才生出“得不到”的烦扰和“比不上”的苦闷。一个人若能从容淡定，便能远离烦恼，体验另一种人生，另一番境界。

佛法认为，一切世相皆由心造。以浮躁心观世，世界就好似一间紧闭门窗、装满烦恼的屋子，每个人都被关在这间密不透风的屋子里，像一只只焦躁的困兽，围着自己的尾巴打转，追逐，无法得到安宁。

如果能够静心抬头，为自己开一扇窗，便看得见广阔晴朗的天，心中的烦恼也好似天边浮云，转瞬便会消逝。生活有了繁杂才显真实，不烦恼，不疾不徐地对待纷扰才能身心舒坦。

微笑的力量

微笑是一种面对生活的乐观和豁达，是一种改变命运的强大能量。

一个人如果一生中没有享受到生活的乐趣，没有品尝到生命的真味，那么，就意味着这个人缺乏生命的自觉与自省。沉浮动静皆人生，用心体悟每种境遇，不以物喜，不以己悲，懂得沉浮得失皆是生活的赐予，才能于生活的每一处细节中品味到乐趣。

水往往给人以柔和婉转的感觉，一如微笑给人的柔和之感。正如为了健康人们须日日饮水一样，为了欢乐人们也应时时微笑。

然而，生活中的人们非常吝惜自己的微笑，往往只把微笑给自己熟悉的人，给予陌生人的表情则是紧张而严肃的；而且，大多数人对于突如其来的微笑会感到不适应，要么认为对方认错了人，要么觉得对方是“无事献殷勤，非奸即盗”，于是非但不回报以微笑，反而会本能地加强警惕。

与人相处时，善意的开始必然带来快乐融洽的结果。面带微笑，心存真诚，两人相对视的第一个瞬间，必定能传达出友好的信号。

有一个人常常觉得生活没有任何意义，除了悲伤就是烦恼，所以，他越来越颓废、越来越忧郁。一天，他听说在远方的深山里有一位得道高僧，能够帮人答疑解惑，便跋山涉水地寻到这座寺庙，向老禅师请教解脱之法。

忧郁者问："禅师，我究竟应该怎么做，才能够摆脱这悲观痛苦的深渊，得到充实而轻盈的快乐呢？"

禅师回答："微笑，对自己微笑，也对他人微笑。"

忧郁者仍然困惑，又问："可是我没有微笑的理由啊！生活如此艰辛，我又怎么笑得出来呢？"

禅师略微思索了一下，说："第一次微笑是不需要理由的，你只要尽情地绽放自己的笑容就可以了。"

"那么第二次、第三次呢？一直都不需要理由吗？"

"不要担心，第二次、第三次的时候，微笑的理由就会自己来找你。"

不久以后，寺中来了一位快乐的年轻人，他径直来到老禅师的禅房外，轻轻地敲了敲门，说："禅师，我回来了。"

老禅师并未打开门，只在屋内问道："你找到微笑的理由了吗？"

"找到了！"年轻人兴奋地说。

"那么，你是在哪里找到它的呢？"

"当我第一次对来向我借东西的邻居微笑的时候，他同样给了我一个微笑，那一刻，我发现天空是那么辽阔，空气是那么清新！第二次，当我走在路上被一个人撞到时，我并没有愤怒，而是送给他一个微笑，我得到了他发自内心的歉意和感谢，那是人世间多么美好的情感！第三次，当我把微笑送给在草地上玩耍的孩子们时，他们拉着我加入他们游戏的队伍。我不再吝啬自己的笑容，把它们送给路上的陌生人，送给街边休息的老人，甚至送给曾经羞辱过、欺骗过、伤害过我的人们。在这个过程中，我收获了高于我所付出几倍的东西，这里面有赞美、感激、信任、尊重，也有一些人的自责和歉意。这让我更加自信、更加愉快，也更加愿意付出微笑。”

“你终于找到了微笑的理由。”禅师轻轻地推开房门，微笑着对他说，“假如你是一粒微笑的种子，那么，他人就是土地。”

微笑如水般柔婉，带给他人的心灵安慰和享受。微笑是一种力量，是幸福快乐生活的必需品。微笑能够使烦恼得到解脱，使疲劳得到安适，使颓唐得到鼓励，使悲伤得到安慰。

面对他人，自然而然流露出的微笑既能展现自己的友好、热情，更能显示一个人的自信、教养，以及积极的人生态度，从而在对方心灵中投射下一束温暖的阳光。

不要小看一个微笑的力量，微笑是一种面对生活的乐观和豁达，是一种改变命运的强大能量。时时微笑，就能让自己的人生时时保持快乐欢喜。

不与外界争执，少和自己较量

世相本空，烦恼也是空，不提起烦恼，便无须放下。人生不被任何事左右，来去自如、神清气爽，何愁不从容。

风过竹林之时，竹叶随风而舞自然簌簌有声；雁过清潭之时，清澈潭水中必倒映雁群身影。但风落、雁过之后呢？《菜根谭》里有一句话：“风来疏竹，风过而竹不留声；雁渡寒潭，雁去而潭不留影。”

无论是喜怒哀乐，还是悲欢离合，长长短短的因缘际会之后，一切皆空。诸法都是空相，飘然而过不着痕迹。常人将出家修佛称作遁入空门，四大皆空，如去如来，无遮无碍，是为空。

佛门即空门，悟极返空，既然众生都在苦苦求索着“空门”的真谛，佛祖自然不会将门关闭，而是大开佛门，只待有缘人。空是悟后所抵达的一种境界，悟来悟去终是空。

空并不是指空空如也，什么都没有，而是指不能永恒，虚幻而难以捉摸，随时变化，只有空才是不变的真理。理解了无常，才能放下心中的执着。

人的烦恼多源于自我，为了维护“我”以及“我”的所属物，陷入无穷无尽的纠缠中，既和外界争执，也和自己较量，心中太多牵绊，无从解脱。其实，世间本无“我”，又何苦执着？放下、忘记、抛却，才是悟到空的途径。

空并不是指一切都没有，而是说人可以努力去促成某事，但无论成功还是失败，都不需要放在心里。得失不挂心，才能斩断烦恼的根源。空是指对一切不贪恋，万事都放下，心中无一物，才不会有执着心，没有执念，才不会产生痛苦。

倘若一个人时刻执着于寻找快乐，就会离快乐的本质越来越远。正如修行本是事实，却应在修行过程中忘记这个事实，不执着于修行的念头，才能更好地得到悟证。

赵州禅师对众弟子说了一句禅语：佛是烦恼，烦恼是佛。众弟子不解，纷纷前来询问：“禅师你说佛是烦恼，那么佛在为谁烦恼呢？”

赵州禅师说：“佛在为芸芸众生而烦恼。”

弟子又问：“怎么做才能免除烦恼呢？”

赵州禅师严肃地责问弟子：“免除烦恼做什么呢？”

还有一次，赵州禅师看见一个弟子在礼佛，就打了他一下，问：“你在做什么？”

弟子不知自己犯了什么错误，惴惴不安地回答：“我在礼佛。”

赵州禅师斥责他：“佛是用来礼的吗？”

弟子顿觉委屈：“禅师，礼佛不是好事吗？”

赵州禅师又打了他一下，说：“好事不如无事。”

烦恼不必放下，因为对于佛祖来说，本就不曾提起；礼佛本是好事，但与其惦记着礼佛这个过程，不如将这个念头抛却。

在短暂的生命中，烦恼只是须臾一瞬，做人若能悟到这一境界，自然能摆脱烦恼，无牵无挂，满心欢喜。佛教是一个重视心灵力量的宗教，人只有从内心辨识烦恼，认识烦恼，领悟烦恼的本质，并在此基础上清除烦恼，才能获得真正的自在。以下三点可略作参照：

一、要明因识果，从自制中克服欲望。

二、要摄心正念，从宁静中安顿身心。

三、要少执多放，从舍得中体会快乐。

人生不被任何事左右，来去自如、神清气爽，何愁不从容。生活是一串干干净净的念珠，本无烦恼忧愁，是我们自己将无数的烦恼寄托在念珠之上，而在生活中行进就好比转动烦恼的念珠，转过去一个，烦恼便消失一个，转回来一个，烦恼便又再来一个。懂得跳脱虚无的烦恼，就能于自在中轻松捻动佛珠，顺畅前行，捕获快乐。

吃饭睡觉也是修行

生活的点点滴滴都藏着快乐，人生的修为就在平常的吃饭睡觉间。

《红楼梦》中有一句话："无故寻愁觅恨。"意思是没有原因地寻愁觅恨，心里讲不出理由，只是觉得烦闷。

人无事也要寻觅一点愁怨，更何况有事时？世间人大多如此，每天都被诸多莫名其妙的烦恼所包围，心灵很少有平静的时候。心头的闲愁太多，吃饭就不香；心底的思虑太多，睡眠便不宁。

一天，有源禅师去拜访大珠慧海禅师，请教参禅用功的方法。他问慧海禅师："禅师，您也要用功参禅吗？"

禅师回答："用功！"

有源又问："怎样用功呢？"

禅师回答："饿了就吃饭，困了就睡觉。"

有源不解地问道："如果这样就是用功，那岂不是所有人都和禅师一样用功吗？"

禅师说："当然不一样！"

有源又问："哪里不一样呢？不都是吃饭睡觉吗？"

禅师说："一般人吃饭时不好好吃饭，有种种思量；睡觉时不好好睡觉，有千般妄想。我和他们当然不一样。"

世间人之所以不能求得心安，原因就在于他们总是有种种思量和千般妄想。如果能摆脱那些无故寻来的烦恼，那么每个人都可以达到佛的境界。

佛法其实很平凡，修行之道无非平常生活，饿了吃饭，困了睡觉。问题是许多人都做不到这一点，尤其当压力缠身时，心心念念都是烦恼，又何来吃饭睡觉的平常心？

拥有平常心很难，人们生活在烟尘滚滚、人口密集的城市，环境的污染，对物质的追逐，人心的败坏，无一处不起苦闷，无一处不生烦恼。高度发展的科学技术，复杂的社会环境，使得现代人逐渐失去了与自然界的联系，失去了和谐统一的心身，也丧失了在生命中尽情欢笑、尽情哭泣的能力。

现代人迫切需要的不是更多的物质享受，而是让支离破碎的生活得到片刻圆满、让纷扰的内心获得清净的智慧。这种智慧就体现在生活最平常的细节中：

一、做好当下的事情，在日常生活中体悟寻常的真味。

二、专心致志于眼前每一个细节。正如佛家修行不一定身在禅房，做人也是一样，不必去深山求道。生活的点点滴滴都藏着快乐，人生的修为就在平常的吃饭睡觉间。吃饭时专心吃饭，睡觉时安心睡觉，自然能心境轻松、不急不缓地在凡常中得到超脱之乐。

三、不执着于已经过去或还未到来的烦恼，认真活在每一刻，将每一件小事都当成一种修炼。

每个人都可以在最平凡的生活里找到快乐，不论佛学修行还是消除烦恼、找到幸福，最先做的都不应是念“阿弥陀佛”或是空想，而应是完成一个人在世上应该做好的事。只有把该做的事情做圆满了，才能体悟寻常生活的真谛，才能以一颗平常心安住于世间，寻获快乐。

处处退一步，步步饶一着

豁达博大的胸怀，不计较小节的潇洒，欢喜了别人，也放过了自己。

常常爬山的人，都知道“山不转路转，路不转心转”的道理。禅宗也有类似的说法，“山不转路转，境不转心转”，境由心生，心乃工画师，能画世间万般景象。

“芭蕉叶上无愁雨，只是听时人断肠”，心外阳光明媚、鸟语花香时，内心可能愁云密布。人生中总会碰到不顺心的事情，在必要时采取适当的方法剪掉心中的死结，才能拥有更广阔的心灵空间。

心胸豁达，不论心外是否有阳光，内心都晴朗而开阔。生活中的诸多事情，什么该记住，什么该忘却，是需要我们用心体会的。人们往往执着于眼前的念想，而忘记了生活的方向，这被佛家看成大糊涂。做人需要时时警醒自己记得本心的生命，忘记生活中小事的纠葛，这样方可达到佛家所说的释怀。

在生活中，人们难免与周围的人发生不同程度的磕磕碰碰，沉溺于这样的小事中不能自拔，不仅会影响自己的情绪，影响我们与他人的关系，还会因此少得很多快乐。我们要学会记住一些美好的东西，忘却自己的不满之心，如此便能活得自在、轻松，能够坦然地面对人生旅途中的风风雨雨。

天刚破晓，朱友峰居士便兴冲冲地抱着鲜花和供果，赶到大佛寺参加寺院的早课。谁知他刚一踏进大殿，就与左侧跑出来的人撞了个满怀，捧着的水果也撞翻在地。朱友峰看到满地的水果忍不住叫道：“你看！你这么鲁莽，把我供佛的水果都撞翻了，你要给我一个交代！”

撞他的人叫李南山，他也非常不满地说道：“已经撞翻了，我说一声对不起就够了，你干吗这么凶？”

朱友峰气道：“你这是什么态度？自己错了还要怪人！”接着，彼此咒骂，互相指责的声音此起彼落。

广圄禅师正好经过，就将两人带到一旁，问明原委，开示道：“莽撞的行为是不应该的，但不肯接受别人的道歉也是不对的，这些都是愚蠢不堪的行为。能坦诚地承认自己的过失及接受别人的道歉，才是智者的举止。”

广圄禅师接着又说：“生活在这个世界上，需要我们协调的生活层面太多了。例如：在社会上，如何与亲族、朋友相协调；在教养上，如何与师长们沟通；在经济上，如何量入为出；在家庭上，如何培养夫妻、亲子的感情；在健康上，如何使身体健全；在精神上，如何选择自己的生活方式。能够协调好这些才不致辜负我们可贵的生命。想想看，为了一点小事，一大早就破坏了一片虔诚的心境，值得吗？”

李南山先说道：“禅师！我错了，实在太冒失了！”说着便转身向朱友峰道：“请接受我至诚的道歉！我实在太愚痴了！”朱友峰也由衷地说道：“我也有不对的地方，不该为一点小事发脾气！”

广圄禅师的一番话，感化了这两位争强好斗之人。

我们常常为生活中的琐事大发雷霆，但归根结底，那都是因为我们的心不够沉静，就像一杯混浊的水。

沉下心来思考，不难发现，每一次让我们生气的其实都是一些小事而已，是自己的计较导致这些小事影响了我们一天的心情。我们不妨宽容、随性一些，以使自己拥有健康快乐的心。

一、处处退一步，人我不计较。我们不与别人斤斤计较，不但给了别人机会，也取得了别人的信任和尊敬，使我们能够与他人和睦相处。我们对别人释怀，即是对自己释怀。

二、时时忍一句，口中多说好。能忍一时之气，就不会产生纷争；不吝惜赞美，就能与人结缘，在人际关系中顺畅无阻。

三、步步饶一着，不争强与弱。我们每天穿梭于茫茫人海中，一个小小的过失，一个淡淡的微笑，一句轻轻的歉意，带来的是包涵和谅解。多少烦恼，一笑而过，生活因此而变得轻松、快乐。

宽容不仅是一种雅量和胸怀，更是一种人生的境界，因为我们在宽容的同时，也创造了生命的美丽。豁达博大的胸怀，不计较小节的潇洒，欢喜了别人，也放过了自己。

第五章

养心：接受遗憾，在寂寞中开出美丽的花朵

人生有遗憾才真实

人生在世，没有谁的生活是一帆风顺的，每个人都会遇到或大或小的挫折和遗憾。人生不要太圆满，应该有个缺口让福气流向别人。

有一篇文章叫《懂了遗憾，就懂了人生》，写得真实而又透彻。

许多事情总是想象比现实美，相逢如是，离别亦如是。当现实的情形不按照理想的情形发展，事实出现与心愿不统一的结局时，遗憾便产生了。遗憾可以彰显出悲壮之情，而悲壮又给后人留下一种永恒的力量，也许生活带走了太多东西，却留下片片真情。有过遗憾的人，必定是感觉到深切痛苦的人，这样的人也必定真实地活过，付出过最真的心，用自己的行动演绎过至真至纯的情感，令人心动和感慨。

错过的一切如同错过的时光一样，无法找回，只是错过一点点，就会错过太多，或许还会错过一辈子，留下终身的遗憾。有时我们本可以轻易地拥有，然而却让它悄然溜走。记得以前看过一部电视剧《半生缘》，不否认男女主人公是真心相爱的，但命运与缘分的捉弄使他们各奔东西，多年以后他们再次相见，痛苦万分，追悔不及，只剩遗憾。也许世间最大的悲剧莫过于两个相恋的人不能牵手一生一世，但正因为有了遗憾，那份情

义才越发显得弥足珍贵，既浸入骨髓又超然永恒。又如梁山伯与祝英台的爱情故事，如若他们真的走到了一起，朝朝与暮暮，相伴一生，白头偕老了，那又何来千古绝唱的凄婉?

不必再去说割舍不下什么，因为已经没有选择的余地了。美好的东西总是太多，我们不可能全部得到，但对于已经不属于自己的东西，则不必再奢望什么。无缘的人总是留下遗憾，在那一个个熟悉的画面里凋零着各种情绪；在那一个个生动的故事里，多想为它画上一个省略号，却在命运的无奈中被迫为它画下句号。徒留万丈红尘中的空望，洗尽铅华之后的暗伤，永远与对方形同陌路。

其实有许多感情从开始到结束，不管结果如何，只要有过这种让自己心灵为之震动的感觉就好，因为这本来就是一个温暖的感情矿藏，一种生命中最厚重的拥有，毕竟曾经交换过彼此的快乐和寂寞。所以不要再难过，人总得面对醒来的一切。人世本无常，岁月流逝如梦一场，曾经的梦想和誓言如落叶般随风飘荡到不知名的地方，但我始终相信当初说它的时候是发自内心的。

在每个人的工作、生活、学习中都会有或多或少的遗憾，我想没有几个人会喜欢它，但是它确确实实又是生命中的收获，可以入心且无声，像长了翅膀，在偌大的心灵世界里自由飞翔。它可以是美好的回忆，也可以是痛苦的煎熬，带给人的是对生命更多、更深刻的感悟。没有经历过遗憾的人生是不完整的，遗憾是一种感人的美，一种破碎的美。因为有它，人世间一切的真、善、美才更值得称颂；因为有它，生命将更值得去回味；因为有它，才有了远走天涯的念想。

懂了遗憾，就懂了人生。在经历以后，我们才会学到很多，明白了许多，也成熟了许多。人生之路，有枝繁叶茂的树，鲜艳夺目的花朵，蝶飞蜂舞的美好景色，也有阻挡去路的高山和荒凉的沙漠；人生之路，总有阳光照耀下缤纷的色彩,也会有阴天时的重重迷雾。生活不仅有灿烂的笑颜，还会有无言的泪水和无法轻松跨越的沟渠。

有些事情一旦错过了，就真的错过了，成了不可弥补的遗憾。而生命如果没有遗憾，没有波澜，就不会丰富多彩，也不值得回味。有遗憾的人生才是真实的人生，有遗憾的人生才能描绘出完美的人生蓝图。

人生如棋，落子不悔！人生的遗憾总是在所难免的，遗憾并不是敬而远之的东西，有遗憾才是一种完整。

完美不是心中虚幻的宝塔

人们总是对人生抱有一种力求完美的心态，凡事都要求完美。其实，我们大可卸下“完美”的枷锁，坦然地接受不完美。人生有不足才是一种圆满，因为不完美让人们有盼头、有希望。

在《百喻经》中，有这样一则可笑却发人深省的故事。

有一位先生娶了一个体态婀娜、面貌娟秀的太太，两人恩恩爱爱，是人人称羡的神仙美眷。这个太太眉清目秀，性情温和，美中不足的是长了个酒糟鼻子，好像失职的艺术家，对于一件原本足以称傲于世间的艺术精品，少雕刻了几刀，显得非常突兀怪异。这位丈夫对于太太的鼻子终日耿耿于怀。

一日他外出经商，行经贩卖奴隶的市场，宽阔的广场上，四周人声沸腾，争相吆喝出价，抢购奴隶。广场中央站了一个身材单薄、瘦小清癯的女孩子，正以一双汪汪的泪眼，怯生生地环顾着这群如狼似虎，决定她一生命运的大男人。这位丈夫仔细端详女孩子的容貌,突然间,他被深深地吸引住了。好极了！这个女孩子的脸上长着一个端端正正的鼻子，他决定不计一切买下她！

这位丈夫以高价买下了长着端正鼻子的女孩子，兴高采烈地带着女孩子日夜兼程赶回家，想给心爱的妻子一个惊喜。到了家中，把女孩子安顿好之后，他用刀子割下女孩子漂亮的鼻子，拿着血淋淋而温热的鼻子，大声疾呼：

“太太！快出来哟！看我给你买回来的最宝贵的礼物！”

“什么样贵重的礼物，让你如此大呼小叫？”太太狐疑不解地应声走出来。

“喏！你看！我为你买了个端正美丽的鼻子，你戴上看看。”

丈夫说完，突然抽出怀中锋锐的利刃，一刀朝太太的酒糟鼻子割去。霎时太太的鼻梁血流如注，酒糟鼻子掉落在地上，丈夫赶忙用双手把端正的鼻子嵌贴在伤口处。但是无论丈夫如何努力，那个漂亮的鼻子始终无法粘在妻子的鼻梁上。

生活中，人们追求完美的心理，与故事中手拿利刃的丈夫一样。有时，人们苦心追求的完美根本不存在，如海市蜃楼，只是一个幻影。

人生确实有许多不完美之处，每个人都会有这样那样的缺憾，真正完美的人是不存在的。道理虽然浅显，可当我们真正面对自己的缺陷和生活的不尽如人意之处时，却又总感到懊恼、烦躁。所以，勇敢地面对生活中的不如意和生活中的遗憾，接受人生的不完美，是一件很难的事。

完美是心中的一座宝塔，你可以在心中向往它、塑造它、赞美它，但不可把它当作现实存在的东西，否则你将陷入无法自拔的矛盾之中。

不必事事、时时追求完美，十全九美的人生能为生活留下更多的希望。

有缺憾的人生，依然美丽

佛学里把这个世界叫作“婆娑世界”，翻译过来便是能容纳许多缺陷的世界。这个世界本来就是有缺憾的，如果没有缺憾，就不能称其为人世间。

生命本来就是不圆满的，能够认识到这一点，我们便不会苛求自己的生活，也不会苛求他人。只有懂得接受遗憾的人才会懂得去珍惜已拥有的一切。清朝李密庵主张“半”的人生哲学，日本有一派禅宗书道在挥毫泼墨时总留下几处败笔，这都是在暗示世间没有圆满完美。更有日本东照宫的设计者因为自觉设计太完美，恐怕会遭天谴，而故意把其中一根梁柱的雕花颠倒。

日剧《美丽人生》讲述的是平凡的杏子和佟二之间凄美的爱情故事，女主角杏子的身体虽然有缺陷，却仍然勇于追求爱情。

佟二是一个很有才华的美发师，他在图书馆偶遇脚有残疾的图书管理员杏子。他邀请美丽的杏子为他的发型设计做模特，在两个人误会的产生和消除之间，他们相恋了。面对家人和朋友的不理解，面对种种困难的来袭，他们都守候着彼此。公路上的相识、图书馆的借书、红色的高跟鞋、好吃的拉面、游乐场的圈套、咖啡店的怄气、海边的发型屋……

佟二:“这个世界好美喔。从这个 100 公分的高度来看,这个世界好美。认识你之后的这几个月，我的人生就像是有星尘飞舞般闪耀。”

杏子 :“在医院这个失眠的夜里，我写下这些，希望与你在一起时的种种能够让我战胜现在的痛苦。你所小心翼翼拯救下来的这个脆弱的生命，现在正一面祈祷着火苗不要熄灭，一面想着你，好想再见见你，再听听你的声音，再被你紧紧地拥抱，再被你宠爱，也想宠爱你。我的人生是属于我自己的，这件事是你教会我的，这个美丽的人生。”

“杏子的开朗，甚至让我遗忘了她身体的残缺。”观众说。

“这个笑着面对死亡的女孩，好美，美得让我嫉妒。”观众说。

当佟二遇见身体有缺陷的杏子之后，他的人生发生了巨大的变化，是杏子教会了他如何坦然面对生活，勇往直前地追寻自己的理想。虽然，最后杏子被病魔夺去了生命，但他们的爱情，依然那么美丽。

人生没有绝对完美，只有无限趋近于完美。有缺憾的人生，依然美丽。

孤独是生命圆满的开始

孤独是人类的本质。早在两千多年前柏拉图就写下了一则寓言：每一个人都是被劈开成两半的不完整的个体，终其一生都在寻找另一半，却不一定能找到，因为被劈开的人太多了。有时候你以为找到了，有时候你以为永远找不到。

所以，生命是一个不断接受孤独净化的过程。

20 世纪印度著名的哲学家克里希那穆提说："孤独是一种完全与外界切断，没有明显理由而突然非常害怕的感觉。如果你的心中感觉什么都无法依赖，又没有任何一种方法能解除你这种自我封闭式的空虚，你就明白什么叫恐惧了，这就是孤独。"

孤独并非是在自己心情压抑，或是失恋的时候出现的，那种感觉只是空虚和寂寞，称不上是孤独。孤独是一种状态，是一种圆融的状态，真正的孤独是高贵的。当一个人孤独的时候，他的思想是自由的，他面对的是真正的自己。孤独者不管自己处于什么样的环境都能让自己平静，并自得其乐。

孤独可以提高一个人生活的质量，是人生必需的营养素，充实的人生往往都是在孤独中熬出来的。忍受孤独是一种能力，并非任何人任何时候都可具备的。人在孤独中有三种状态：一是惶惶不安、毫无头绪，一心想逃出来；二是渐渐习惯孤独，安下心来，建立起生活的秩序，用工作、读书或培养自己的兴趣来驱除孤独；三是喜欢时常来袭的孤独感，让孤独成为内心一片诗意的土壤，并诱发出关于生命、自我的深度思考和体验。

有人说："我只是一个平凡人，忍受不了孤独的煎熬。享受孤独，那是哲学家们做的事。"可是，为什么你会没有理由地突然觉得非常害怕，会感觉到一阵莫名的空虚？你该怎么办？是任凭孤独的滋味噬咬着你的心灵，还是选择承认它、面对它？

蒋勋在谈论孤独的时候曾说："当你被孤独感驱使着去寻找远离孤独的方法时，会处于一种非常可怕的状态。因为无法和自己相处的人，也很难和别人相处，无法和别人相处会让你有巨大的虚无感，会让你告诉自己：'我是孤独的，我是孤独的，我必须打破这种孤独。'但是你忘记了，想要快速打破孤独的动作，正是造成巨大孤独感的原因。"

当孤独的痛苦笼罩你的时候，你应面对它、承认它，不要产生任何想逃走的意念。如果成功逃走了，你永远也不会了解它，而它则会躲在一角伺机而动。反之，如果能了解孤独并且超越它，你就会发现根本不需要逃避孤独，于是也就不再有那种追求满足和娱乐的冲动了。因为你的心已经认识了一种不会腐败，也无法毁灭的圆满。

孤独感从来都不是一件坏事，人只有在孤独中，才能知晓人生的底蕴。

生命要耐得住寂寞

孤独是一种状态，寂寞是一种心境，寂寞可以决定人的命运。一个人忍受不了寂寞，就会想方设法寻求消遣，于是会朋友、逛街、打牌、看电视，就成了人们逃避寂寞的最好方法。寂寞本没有过错，只有害怕它的人才会觉得难以忍受。

寂寞如一面镜子，人们通过它可以照见自己、发现自己。人们可以在寂寞的围护中和另一个"自己"对话，那是真正的独白。

季羡林先生曾写过一篇散文《马缨花》，描绘了自己对寂寞的体味："曾经有很长的一段时间，我孤零零一个人住在一个很深的大院子里。从外面走进去，越走越静，自己的脚步声越听越清楚，仿佛从闹市走向深山。等到脚步声成为空谷足音的时候，我住的地方就到了。"

20 世纪 30 年代，季先生独自一人前往德国求学，对故乡及亲人的思念只能深埋心中。但在德国的十余年间，他没有被寂寞打垮，从最开始的人生地疏，到后来的慢慢适应，潜心求学，屡遇良师，学识大有长进，人生阅历也有所增多，只是身边少了亲人的陪伴。即使回国之后，由于工作原因，季先生多半也是过着独身生活，直到1962年，妻子彭德华从济南搬到北京来，季先生数十年的单身生活才算结束，他说："总算是有了一个家。"

季先生从来没有把寂寞当作问题，而是在与寂寞相处的同时，丰富自己的内心。现在许多人抱怨生活的压力太大，内心感到烦躁、不得清闲，于是，追求清静成了他们的梦想，但他们又害怕寂寞，想尽办法逃离。

刚刚大学毕业的小张是从农村出来的，开始走上工作岗位时拿到的薪水还算不错。但是，他给自己施加的心理压力很大。因为他从小家境贫寒，父母终日在田地里辛苦耕作，用省吃俭用积攒下来的钱供他读书，因此他一直希望有朝一日能够在城里买房接父母来住。虽然他的生活已经很节约了，但是每月将房租、饭钱、交通费、通信费等这些生活必需费用扣除之后，几乎所剩无几。而城里的房价飞涨，物价也在上涨，使他心境难以平静。这使得他萌生了跳槽的念头，于是他开始四处搜集招聘信息，希望能够跳到一家薪水更高的公司。

可以想象，他有了这个念头，就很难专心工作。不久，他的上司就觉察到他的问题，他做的方案漏洞百出、毫无新意，甚至出现很多错别字，明显看出是在敷衍了事，没有用心去做。于是，上司找他谈话，不料刚批评几句，小张不仅没有承认自己的问题，反而质问上司："你给我这么点薪水，还希望我能做出什么高水平的方案来！"上司这才意识到，原来，小张的情绪源自薪水低。他并没有生气，反而平静地告诉小张："公司里的薪水并不是一成不变的，只要你做出了业绩，薪水自然会上去的。真正决定你薪水的不是公司也不是老板，而是你自己。"但是，小张根本听不进去，一怒之下，刚工作不到半年的他毅然决定辞职不干了。

辞职后，他开始专心找薪水高的工作，凭着他的聪明才智，他很快又应聘到另外一家公司，这家公司的薪水比之前的公司高出了1000元，这让小张庆幸自己的跳槽非常明智。刚工作 3 个月，小张偶然从同事那里了解到，同行业里的另一家公司薪水普遍要比现在的公司高。这使小张本来平静的心又一次波动起来，他又开始关注另外一家公司的消息。本来他所在的公司打算委任一项重要的项目给他，要他出差到外地的分公司半年，虽然辛苦，但是能够为以后在公司的晋升奠定基础。

但是，小张一心想要跳到另一家公司，根本无心继续待下去，拒绝了这个在别人看来千载难逢的好机会。于是，小张在公司老板的心里留下了不思进取的印象。金融危机袭来的时候，公司裁员，小张不幸被裁掉。当他再去找工作的时候，几乎所有的公司都会问他同一个问题 :“为什么你在不到一年的时间里就换了 3 份工作？”

生活的压力和想尽早出人头地的念头，让小张变得浮躁，耐不住低薪的寂寞。如果能暂时放下心中的惦念，真心体味，其实寂寞并不可怕，工作上的寂寞至少能让我们意识到自我的存在，明白什么是自己真正想要的。

耐得住寂寞是一种难得的品质，它不是与生俱来的，而是需要长期的艰苦磨炼和自我完善。耐得住寂寞是一种有价值、有意义的积累，耐不住寂寞则是对宝贵人生的挥霍。

在耐得住寂寞的时间里成就非凡的人生。

与自己对话，让外在的东西慢慢沉淀

当今社会，浮躁之风盛行，在人们急功近利地追求财富的时候，往往忽视了倾听自己内心的声音。求学的时候，我们盲目地选择了别人认为最有潜力的专业 ；求职的时候，我们故意不去关注内心喜欢什么，而选择那些大众看好的热门职业 ；甚至在结婚的时候，以经济、地位的好坏来选择结婚的对象。

许多人的耳朵里总是塞着耳机，把音量调到听不到外界的声音，好像很害怕被外界的事物打扰，想极力维持着自己内心的安静。但奇怪的是，他们一回到家就打开电视、打开电脑，却不看也不听，只是喜欢有个声音在身边。或许我们需要自我检视一下，在没有声音的状态下，我们可以安静多久，在没有电话、电视、电脑的环境中，可以怡然自得多久。

“你有没有试过安静地坐着，注意力不集中在任何事物上，也不费力去集中注意力，只是让你的心非常安静，非常安静？这时候，你会听见所有的声音，不是吗？你听见远处的、近处的以及极近的声音，也就是说，你听见了所有声音。你的心不限制于窄小的频道里，如果你能依照这个方式放松地倾听，而没有任何压力，你就会发现一种惊人的变化在心底出现。这种变化不需要你的意志力，不需要你去强求，在这种变化中存在着极大的美及深刻的洞察力。”这是克里希那穆提在他的著作《人生中不可不想的事》中对世人所说的话。

给自己一点独处与静思的时间，与自己的心灵对话，这有助于我们追求内在的平静。留给自己的空间并不需要太大，独处并不需要太多的时间，只有当你把心中积累的所有固执想法全部消除，摆脱所有的坏习惯，心才不至于被原有的思想所禁锢。

伊斯华伦在他的书《征服心灵》中说，“在深沉的冥想中，我们的心灵是静止、宁静而澄静的。这是我们童稚时期的天真状态，借此我们才知道自己是谁，以及生命的目的是什么”。

为自己留下一个冥想的空间，与心灵进行一次长谈。

第六章

随心：空悟超脱，看破生死始成佛

生命仿若不系舟

生命本如不系之舟，真正幸福的人生，难以圆满。有苦有乐的人生是充实的，有成有败的人生是合理的，有得有失的人生是公平的，有生有死的人生是自然的。

喜欢月圆的明亮，也要接受它的黑暗与不圆满；喜欢水果的甘甜，就要容许它有苦涩成长的过程，人生总是“一半一半”的，在人生的乐、成、得、生中，包容不完美，才能获得真正完整的幸福。

“岂无平生志，拘牵不自由。一朝归渭上，泛如不系舟。”白居易曾在《适意》中这样表达过自己对自由生命的向往之情。自古以来，失意的文人墨客常常寄情于山水之间，希望能在游玩嬉戏的清逸洒脱中陶冶性情，驱除烦恼。闲来寄情山水，春鸟林间，秋蝉叶底，淙淙流水过竹林；四山如屏，烟霞无重数，荒径飞花桥自横，这般景象，可谓完美。

很多人都执着于追求完美的人生，凡事要求完美固然很好，以示精益求精，更上一层楼，但星云大师不断地给世人以警醒：有的人因小小的缺陷而全盘否定人生的意义，有的人因为小小的遗憾而将手中的幸福全部放弃，这样追求完美，有时反而因噎废食，流于吹毛求疵，不管于自己还是于他人，都是一种不必要的辛苦。真正幸福的人生，本来就有缺陷，在追求完美人生的同时，要能够认清人生实相。

一只飘摇的生命之舟，从时空的长河中缓缓驶来。

舟中有一个刚刚诞生的生命，他不会说、不会笑、不会跳、不会闹，也不会思考，他只是沉睡着，远处传来一个声音："你从何处来？到何处去？"

刚诞生的小生命重复道："我从何处来？到何处去？"

生命之舟在时空的长河中默默前行。忽然，又传来一个声音："等一等！我们想与你一同旅行，请载我们同去！"往声音传来的方向看去，只见痛苦与欢乐、爱与恨、善与恶、得与失、成功与失败、聪明与愚钝，手拉着手游向生命之舟。

痛苦从左边上了船，欢乐从右边上了船；爱从左边上了船，恨从右边上了船。待这些人生的伴侣进入船舱后，这只飘摇的生命之舟顿时沉了许多，舱中的气氛活跃了，哭声和笑声接连从舟中传出来。

忽然，又一个喊声传来："等一等，等一等，还有我们。"众人寻声望去，只见清醒与糊涂、路人与朋友双双携手游来。清醒从左边上了船，糊涂却迟迟不肯上去。路人从左边上了船，朋友也迟迟不肯上去。

"喂！怎么回事？朋友！糊涂！你们快上来呀！"一个声音招呼着他们。"不！除非糊涂先上去，我才会上去！否则，生命是容不下我的！"朋友说。"不！我也不想上去，我知道我是不受欢迎的！"糊涂说。"请上船吧，糊涂！你知道你在我的一生中多么重要吗？我要得到朋友，首先要得到你，我要成就一番事业，没有你是万万不行的。"船中的生命呼唤着。

于是，糊涂犹犹豫豫地上了船，朋友紧跟着也上去了。飘摇的生命之舟，在时空长河中满载着这些东西前行。

这时，后面又传来了呼唤声："等一等我，别忘了我！我一直在追随着你哪！"这是死亡的呼喊。

在死亡的追赶下，生命之舟一路向前。显然它不肯为死亡停驻，不知是装作没有听见死亡的呼喊，还是不愿听见死亡的声音。但无论如何，死亡依然紧紧地跟在它的后面，寸步不离。这只飘摇的生命之舟，满载着痛苦与欢乐、爱与恨、善与恶、得与失、成功与失败、聪明与愚钝，在人生的得意与失意间破浪前行。

人生实相，就如这只飘摇的生命之舟，无所牵系，却能承载各种人生。

凭山临海不系舟，山水系不住生命之舟，个人的心愿、意志也系不住，它有着自我的轨迹，我们只能将其圆满，却不能彻底改变。若想在这茫茫旅途中获得真实的幸福，唯有认清并接受生命中必然存在的缺陷。

空悟禅音红尘听

春暖花开，冰消雪融，普润大地，自然就像圣人的胸襟气度般潇洒与自得。“旷兮其若谷”，比喻的是思想的豁达、空灵。一个修道有成的人，就得有这样清明空灵的脑子，如同空洞的山谷，回音萦绕。只有心境永远保持在空灵之中，才是真正的七窍玲珑。心境不空的人，就好像“蓬茅塞心”之人。人心不应被蓬茅堵住，而应海阔天空，空旷得纤尘不染。佛家讲空，空到极点，清虚到极点，智慧自然高远，正所谓“打破冥顽须悟空”。

常人因佛经中说“五蕴皆空”“无常苦空”等，总怀疑佛法只是一味说空，什么都无所着，才能彻悟。禅宗也不断强调，空才能悟，空是对一切事物不起念头，是不着外相的。但是，这种空的境界不是普通人能达到的，所以离世人很远。

大乘佛法涉及的不只是空，而是谈及空与不空两方面。虽然有专门说空的时候，其实也在说不空之义。所以领悟了空和不空两方面，才算是真正的悟道。

那么，究竟什么是大乘佛法里的空和不空呢？正如佛经《波罗蜜多心经》中谈到的“空”，具有极其深刻的意义：一方面，“空”是指万事万物随时处在永恒的变化之中，因此要求我们达到一种“无我”的境界；而另一方面，“空”也是“不空”，因为佛法讲究普度众生，因此它是一份救世的事业。这里的意思是，空是无我，不空是为救世的事业。虽知无我，而能努力干救世之事业，那么空也是不空；虽努力干救世之事业，而绝不执着于“我”，不执着于自己的所得，那么不空也是空了。

换句话说，大乘佛法里的“空”和禅宗里的“空”之意义都不是那么单纯，也不是消极的意思，反而是入世的一种修行，它有两种内涵——“什么都是我的”的胸怀和“什么都不是我的”的器量，以这种无上的智慧，指导我们以无我的精神去从事世间的种种事业。

更进一步，佛法中的“空”和“无我”的概念是相通的。什么是“无我”？“无我”就是“不是我，或者没有我”的意思，即译作非我或无我。“无我”，不是说不存在我，而是不要迷恋非我的东西——“我执”。

所谓“有情”，从身体的组织来说，是由地、水、火、风、空、识六字（六种元素）构成，其中任何要素又是刹那依缘而生灭着的，所以找不到一个固定的独立的“有情”支配身心，也就找不到“我”的存在。这是佛教关于“无我”的一个解释。

我们常常陷入烦恼之中，是因为我们不能理解“无我”，总是在追求为“我”或为“我所有”。但佛是一位充满了慈悲、智慧的觉者，是一个无我和清静无为的人。“无我”，就是断除尘世间的一切烦恼，舍弃一切不该追逐的东西。“无我法”，即无畏、牺牲、奉献，因为“无我”，因此在奉献的时候，就会感到自然愉快，不再纠结得失，身心安乐。

不少佛学大家都身体力行“空”与“无我”的大慈悲智慧，以出世的心做入世的伟大事业。

禅宗大师一行禅师毕生都在宣扬“非暴力”的和平理念，以推广正念、布施四方来帮助世界各地的难民和儿童。

中国台湾的慈济会法师证严法师因看到一难产的山地妇人因交不起保证金而被医院拒于门外，遂发下宏愿，要建造一所专门给穷人看病的医院。后来她不仅在花莲建成了第一所慈济医院，还把慈济志业扩展到全球。

著名的佛学大师星云法师自1970年起，相继成立育幼院、佛光精舍、慈悲基金会，设立云水医院、佛光诊所，并与福慧基金会于中国内地设立佛光中、小学和佛光医院数十所，育幼养老，扶弱济贫。

由此可见，佛法并不离于世间，出世也能入世。再看佛教的本旨，只是要洞悉宇宙的本来面目，教人求真求智，以断除生命中的愚痴与烦恼。因而修学佛法，也并不一定都要离尘出家，在红尘中的人同样可以用佛法来指导生活，自利利他。

所以，佛法中的“空”与“无我”，又怎么是消极避世，让人一味地出离呢？以出世的方法行入世的事业，这种智慧正是佛法伟大之所在。

风过疏竹，来去自如

达摩祖师传授衣钵之前，想听弟子们修禅所得，于是叫来所有弟子问道：“这些年来你们从我这里学去了什么？”

弟子道育说：“依我所见，就是不迷信于佛经上所说的修持之法，但又不完全脱离经书，就能做到‘藉教悟宗’。”

达摩祖师说：“你只得了我的表面功夫。”

弟子尼总持说：“翻遍了佛经，诸法都是虚幻，没有什么可以凭依的，一味注重经书所说的东西，就会被俗物牵绊，犯了‘我执’，所以一切都不章，这样就能断去烦恼，即得菩提。”

达摩祖师点头说：“你从我这里的确学到了东西。”

弟子道育又说：“四大皆空，五蕴非有，身心皆是虚妄，世上无一法。”意思就是说，佛法是空，身心是空，一切都是空，不着五色十相，不拘泥于世间一切经法。

达摩祖师点头道：“你学到了禅宗的精髓。”随即，他转向了弟子慧可。

然而，弟子慧可什么也没有说，只是做个礼拜，静立在一旁默默不语。

达摩祖师暗暗点头，对慧可说：“昔日如来以正法眼选中伽叶继承衣钵，今日我选你继承衣钵。众弟子应当各自反省，就可知道我为什么选择慧可了。”

尼总持悟出空幻，道育得出空无，相比较而言，道育还点出了禅宗的修持宗旨，但是，他们都是用语言说出来的禅悟，还是被世间的色相所着，只有慧可默默无言，真正体现了禅悟的最高境界—— 一切色相皆是空，无声无言。这才是最高的禅悟，看似默默无语，却如雷轰顶，一语惊醒了梦中人。就好比风从竹林中穿行，风过之时，竹叶随风而舞，自然簌簌有声;雁从清潭上飞过，雁过之时，清澈潭水中必倒映雁群身影，但风落、雁过之后，一切皆无。

由禅悟回归到人生，看世上，无论喜怒哀乐、悲欢离合，在长长短短的因缘际会之后，尘埃落定，不也是一切皆空吗？诸法都是空相，飘然而过不着痕迹。悟到了这一境界，自然无牵无挂，满心欢喜，得到禅道和生命的正解。

福州市鼓山有个涌泉寺，被世人称为“闽刹之冠”。这座寺庙山门上有一副对联：净地何须扫，空门不用关。这副对联的由来与当地的地理环境有关。在该寺的山门外有一条青砖铺砌的小路，路旁是参天大树，到了秋天，路上常常会有很多落叶，但由于山门直接对着山坡口，所以山风直吹过来，路上的落叶就会被吹走，不需要寺中僧人再打扫；福州地区，夏秋交替之际台风频发，寺中的山门经常会被狂风吹垮，几经修葺之后问题还是得不到根本的解决，索性后来就不再设寺门，而以空门迎接四方信徒。

正像涌泉寺以空门笑迎万千信徒，佛门亦是如此，佛门即空门，悟极返空，既然众生都在苦苦求索着“空门”真谛，佛祖自然不会将门关闭，而是大开佛门，只待有缘人。“空”是悟后所抵达的一种境界，悟来悟去终是空。

得悟世间色相空无的道理，将不会被任何事左右，来去自如，神清气爽，何愁不从容。

一切皆空实为样样都有

佛陀在灵山会上，出示手中的一颗随色摩尼珠，问四方天王：“你们说说看，这颗摩尼珠是什么颜色？”

四方天王看后，各说是青、黄、红、白等不同的色泽。

佛陀将摩尼珠收回，张开空空的手掌，又问：“那我现在手中的这颗摩尼珠又是什么颜色？”

四方天王异口同声地说：“世尊，您现在手中一无所有，哪有什么摩尼珠呢？”

于是佛陀说：“我拿世俗的珠子给你们看，你们都会分辨它的颜色，但真正的宝珠在你们面前，你们却视而不见，这是多么颠倒啊！”

佛陀的手中虽然空无一物，但就像苏东坡的诗句所说：“无一物中无尽藏，有花有月有楼台。”正因为“空无”，所以具有无限的可能性。佛陀感叹世人“颠倒”，因为世人只执着于“有”，而不知道“空”的无穷妙用。世人总是被外在的、有形的东西所迷惑，而看不见内在的、无形的本性和生活，其实那才是最宝贵的明珠。

即使是对佛教不熟悉的人也都知道有句话叫“一切皆空”，“空”这个字在佛教经典中出现的频率非常高。佛法中的“空”指“无我”，即“不是我”或者“没有我”的意思，即是说佛法的空，是性空而非相空，是理空而非事空。

我们生活在这个世界上，每天面对着无数的人和事，与花鸟虫鱼共存，安享天地自然的造化，这一切都不是一成不变、实在的东西，皆是依因缘的关系才有的。因为是从因缘而产生，依因缘的转化而转化，没有实体，所以才称之为“空”。这就好比临水看花，水中为什么会有曼妙的花影？有水、有花、有阳光，花的影子才能投映到水中，给你以美的享受。花影是在种种条件下产生的，不是一件实在的物体，虽然不是实体，但我们看到的美丽形象，却是清清楚楚，并非没有。所以佛说一切皆空，同时又说一切因缘皆有，不但要体悟一切皆空，还要知道有因有果。

我们在书本当中或是影视作品当中，经常会看到一些人因为受到情感的伤害、事业的挫败等看破红尘，遁入空门。“空门”在人们眼中有时候被当作一种逃避现实的方式。对于空，有些人可能误会了，以为这样也空，那样也空，什么都空，什么都没有，于是坏事不干，好事也不做，糊糊涂涂地看破一点，生活下去就好了。其实佛法之中“空”的意义，有着最高深的哲理，诸佛菩萨就是悟到“空”的真理者。“空”并不是什么都没有，反而是样样都有。

大千世界，百态丛生，人生、善恶、苦乐等都是客观存在的。佛法之中说，有邪有正有善，有恶有因有果，要弃邪归正，离恶向善。如果说什么都没有，那何必学习佛法呢？佛法之所以存在，就是为了指点人们看透这因果，走出这困厄。

一切皆空，实为样样都有！若仅被一“空”字限制了自心，实在是太过遗憾了！

纵身大化，不喜不惧

生者寄也，死者归也。

人终归要走向死亡，人死如灯灭，该熄灭的时候自然会熄灭。但灯灭了，并非什么都没有了。曾经的光还在你心中闪烁，灯的意义在于燃烧的过程。佛陀是怎样解释佛死后去的地方的呢？

人们总是问佛陀：“佛死后到什么地方去呢？”

佛陀总是微笑着，保持沉默，什么话也不说。

但是这个问题一次又一次地被提出来，为了满足人们的好奇心，佛陀对他的弟子说："拿一支小蜡烛来，我会让你们知道佛死后到什么地方去。"

弟子急忙拿来了蜡烛，佛陀说："把蜡烛点亮，然后拿过来靠近我，让我看看蜡烛的光。"

弟子把蜡烛拿到佛陀面前，用手遮掩着，生怕风把蜡烛吹灭了。

但是，佛陀训斥他的弟子说："为什么要遮掩呢？该灭的自然会灭，遮掩是没有用的。就像死，同样也是不可避免的。"

随后佛陀吹灭了蜡烛，说："有谁知道蜡烛的光到什么地方去了？它的火焰到什么地方去了？"弟子们你看我，我看你，谁也说不上来。

佛陀接着说："佛死就如蜡烛熄灭一样，蜡烛的光到什么地方去了，佛死后就到什么地方去了。和火焰熄灭是一样的道理，佛死了，他就消失了。他是整体的一部分，他和整体共存亡。火焰是个体，个体存在于整体之中，火焰熄灭，个体就消失了，但整体依然存在。不要关心佛死后去了哪里，他去了哪里不重要，重要的是如何成佛。等到你们顿悟的时候，你们就不会再问这样的问题了。"

不要过于关心与自己无关的事情，那只是在做无用功。死亡该来时自然会来，死亡之后去了哪里不是我们的头脑能确知的。生生死死，由它去吧，因为人在生死之中。其中奥秘不管知不知道，你也只能顺应自然。

既然人生的意义在活着时彰显，那么安心地活在天地之间，等待死亡那一刻的升华吧。不要总执着于死后如何升天，往哪里去，那些都是虚无缥缈、无踪可觅的乌有，最好趁生命还在之时，呼吸之间多为他人也多为自己做点力所能及的事情吧。

活着的时候尽自己的能力追求事业，不辞辛劳，达到心灵的超越，付出最大努力，追寻人生的意义。死亡在任何时候都有可能到来，一旦我们面临死亡，就能坦然离开。

细细想来，我们每夜不都是在死亡的状态中吗？睡眠是一种假死状态，只不过确知第二天早晨会醒过来，方能安心入睡罢了。谁都无法保证明天一定还会活着，所以，不妨将今天视为生命的最后一天，竭尽全力去努力吧。

在死神召唤之前，我们还可以燃烧。

修性

第一章

随性：回归本性，做真正的自己

人生随时要保持单纯的本性

《大宝积经》里有一句话："一切诸法本性皆空，一切诸法自性无性。若空无性，彼则一相，所谓无相。"《金刚经》也说："若见诸相非相，即见如来。"所谓相，是指因缘和合所生之法。

我们看自己往往都有一个我相，看别人有一个人相、众生相，看万物也都有其相。事实上，这些相都不过是表相而已，只是暂时存在，随时都可能变化或消失。

佛教中有一个无相门，进入此门者，便没有相貌美丑、地位差异之分，佛祖面前，众生一律平等，这种平等就是无相的平等。人的生命，最初都不过是一团相同的泥巴，只是被塑造成了不同的表相。要看破这层表相，就要摆脱一切外在的影响，不执着、不迷失。可是，在现实生活中，我们太容易以表相识人，看见达官贵人，就只看到一个达官贵人的皮相；看见落魄书生，就只看到一个落魄书生的皮相。

从前有一座山庙，里面住着一位老和尚和一个小和尚。

有一次，山上来了一位达官贵人，捐了许多香火钱，老和尚热情地接待了他。

后来，山上又来了一个书生，衣衫褴褛，饿得面黄肌瘦。老和尚立刻叫小和尚将他扶进庙里，尽心招待。

小和尚心里不解，于是问师父："为庙中捐了钱的达官贵人当然有资格受到礼遇，师父为何如此厚待一个穷书生？"

老和尚没有直接回答小和尚的疑问，而是用泥巴塑了一尊菩萨，告诉小和尚这是用千金请来的菩萨，于是小徒弟每天认真地上香念经。

不久，老和尚将泥菩萨雕刻成一只猴子，放在原处。小和尚发觉后，吓了一跳，便再也不肯去上香了。老和尚问起这件事，小和尚便答："师父，那尊菩萨变成一只猴子了！"

老和尚于是拿起那只猴子，细细雕琢，转眼间猴子又变成了一尊菩萨，小和尚看着那尊菩萨，终于有所悟。

一个是为寺庙捐了很多钱的达官贵人，一个是穷书生，小和尚只看见了他们的身份，也就是他们的表相，便对二人区别对待。我们往往执着于所认识到的那个相，从而渐渐迷失了自己。自卑于自己相貌的人，可能会郁郁终日；做老板的人在企业里强势，回到家也脱不开老板这个相，对待亲人也过于强势，家庭关系自然疏离；做官的人，到哪儿都离不开官相，做人总是颐指气使，必定使人生厌。

其实，不论处于什么样的地位，相都只是我们所扮演的一个角色，并不是我们自己。对角色太投入，就会迷失自我，就会无法自拔，进而生出种种烦恼，痛苦不堪。放下一切众生相，才能看到真正的本相，也就是原本的自我。生活中，不应让财富、地位、身份成为评判自己的标准，而应该还原自己本来的面目，这样才不会被外在的物质形态所奴役，才能做回真正的自己。

无相，才能无痴。看己看人都要做到不被表相影响，做人处世才会不拘泥、不执着。禅宗说"不思善，不思恶"，是要求人的思想观念时时保持纯净无杂，心地胸襟也要时时怀抱原始天然的朴素，不被各种各样的外相所蒙蔽，以此态度来待人接物、处理事务。如果个人拥有这种修养，就不会被烦恼缠身而痛苦不堪；如果人人持有这种生活态度，天下自然太平和谐。

其实，人生下来都很朴素、很自然，而后天的教育、环境的影响，种种原因，把圆满自然的人性雕琢了，刻上了多余的花纹雕饰，反而掩盖了原本的朴实。玉不琢，不成器，但不要以为这些花纹和雕饰就是真正的自己，要看透雕饰下面的自我，保持最单纯的本性。

想得少点，活得简单

一个人若追求复杂而奢侈的生活，则不仅贪欲无度，烦恼缠身，而且日夜不宁，心无快乐。复杂往往会浪费生命中宝贵的时间，奢侈则极有可能断送美好的人生。

人的一生中，会有很多追求、很多憧憬。有人追求真理、追求理想的生活、追求刻骨铭心的爱情；也有人追求金钱，追求名誉和地位。有追求就会有收获，我们会在不知不觉中拥有很多，有些是必需的，而有些却是完全用不着的。那些用不着的东西，除了满足虚荣心外，就只是一种负担。

我们已经拥有很多，却仍旧不满足，贪恋名利，贪恋这个世界上的一切繁华。我们总以为人生在世，不尽可能多地得到，就无法实现自己的价值。殊不知，得到越多，烦恼也就越多。于是我们背负着沉重的拥有，疲累而苦恼，却不懂得停下脚步，倾听一下内心的声音。

想过美满幸福的生活，希望丰衣足食，这是人之常情，但是把这种欲望无限放大，变成不正当的欲求，变成无止境的贪婪，就会在无形中成为欲望的奴隶。其实，静下心来想一想，有什么目标是非实现不可的？又有什么东西值得用宝贵的生命去换取？

再大的权势，再多的财富，也终有一日成空，没有什么能够代替内心的幸福。我们需要的是简单的生活，因为简单使人宁静，宁静使人快乐。

尤其是在面临人生重大的选择时，更需要除去多余的念想。

一个农民从洪水中救起了他的妻子，他的孩子却被淹死了。事后，人们议论纷纷。有人说他做得对，因为孩子可以再生一个，妻子却不能死而复活。有人说他做错了，因为妻子可以另娶一个，孩子没法死而复活。

这件事情传到了当地的寺院里。寺里的一个小和尚听了以后便去问农民为什么没选择救孩子。农民告诉他，他救人时什么也没想。洪水袭来，妻子在他身边，他抓起妻子就往山坡游。待返回时，孩子已被洪水冲走了。

简单是一种睿智的生活方式，这个农民如果进行一番抉择，事情的结果会是怎样呢？洪水袭来，妻子和孩子都被卷进旋涡，片刻之间就会失去性命，这个农民还在山坡上进行抉择，妻子重要，还是孩子重要，那么，最终他谁也救不了。

在人一生中，许多时候并没有机会和时间进行抉择。抉择很困难，但也很简单，困难在于人们总是把抉择当作抉择，并为每一次抉择附加太多的意义，患得患失；简单在于别去考虑抉择问题，而是遵循生命自然的方式，不要被多余的考虑束缚身心，活得简单，才能于简单中发现生命真正的芳华。

世间的繁华是没有尽头的，一切繁华其实都是人内心制造的幻影，以为自己得到了它，实际上还离得很远，我们只不过用自己的人生为繁华做了一个注脚。在追求物质的过程中，人最容易丧失自我。因为对物质的追求永无止境，而人的生命是有限的。

拥有物质不一定就能得到幸福，这就好比带着枕头被子出门，不但没有得到很好的休息，反而增加了负担。拥有再多的物质也仍会有不满足的时候，心灵则因为被物质挤压，无处容身。

在有限的生命里，扪心自问，我们是不是在拥有的同时失掉了简单，失去了幸福？

做人不掺杂念

人活在世上，应当眼界开阔，看得透人生诸多名利与荣辱背后的真相。眼界狭小的人，只看得见眼前的得失，为每一次得失大喜大悲，你争我夺，看不清前途所在，看不清祸福，看不清生死，对于生活的意义、生命的价值一无所知，自我在其中迷失，万千的烦恼也应运而生。懂得放开眼界的人，不会被生活中一时的忧乐所惑，从而能驾驭生活，而不是被生活所困。

在现实生活中，真正懂得放开眼界的人并不多，这是因为人在世间行走的过程中，学到的东西有很多，好的、坏的，混杂在一起，接触到的世界越宽广，接受的观念和思想越多，欲望也就越多，人心渐渐失去了判断力，失去了向外寻找和向内探求的力量。

佛家修行讲究心无杂念，大千世界、世间万象都在心中，心中却能一片空明，无一杂念，这是一种修佛的境界。做人也是一样，陷入生活的泥沼之时，也要善于摆脱杂念，少一念就少一分烦恼，不掺杂念的心就像赤子之心一般珍贵。

每个人从降生于世到长大成人，都会接受各种教育，即使不接受教育，在社会上生存，也必然会有各种各样的人生经历，这些经历将给人磨砺，促使人成长。人不可能做到绝对的无识无知，但可以在被生活的苦楚纠缠时，退回内心，重新找回面对人生的力量。

退回内心并不是简单的逃避，而是一种洞见心性的智慧。一个人只有明了自己真正的心性，才能在抬头看世界时，保持正确的视角和心态，而不被短视迷住心窍。在内心摆正了自身的位置，才能不掺任何杂念，在实现人生目标的道路上不被外物所惑，笔直前行。

除去心中累赘，回归自然天性

人的本性是自然的，但在尘世中行走多年，有多少人能保持一颗纯净质朴的初心呢？

佛家之人，不喝酒、不吃肉、不近女色、不沉迷于俗世的纷纷扰扰，生活得清净而洒脱。表面看来，他们的生活有些寡淡无味，但正是这清心寡欲的生活让他们的内心回归到淳朴自然的状态，恢复了初来人世时的初心之境。

当人初临人世的时候，都还是一个头脑空空的婴儿，只懂得饿了要吃，困了要睡，既不懂得男女之间的色欲，也不懂得功成名就、家财万贯的荣耀，仅仅以一颗纯真的初心，好奇地观望这个世界，享受这个世界带给他们的每一丝欢乐。

然而，进入俗世久了，一颗初心便面目全非。比如，很多人刚进入社会时，都满怀希望与抱负，遭受多次挫折，经历艰难困苦之后，一颗原本纯真的心就变了。原本爽直的人变得吞吞吐吐，心灵也变得歪曲，丧失了希望与抱负，最后变得畏缩不前。

究其原因，就是因为心中的累赘多了。常言道，初生牛犊不怕虎，那是因为它不懂得虎的可怕，保持着一颗未被经验污染的心。一旦它切身体验到了虎的可怕，便不再敢于向虎挑战。面对老虎的恐惧，以及由此而来的死亡阴影，会一直占据着它的心。

人生于世也是如此，品尝过失败，便会畏惧失败；品尝过痛苦，就会逃避痛苦；品尝过财富和权势的味道，便要死死抓住，不肯再放开手。久而久之，我们的心越来越沉重，各种累赘堆满了心灵的每个角落。渐渐地，我们什么都不敢再尝试，什么也不肯轻易丢弃，于是再也看不见身边的风景，再也感受不到快乐和安宁。因为失去了用好奇的目光观望世界的那双眼睛，失去了最初充满童心童趣的自己。

除去心中的累赘，时不时为心灵腾点空间，才能逐渐回归自然的天性，看见自身的美和世界的美。年龄的增长不是问题，一颗永葆年轻纯净的心才是最重要的。

佛尚在世时，有一次，波斯匿王带着群臣，骑着大象出外巡游。途中，波斯匿王看见一个满头白发的老人从远处走来，便叫停了众人，让老人先慢慢走过去，别让浩大的队伍吓着他。

老人本来想着在路边等一等，让队伍先走，但是看到队伍先行停下，也就放心大胆地往前走了。老人走过波斯匿王身边时，波斯匿王微笑着问他：“您老年纪不小了吧？”

老人伸出了四个手指头。

波斯匿王纳闷了，这是什么意思？难道才40岁吗？可是头发胡须都那样白了。

老人望着波斯匿王，露出了天真的笑容，他说：“我今年四岁。”

“四岁？”波斯匿王诧异地问道。

“对！”老人十分坚定地说，“不是说我是倒着活的，而是我从四年前闻得佛法后才算真正开始活着。那之前，我是糊涂的、懵懂的，甚至虚伪的。如今，虽然我身已老，可是我抛开一切，尽自己的力量付出、布施，不同人斤斤计较，不为外事挂心，反而身心轻安，越活越年轻。所以，我说，我的年龄才四岁。”

波斯匿王听了老人的话，十分欢喜，说：“老人家，你虽然闻得佛法才四年，可是你的生命具有真正的价值，无争才是最为逍遥的人生。”

这位老人是真正的智者，身虽老，但心不老。心之所以不老，是因为不为外事挂心，不为烦恼所役。

譬如一个人看到翠竹黄花，青青翠竹是那么青翠有生气，繁茂的黄花又是那样鲜艳美丽，因此为它们的清净不染、庄严自在生出了欢喜、赞叹和感恩之心，这样的人，是用心灵生活的人。这样的心灵，是清澈、没有累赘的心灵；这样的境界，是做人应当追求的境界。

生活在世事纷扰的世界里，尔虞我诈让我们多了一些虚伪，钩心斗角让我们多了一些狡诈，世态炎凉让我们多了一些冷漠，所以人常常显得很苍老，总是受外界环境和自己情绪变化的影响。不被年岁所束缚的人，能时时抛开既有的一切，时时回归自己本性的自然，不执着，不虚妄，回归自然天性，让人生中的每一刻，都成为新的起点。

聪明累，过无机心的人生

《华严经》中有偈云："诸法无自性，一切无能知；若能如是解，是则无所解。"意思是说，世间一切现象没有固定不变的，也没有永恒不变的真理。

人们正是因为很难认识到这一点，或者认识了也很难从心底接受，以致执着于自己的一腔信念，却不知这种想法本身已经错了。这种自以为是的聪明，常常会成为算不清的糊涂账，倒不如去除杂质，于单纯中得正道。

聪明是一种先天的东西，人们总是羡慕聪明人的智商，殊不知，这种表面的光芒不一定能令人成功，在现实中也确实存在众多一事无成的聪明人。聪明这种天赋犹如水一样，可以载舟，也可以覆舟。

苏东坡在《洗儿》一诗中写道："人皆养子望聪明，我被聪明误一生。惟愿孩儿愚且鲁，无灾无难到公卿。"苏东坡对于自己一生因聪明而受的苦刻骨铭心，以至于希望自己的儿子愚蠢一点，以躲避各种灾难。聪明本是天生禀赋，机关算尽却成为人的痛苦之源。

才智也有困窘的时候，神灵也有考虑不到的地方。正所谓难得糊涂，聪明难，糊涂难，由聪明而转入糊涂更难。摒弃小聪明方才显示大智能，除去矫饰的善行方能使自己真正回到自然的善性。聪明常被聪明误，一个人身处世间，应当除去自己的机心，以一颗最率真的心做人。

有一天，佛陀带着弟子们到王舍城托钵。路过一家染布店的时候，佛陀停下了脚步，站在店铺旁边，专心地看着染布师傅染布，直到整个染布的过程结束后，佛陀才继续向前走。

回到精舍，佛陀问随行的弟子：“今天外出，有什么感想和收获吗？”

一个弟子回答：“城里很繁华，很热闹。大家都在忙着出售、购买。”

“这么多人都在买卖，你们从中又看出了什么？”佛陀又问。

另一个弟子回道：“买卖的目的都是谋生。”

“对！”佛陀点点头，说，“除了生活需要滋养之外，我们的心灵也需要滋养。”

弟子们十分好奇，问佛陀：“要用什么来滋养我们的心灵呢？”

佛陀说：“今天，我看到染布店的师傅，他的全身被沾染了很多的颜色，最后却染出了一匹洁白的布，整个过程他都非常细心，就是为了不让布匹被染脏。”

众人终于明白佛陀白天为什么会在染布店停驻了。

佛陀接着说：“其实修行也一样，我们处在这个混浊而又复杂的世界，最重要的是保持心的纯净。我们原有的本真就像那块白布，若不小心呵护，即便染布师傅的技艺再好，它的色泽也不会有之前那么好。所以，我们要学染布师傅，仔细地呵护我们的心。”

布弄脏了，再去漂白就好，可是漂白之后的白，已恢复不了最初的洁白。我们的心也是这样，贪、痴、嗔等各种污秽侵入心灵，使得它忐忑不安，无法平静，不复最初的纯真。很多时候，迫于世俗的种种压力，真实的自我往往裹着厚厚的外衣，让人无法看清真正的面目。浓妆艳抹的风姿虽然能够在第一时间吸引住别人的目光，但洗尽铅华后的本色将更加持久。

人存活于世间，去掉心灵的遮蔽，以本色天性面世，不费尽心机，不被那些无谓的人情、规矩所约束，能哭能笑，能苦能乐，真实自然，保持自己的个性特点，岂不是乐事？

一颗纯净率真的心是这个世界的原始本色，没有一点功利色彩。就像花儿的绽放、树枝的摇曳、风儿的低鸣、蟋蟀的轻唱，听凭内心的召唤，这是本性使然，没有特别的理由。

在世人眼中，禅是很高的境界，可望而不可即，其实，古往今来的禅师反复强调，禅的境界就在人间，在每个人的身上。一个人只要能够除去多余的机巧之心，保持自己的本色，发挥自己的天然个性，就达到了禅的境界。

在这个世界上，每一个人都是独一无二的。每个人都有自己的独特个性和特色，不必去寻求这样或那样的机心，而应以自我的真心对待万事万物。只要我们在遵守规则的前提下去除机心，保持自我本色，不人云亦云，不亦步亦趋，就能创造出属于自己的美好人生。

做人要有一颗直心

《维摩经菩萨品第四》中有一句名言:“直心是道场。”拥有一颗直心，就是拥有坦荡光明的心境，心口如一，言行如一，心地磊落，没有牵挂纠缠。

心口如一，就是嘴里所说的话，与心中当下所想的内容是一致的，没有欺骗自己和别人。可是，这并不意味着毫无遮拦地和盘托出心里所想的一切，以致不顾后果、不管别人的感受，甚至毫不在乎地用言语伤害别人，这不是直心，而是粗暴和无知，是没有智慧和不慈悲的表现。

在现实生活中，人们为了自己的利益需要，往往会说一些违心的话。佛家有“方便妄语”之说，意思是有时我们为了不伤害别人，可以说一些善意的谎言。不过，善意的谎言一定要出自真心，才符合心口如一的要求。倘若只是为了利益需要而说谎，就谈不上善意，更谈不上直心。

言行如一，是怎么说就怎么做，把自己所说的话原原本本地落实到行动上，这样的心才称得上爽直。与此相反的，就是把自己所说的话，变成口号，话说得很好听，却从来不将它落到实处。现实生活中，我们或多或少都会犯这种言行不一的错误，有时是为现实所迫，有时则是因为自身的惰性，面对困难的事情，总是为自己找借口，不愿意付出努力。久而久之，受害的其实是自己。

做到了心口如一、言行如一之后，就离直心不远了。如果我们觉得自己的心很混乱，不得安宁，这是因为我们还有太多的牵挂与纠缠，以及由此而产生的执着与烦恼。我们需要找到烦恼的根源，给自己的心松绑。对于烦恼的来源，《维摩诘所说经》里说得很清楚："何为病本？谓有攀援。"攀缘心就是，我们的六根对着六识时，总忍不住要去攀附，由此生出无穷无尽的欲望和烦恼，原本清净坦荡的内心也被扭曲。

要想拥有一颗直心，就要从放下攀缘心开始，只要拥有一颗直心，便处处都是道场。

一天，光严童子为寻找适于修行的清净场所，决心离开喧闹的城市。在他快要出城时，遇到维摩居士。

维摩也称为维摩诘，是与佛祖同时代的著名居士，他妻妾众多，资财无数，一方面潇洒人生，游戏风尘，享尽世间富贵；一方面又精悉佛理，崇佛向道，修成了救世菩萨，在佛教界被喻为"火中生莲花"。

光严童子问维摩居士："你从哪里来？"

"我从道场来。"

"道场在哪里？"

"直心是道场。"

听到维摩居士讲"直心是道场"，光严童子恍然大悟。

直心即纯洁清净之心，即抛弃一切烦恼，灭绝了一切妄念，存一无杂之心。有了直心，在任何地方都可修道；若无直心，就是在清净的深山古刹中也修不成正果。

能够做到时时心口如一，处处言行如一，心地光明磊落，没有牵挂纠缠，就不必去追寻世外桃源，也不必向往人间净土，更不必东攀西附。做好自己，哪怕身处喧闹世俗也不受影响，那么，心内便是净土。

人心本来纯真无私、正直光明，但随着年龄与阅历的增长，渐渐发现周围的许多人都心有城府、尔虞我诈、钩心斗角，便不由自主地随波逐流，放弃了自己的直心道场。

世上最累人的事，莫过于虚伪地过日子。做真实的自己，活出自己的性格，才能得到发自内心的快乐。尊重自己的行为方式，做真正想做的事，做想做的人，才会达到快乐自在的人生状态。

不伪饰，不失本色

顺其自然是佛法，恢复本原亦是佛法。世间万物皆有其自身的规律，树在风中摇摆时是自由自在的，它懂得顺其自然的道理。

自然的，才是最美的。在这个世界上，任何事物，尤其是人，都应保持自己的本色。失去本色，就失去了特征，失去了存在的意义，要知道，任何虚伪的掩饰都不会长久。保持一颗本色之心，遇山则高，遇水则低，随顺自然，才是真谛。

无德禅师四处行脚漂泊，一天经过佛光禅师那里，便去拜访他。

佛光禅师惋惜地说："你是一位很有名的禅者，为什么那么辛苦地四处奔波，不找一个地方隐居起来呢？"

无德禅师无可奈何地答道："我也想隐居，可我拿不定主意，请问究竟哪里才是我的隐居之处呢？"

佛光禅师不客气地指出："你虽然是一位很好的长老禅师，却连隐居之处都不知道？"

无德禅师开玩笑地说："我骑了 30 年马，不料今天竟被驴子摔下来。"意思是说，我 30 年来见过不少大风大浪，今天却被你难住了。于是无德禅师就在佛光禅师这里住了下来。

一天，有一个学僧问："我想离开佛教义学，可以吗？请禅师帮我抉择一下。"

无德禅师告诉他："如果是那样的人，当然可以了。"

学僧刚要礼拜，无德禅师却拦住他说："你问得很好，问得很好。"

学僧道："我本想请教禅师，可是我还没有……"

无德禅师打断道："我今天不回答。"

学僧执着地问："干净得一尘不染时又怎么办呢？"

无德禅师答道："我这个地方不留那种客人。"

学僧再问："禅师，什么是您特别的家风？"

无德禅师说："我不告诉你。"

学僧不满地责问道："您为什么不告诉我呢？"

无德禅师斩钉截铁地回答："这就是我的家风。"

学僧更加不满了，讥讽道："您的家风就是没有一句话吗？"

无德禅师随口说："打坐！"

学僧顶撞道："街上的乞丐不都在坐着吗？"

无德禅师拿出一枚铜钱给学僧，学僧终于醒悟。

无德禅师再见佛光禅师，郑重其事地说："我现在已找到隐居的地方了，那就是当行脚的时候行脚，当隐居的时候隐居！"

无德禅师能够当行脚时行脚，当隐居时隐居，正是顺其自然的生动体现。

龙门清远禅师有一首偈语："醉眠醒卧不归家，一身流落在天涯。祖佛位中留不住，夜来依旧宿芦花。"无论醉醒坐卧，都不拘小节，天涯海角任逍遥即是禅者的人生观。什么都无法束缚他们，什么都不改其乐，即使到地狱也洒脱。"祖佛位中留不住"，连佛祖都不做的胸襟还有什么会成为他们的挂碍呢？

当行脚时就行脚，当隐居时便隐居，心中没有任何伪饰，到哪儿都是行脚，去何处都是隐居，生命到此境界，才算是真正的自由自在。

做自己最幸福

在现代社会中，人们时刻在意自己在社会中的位置，或是与熟人比较，或是与亲人攀比，找不到属于自己的价值定位。只看到他人生活中的光鲜，却看不见自己生活中的美好。

每个人都有自己的活法，感受的境界也各自不同，最重要的是能感受到自己生命中独有的意义和价值。不必徒然祈求他人生活中的锦衣玉食，我们也有自己的粗茶淡饭，不用羡慕别人。生活的表象只是代表了不同的活法和不同的道路，只要能安心自在，活出自我，就能在平常中体味满足和幸福。

有一对孪生兄弟因为逃难而失散，多年后重逢，个性活泼的哥哥在饥寒交迫下投身寺院当了和尚，个性安静的弟弟则在机缘巧合下娶妻生子。兄弟俩过得极不快乐：哥哥羡慕弟弟娶妻生子，享尽家庭温馨；弟弟羡慕哥哥皈依佛门，远离尘世纷扰。

一天，兄弟俩相约在半山腰的小凉亭闲谈。正要离开时，发生了山崩，慌乱中他们躲进了一个小山洞，幸免于难。半夜，哥哥怕弟弟着凉，脱下僧衣给弟弟盖上；清晨，弟弟感激哥哥的照顾，脱下上衣给哥哥盖上。几天后，兄弟俩获救了，但哥哥被送回了弟弟家，弟弟被送回了寺院。

他们将错就错地住了下来，体会着自己向往的生活。哥哥为了衣食拼命干活，累得半死也撑不起一家温饱，丝毫享受不到家庭的温馨；弟弟为了准时撞钟、诵早课，和衣而睡，难以安眠，半点感受不到出家生活的闲适。兄弟俩在疲惫不堪下恢复身份，这才发觉，还是做自己最好。

兄弟二人最初都认为另一方的人生值得羡慕，但最终也都发现，还是做自己最幸福。因为丧失自我的生活，并不值得拥有。

在有限的生命中悟透人生的本体，了悟人生的真谛，发出生命的光芒，活出人生的真意，认识到动静一如、有无一般、生死一体、来去一致的心态，放宽胸怀，空出心智，合于自然，从而超越智勇奇巧，超越悲喜荣辱，超越沉浮生灭，超越时间的限制，认清生死问题、苦乐问题和生命的价值问题，那么，人生将会于无尽的空间中绵延，直至进入生命的圆满之境。

每个人的生活都有苦有甜，关键是要发现并能享受生活中美好的一面。自身价值要自己发现，要自己在生活中慢慢体悟。做好自己，便能活出自己人生的真意。

第二章

淡泊：放下负累，别把贪嗔痴装进行囊

欲望的海水越喝越渴

佛说“贪、嗔、痴”为人生“三毒”，是为众生业障的根本。妒忌、残害等心理，都是随三毒而来的无明烦恼。而这三毒之中，“贪”为第一毒。当我们发现自己在现实生活里奔波不停，像陀螺一样疲于旋转、永不止息时，有没有想过，那用鞭子抽打我们的，到底是现实本身，还是我们自己心里过多的贪欲？

在人生的漫漫旅途中，每个人或多或少都会遇到一些机关陷阱，而这些陷阱之中，有一种最为可怕，却是我们自己挖掘的，这就是贪婪。贪婪之人眼中只有欲望。有些基本的欲望是不可避免的，且适当的欲望反而有益于身心，但当我们的心里、眼里只有欲望时，当我们不顾一切地只为满足自己的欲望时，我们就会忽略自己的缺点和前方的危险，奋不顾身地跳进自己挖好的陷阱里，万劫不复。曾有人说：“欲望像海水，喝得越多，越是口渴。”诚然，欲望不加节制就会“越喝越渴，越渴越喝”，最后不但没能满足欲望，反而迷失了自己。

有人问禅师：“世上最可怕的是什么？”

禅师说：“欲望！”

那人不解：“为什么呢？”

禅师说：“听我讲一个故事吧！”

有一个农民想买一块地，他听说有个地方的人想卖地，便决定到那里打听一下。到了那个地方，他向人询问：“这里的地怎么卖呢？”

当地人说：“只要交一千文，就给你一天时间，从太阳升起的时间算起，直到太阳落下地平线，你能用步子圈多大的地，那些地就是你的了，但如果不能回到起点，你将不能得到一寸土地。”

农民心想：那我这一天辛苦一下，多走一些路，岂不是可以圈很大的一块地？这样的生意实在太划算了！于是他就和当地人签订了合约。

太阳刚一露出地平线，他就迈着大步向前疾走，到了中午的时候，他回头看不见出发的地方了才拐弯。他的步子一分钟也没有停下，一直向前走着，心里想：“忍受这一天，以后就可以享受这一天的辛苦带来的欢悦了。”

他又向前走了很远的路，眼看着太阳快要下山了，他心里非常着急，如果赶不回去就一寸地也得不到了，因此他走斜路向起点赶去。看着快要落到地平线下面的太阳，他加快了脚步，终于只差两步就到达起点了；但是此时，他的力气已经耗尽，倒在了那里，倒下的时候两只手刚好触到起点的那条线。那片地归他了，可是又有什么用呢？他已经失去了生命，要地还有什么意义呢？

禅师讲完，沉默不语，那人却已经知道了自己想要的答案。

是啊，生命都失去了，拥有再多的土地还有什么意义呢？对一个不知足的人来说，欲望永远没有满足的那一刻，只有死亡才能让他们停下匆匆的脚步。欲望如同一团烈火，柴放得越多，火烧得越旺，而火烧得越旺，人就越有添柴的冲动，于是人们奔来奔去、忙里忙外，火急火燎地把自己的生命匆匆“烧尽”了。

命运总是在满足一个人欲望的同时，塞给他一个更难填平的新的欲望。

很多人最开始的时候并不贪婪，只是当他们发现前方拥有更多的名利财富时，不知不觉地选择了再走一步，就是这一步步，让人们越走越远，无法回头。

饮鸩不能止渴，快快从这乌烟瘴气的泥潭脱身吧！

想抓住的太多，能抓住的太少

在佛理看来，人世中一切事、一切物都在不断变换，没有一刻停留；万物有生有灭，没有瞬间停留。对这种现象，佛教中有一个形象的名词——无常。宋朝诗人苏东坡曾写过这样两句诗："人似秋鸿来有信，事如春梦了无痕。"国学大师南怀瑾先生认为这两句诗很好地说明了无常的现象，他对这两句诗的解释非常有趣，他说："人似秋鸿来有信，苏东坡要到乡下去喝酒，去年去了一个地方，答应了今年再来，果然来了。事如春梦了无痕，一切的事情过了，像春天的梦一样，人到了春天爱睡觉，睡多了就梦多，梦醒了，梦留不住，无痕迹。"

在《大智度论》中有这样一个关于海市蜃楼的故事：

在沙漠中有一座美丽的城堡。人们在太阳刚升起时，可以见到城门、望台、宫殿，以及来来往往的行人。可随着太阳的升高，城堡会慢慢消失不见。这其实是海市蜃楼，但总有人将它当作一个快乐的天堂，而不知道这只是沙漠中的幻象，根本不可得。

有一群从远方来的商人，无意间看到这座沙漠中的城堡，便想到那里做生意赚钱致富，于是他们飞快地赶去。可他们越接近城堡，就越是找不到。此时他们又渴又热又累，当他们看见热浪犹如奔驰的野马群时又以为是水，急忙向前奔去，同样他们仍一无所得。

渐渐地，他们疲乏到了极点，来到穷山狭谷中，忍不住大叫大哭。就在这个时候，他们听到自己的回音，误以为是有人在附近，于是又燃起一线希望，决定再打起精神继续向前走。走着，走着，他们走了很远仍看不到人的踪迹，于是愈走愈灰心。最后，他们猛然发现：他们追逐的只是幻象。当下，他们停止了渴求，恍然大悟。

荣华总是三更梦，富贵还同九月霜。这荣华富贵与沙漠幻城又有何异？名是缰，利是锁，尘世的诱惑如绳索一般牵绊着众人，一切烦恼、忧愁、痛苦皆由此来。任何东西都有代价，鱼上钩是鱼垂涎鱼饵的代价；被名利所蛊惑的心，往往要付出跳下陷阱的代价。乾隆皇帝下江南时，来到江苏镇江的金山寺，看到山脚下大江东去，百舸争流，不禁兴致大发，随口问道济和尚："你在这里住了几十年，可知道每天来来往往多少船？"道济和尚回答："我只看到两只船。一只争名，一只夺利。"

名与利的供养真的是越多越好吗？未必。在佛祖看来，过于优渥的供养如芭蕉结子、竹子开花，不但于修行无益，反而会毁坏正法。修行人不要太在意物质的享受，那只会给修行带来阻碍。不追求官爵的人，就不因为高官厚禄而喜不自禁，不因为前途无望、穷困贫乏而随波逐流、趋炎附势。如果在荣辱面前一样达观，人也就无所谓忧愁。

慧忠禅师曾经对众弟子说："青藤攀附树枝，爬上了寒松顶；白云疏淡洁白，出没于天空之中。世间万物本来清闲，只是人们自己在喧闹忙碌。"世间的人在忙些什么呢？其实不外乎是名和利。万物清闲，人又何必为了争名夺利而使自己不得清闲呢？摆脱名利等外物的束缚，才能体会"闲看庭前花开花落，漫随天外云卷云舒"的惬意。

除去闲名，禅师本是和尚

古人有云："声名，谤之媒也。"意思是说人们常常为声名所累，这个声名即是人们常说的虚名。虚名者，有名无实，或要其名而不要其实之谓也。然而，就是有很多人对此贪恋不已。比如，有些人已经是财大气粗的老板、总裁，却偏要花钱买个教授、研究员的头衔；有些人已经官至县长、市长，却还要顺手捎带个硕士、博士文凭。其实，虚名非福而是祸。宋襄公为虚名而祸国，慈禧太后为虚名而殃国；一些人为虚名滥上项目，动辄数亿、数十亿资金付诸东流；一些人为虚名投机钻营，损人利己。人们鄙视虚名，视虚名为国之敌、人之敌、己之敌，无论先贤今人，无一不告诫世人不要贪图虚名。

洞山禅师知道自己即将离开人世，这个消息传出去以后，人们从四面八方赶来，连朝廷也派人赶来了。

洞山禅师走了出来，脸上洋溢着净莲般的微笑。他看着满院的僧众，大声说："我在世间沾了一点闲名，如今躯壳即将散坏，闲名也该去除。你们之中有谁能够替我除去闲名？"

没有人知道该怎么办，院子里一片沉静。

忽然，一个前几日才上山的小和尚走到禅师面前，恭敬地顶礼之后，高声说道："请问和尚法号是什么？"

话刚一出口，所有人都投来埋怨的目光，有的人低声斥责小和尚目无尊长，对禅师不敬，有的人埋怨小和尚无知，院子里闹哄哄的。

洞山禅师听了小和尚的问话，大声笑着说："好啊！现在我没有闲名了，还是小和尚聪明呀！"于是坐下来闭目合十，就此离去。

小和尚眼中的泪水再也止不住，流了下来。他看着师父的身体，庆幸在师父圆寂之前，自己还能替师父除去闲名。

过了一会儿，小和尚立刻被人围了起来，他们责问道："真是岂有此理！连洞山禅师的法号都不知道，你到这里来干什么？"

小和尚看着周围的人，无奈道："他是我的师父，他的法号我岂能不知？"

"那你为什么要那样问呢？"

小和尚答道："我那样做就是为了除去师父的闲名！"

世上能做到舍弃名利的人有几个呢？在你面对各种诱惑之时，如何能够超越？生活像一个圈，无论得到多少，最终还是会回到原点。古代圣贤教诲：“安贫乐道，恬于进趣，三辅诸儒莫不慕仰之。”

虚名能为人带来一时的心理满足感，但它本身毫无价值、毫无意义，任何一个真正的有识之士，都不会看重虚名。为了虚名而争斗，是人世间各种矛盾、冲突的重要起因，也是诸多烦恼、愁苦的根源所在。历史上不少悲剧是因争名夺誉而起，人们只看到虚名表面的好处，却不知道，在虚名的背后，埋藏了很多辛酸和苦难。为了承受这么一个毫无价值的虚名，人们钩心斗角，邻里打得头破血流，朋友反目成仇，兄弟自相残杀，被这些虚名所累，有什么好处？金银、名气固然重要，但是当离开人世时，这些都和我们没有任何的关联。

时下，人们追逐名利之心日盛，在利益的追逐中尔虞我诈，原本纯净的心在红尘俗世中日渐蒙尘。某一天，当你厌倦了钩心斗角的追名逐利，心生淡泊之意时，不妨褪尽名利心，任道心滋生，如陶渊明一般“采菊东篱下，悠然见南山”。

幸福的本质是实现，而不是占有

“清贫”的生活符合自然，尽量节约，崇尚朴实，这是一种返璞归真的生活。或许有人把“吝啬”等同于“清贫”，但两者的实质截然不同：清贫者追求的是一种简单的生活，尤其是家境较为宽裕的人，不花钱并不是因为舍不得；悭吝人是因为舍不得给自己，更舍不得给他人，所以才节省。

金钱是用来实现人的某种理想生活方式的一种手段，而许多人却把它当成了生活的全部。生活的目的远远超越物质的层面，人的内心深处都追求着精神的自由，没有精神做支撑，人就只是一具在人世间麻木地行走的躯壳而已。在这个世间生活的人，都是在实现着一种理想的生活方式或者内心信仰，如此说来，金钱远远支撑不了世人的生活。

珠光宝气并不是高贵的象征，人之所以高贵，更重要的是因为内在的气质和品格，而非外在的浮华。

一个皇帝想要整修京城里的一座寺庙，他派人去找技艺高超的设计师，希望能够将寺庙整修得美丽而又庄严。后来有两组人员被找来了，其中一组是京城里很有名的工匠与画师，另外一组是几个和尚。皇帝不知道到底哪一组人员的手艺比较好，所以决定比较一下。他将两组人分别带到需要整修的小庙，并给了同样多的钱让他们随意支配。

工匠买了一百多种颜色的漆料，还有很多工具；和尚只买了抹布与水桶等简单的清洁用具。

三天之后，皇帝来验收。他首先看了工匠们所装饰的寺庙——一座被装饰得五颜六色、金光璀璨的寺庙。

皇帝满意地点点头，接着去看和尚们负责整修的寺庙。他看一眼就愣住了——和尚们所整修的寺庙没有涂任何颜料，他们只是把所有的墙壁、桌椅、窗户等都擦拭得非常干净，寺庙中所有的物品都显出了它们原来的颜色，而它们光亮的表面就像镜子一般，映照着外面的色彩。天边多变的云彩、随风摇曳的树影，甚至是对面五颜六色的寺庙，都变成了这个寺庙美丽色彩的一部分。在正殿中，很多香客在虔诚地向佛祖跪拜。

皇帝问和尚：“你们把钱花在哪里了？”

和尚合掌回答：“陛下，那些接受了您施舍的流浪者，正在佛前为您祈福！”

皇帝被深深地震撼了。

和尚修整的没有任何装饰的寺庙似乎有一种神奇的魔力，如同镜子一般光亮的表面映照着外面的色彩，更折射出朴素到极致的美丽。

这则禅宗故事告诉我们：极致的朴素也可能是极致的美丽，时尚华丽固然吸引人的眼球，朴素淡然也同样精彩。和尚们用最简单的方法完成皇帝的任务，却把更多的福泽与需要者分享。唯有自己朴素、简单，才会有更多的东西给人；如果自己浪费了、享受了，能给人的东西就减少了。在这个故事中，金钱充当了实现善施的道具。

从事佛学研究及教学、弘法的知名法师济群法师说过："佛法认为，解脱痛苦的方法，首先是了解痛苦的现状，然后，由此寻找痛苦之源。人类痛苦固然与外在环境有关，究其根源，还是生命内在的问题。从般若思想来看，一切痛苦都是对'有'（存在）的迷惑和执着造成，想要摆脱痛苦，必须对存在具备正确认识。"

与其在眼花缭乱的花花世界中迷失了方向，不如做个清淡、简朴的清贫者，实现自己理想中的生活，清心少欲，在朴实、简单的生活中安定下来，不随物质世界颠倒起伏。

取舍都是为了心的快乐

"舍得"一词出自《佛经·了凡四训》，是禅的一种哲理。在佛家看来，在舍得之中世间万物达到了和谐统一。在古代，"舍"曾被视为一种处世态度；现如今，"舍"却成了不上进的表现。的确，人往高处走，水往低处流。人应有理想有追求，但是我们不仅仅要有追求，也要学会有所舍。因为，太盛的物欲会让人起贪念，而贪念又是一切恶行的起源之一。古人说："养心善莫寡欲。"而对财色的过分追求犹如舔刀口之蜜，为一甜而受割舌之害。世事并不总尽如人意，因此，生活就是一连串取舍的过程，有取就有舍，有舍才有得。懂得用心取舍的人，才能选择最适合自己的生活，才能获得心的快乐。

生活有时需要我们做出选择，但什么才是最难舍弃的，是一种道义，还是一段感情？为什么不能抛开和牺牲一些东西，而去获得另一些永恒呢？

《百喻经》里有一个故事，从前有一只猩猩，手里抓了一把豆子，高高兴兴地在路上一蹦一跳地走着。一不留神，手中的豆子掉落了一颗，为了这颗掉落的豆子，猩猩将手中其余的豆子全部放置在路旁，趴在地上，转来转去，东寻西找，却始终不见那一颗豆子的踪影。

最后猩猩只好用手拍拍身上的灰土，回头准备拿取原先放置在一旁的豆子，怎知原先那一把豆子已被路旁的鸡鸭吃得一颗也不剩了。

想想我们现在，是否也放弃了手中的一切，仅仅为了追求“掉落的那一颗豆子”？

失去某种心爱之物大都会给我们的心理造成阴影，有时甚至因此而备受折磨。究其原因，就是我们没有调整心态面对失去，没有从心理上承认失去，而沉湎于已不存在的过去，没有想到去创造新的未来。与其怀恋过去，不如抬起头，去争取未来。放弃一些烦琐，是为了轻便地前行；放弃一丝怅惘，是为了轻快地歌唱；放弃一段凄美，是为了美好的梦想。

我们心中的欲望像看见红色斗篷的斗牛，他人暴富的经历，让我们血脉贲张、跃跃欲试；时尚名牌漫天飞，哪能心如止水；美女香车招摇过，我们的心早已蠢蠢欲动；更不能忍受的是别墅洋房的诱惑。因此，很多时候，我们被世上的名利、金钱、物质所迷惑，心中只想得到，只想将其统统归于己有，而不想舍弃。于是心中充满了矛盾、忧愁、不安，心灵上承受了很大的压力，以至于活得很累。《出曜经》中“佛度悭贪长者”的故事说的正是这种因不舍而矛盾忧愁的人。

从前，在舍卫城住着“最胜”和“难降”两位长者。他们富可敌国，但异常悭吝。他们给自己的家设了森严门禁，禁止乞丐入内，还用铁网围遮房屋以防止飞鸟来啄食稻谷，用铁墙壁避免老鼠凿墙进入房中咬坏器物。

当时，佛陀的五大弟子都无法度化这两位悭吝的长者。佛陀得知后，便亲自在两位长者面前显示神通，并且放大光明，为长者宣说微妙圣法。可是，两位长者仍然无法理解佛法大意，只是觉得不能让佛陀空手而归，于是决定用一条白毡布来供佛陀。

悭吝的“最胜”长者挑了一条差的毡布，拿出来后却发现变成了上等的毛毡。长者十分不舍，于是又转回库房挑了一条次等毡布，可取出一看，又变成极好的毛毡。如此，无论长者如何挑选，他最后拿在手上的毡布都比他原本挑选的要好。悭吝的长者在布施与悭吝之间犹豫不决。

恰在此时，天上的阿修罗与忉利天人正在交兵，双方各有占上风的时候。佛陀得知长者的悭贪心与布施心正在交战，于是说了一首偈子："施与战同处，此德智不誉。施时亦战时，此事二俱等。"

"最胜"长者听到佛陀所说的话，感到十分惭愧，认识到自己应当改过向善，于是挑选了一条上等毡布来供养佛陀，而"难降"长者也至诚供养佛陀五百两金。

摆脱了与悭贪交战的两位长者，因施得福，领悟了佛陀的妙法。

佛家认为，悭贪不舍会让人心清明的自性受蒙蔽，而只有放下悭贪的执着，才能让心宽广起来。这就是这个故事告诉我们的道理。

诚然，人不能没有欲望，没有欲望就没有前进的动力；但如果不舍弃过度的欲望，就会陷入欲望的沟壑，给自己带来无穷无尽的烦恼和麻烦。生命属于个人，每个人都有权设计自己的生活和道路。所有的心愿，只要符合法律和道德的要求，都应该得到尊重。我们必须明白：在生命中，一切物质及肉体都是不可靠的奴仆，想让自己得以升华，就必须舍弃这些本性之外的东西，去追求生活本身的淳朴，这样才能活得惬意，活得洒脱。

轻囊致远，静心久行

在匆忙的现代社会中，人们面临着前所未有的机遇，也身处在前所未有的困境之中。忧郁、迷茫、烦躁、冷漠，当灵魂将这些厚厚的外衣一件件穿上的时候，我们最终只会窒息。有些许禅悟的人们，不能再做一只挣扎的困兽，而要做一只展翅的大鹏，掌控自己的翅膀与命运！绝云气，负青天，击水三千，扶摇而上九万里！

我们生活在这个世界，最难做到的无疑就是放下，自己喜爱的固然放不下，自己不喜爱的也放不下。爱憎之念常常霸占住我们的心房，哪里能快乐自主呢？

情能否放下？人世间最说不清、道不明的就是一个“情”字。凡是陷入感情纠葛的人，往往容易失控。情方面放得下，可称是理智的“放”。

成败能否放下？李白在《将进酒》诗中说：“天生我材必有用，千金散尽还复来。”如在成败方面放得下，那可称是非常潇洒的“放”。

名能否放下？高智商的人，患心理障碍的比率相对较高。原因在于他们一般喜欢争强好胜，对名看得较重，有的甚至爱“名”如命，累得死去活来。倘若放得下名利，就可称是超脱的“放”。

忧愁能否放下？现实生活中令人忧愁的事实在太多了，就像宋朝女词人李清照所说的：“才下眉头，却上心头。”如果放得下忧愁，那就可称是幸福的“放”。

懂得放下的人是智慧的，理智的“放”、潇洒的“放”、超脱的“放”、幸福的“放”，无论是哪一种放下，都会获得自在。很多人总是抱怨自己很累，身体累，心也累，总之就是疲惫不堪。那是因为我们的身心被自己分裂成了两块，甚至更多块。

人生在世，就像一次旅途，装的东西太多，就会走不动，那还怎么去更远的地方看更好的风景？轻囊才可致远，静心方能行久。

别为了流泪，而错过满天繁星

印度大诗人泰戈尔的这句诗相信很多人都听过，他用如此优美而隽永的诗句提醒我们：如果我们一味地沉湎于过去的得失、悲伤，那么今天的、将来的美丽，都将与我们擦肩而过。

一天，佛陀刚刚用完午餐，一位商人就来请求佛陀为他除惑解疑，指点方向。佛陀将商人带入一间静室，十分耐心地听他诉说自己的苦恼和疑惑。

商人诉说了很久，他所说的都是对往事的追悔。最后，佛陀示意他停下来，问他："你可吃过午餐？"

商人点头说："已吃过。"

佛陀又问："炊具和餐具可都收拾得干净完好？"

商人忙说："是啊，都已收拾得很完好了。"

接着，商人急切地问佛陀："您怎么只问我不相关的事呢？请您给我的问题一个正确答案吧！"

佛陀却对他微微一笑，说："你的问题你自己已经回答过了。"接着就让他离开静室。

过了几天，那位商人终于领悟了佛陀的道理，来向佛陀致谢。

佛陀这才对他及众弟子说："若是对昨天的事念念不忘、追悔烦恼，我们很可能成为一棵枯草！"

谁又愿意做一棵枯草呢？

商人时时刻刻把过去的苦恼记在心上，满心忧愁，看似一团乱麻，毫无头绪，其实，当佛陀问起他生活中种种琐碎的烦恼如何解答时，他自己已给出了答案：饿了就去吃饭，吃完饭就洗碗。这是再正常不过的行为，却蕴含着最智慧、最深刻的道理：当下，才是一切。

我们常听到人们哀叹："要是……就好了！"这是一种明显的内疚、悔恨心理。内疚、悔恨看似是对往事的过多关注，其实更是对当下问题、烦恼的逃避。对大部分人而言，由于无法体味平常生活的真味，因此对吃饭、洗碗、工作、学习这样的琐事甚为反感，宁愿把时间花在回忆过去的欢歌笑语、伤心眼泪中。只是，他们追忆、缅怀的，不正是和朋友、爱人一起开心地吃饭、洗碗的日子吗？他们悔恨的，不也正是没有珍惜昨天的时光，把工作、学习做好，才让今天的生活一团糟吗？

追忆、悔恨不能解决任何问题，我们不该过分地为曾经的快乐陶醉，也实在没有必要为过去犯过的错误而不停地谴责自己。不管过去发生过什么，是大幸还是大悲，是时光的激荡抑或是岁月的捉弄，都已然成为可被诉说却无法追回的过往，我们只能将其当作经验来总结，而不能作为绳索将自己捆绑。这就像爬山，如果总是回顾身后，那么爬山不仅不会成为一件有益身心的快乐运动，反而会成为一个痛苦煎熬的过程。爬到最后，感受到的恐怕不是山顶上亮丽的风景，而是自己沉重的喘息和疲倦的心灵。

着眼于现在，看看自己能做什么，该做什么，才能在错过太阳后，不错过群星的璀璨。

有一学僧对云居禅师说："弟子每做完一件事就总不胜懊悔，这是为什么呢？"

云居禅师道："你且先听我的十后悔：逢师不学去后悔；遇贤不交别后悔；事亲不孝丧后悔；对主不忠退后悔；见义不为过后悔；见危不救陷后悔；有财不施失后悔；爱国不贞亡后悔；因果不信报后悔；佛道不修死后悔。以上这十种后悔，你是哪种？"

学僧想了想说道："看起来这些后悔，都是我的毛病！"

云居禅师道："你既知道是毛病，就要火速治疗呀！"

学僧问道："我就是因为不懂得治疗，所以恳请师父慈悲开示！"

云居禅师开示道："你只要把十后悔中的'不'字改为'要'字就可以了，即'逢师要学，遇贤要交，事亲要孝，对主要忠，见义要为，见危要救，得财要施，爱国要贞，因果要信，佛道要修'。这一服药，你好好服用！"

原来，只要变"不"为"要"，在当下积极践行，即可治愈我们的悔恨。

既然已知逝去的如昙花一现，转瞬成灰，只能刻在记忆中，那聪明的你，还不赶快擦擦眼泪，于当下的"吃饭""洗碗"里收获充实、安宁，于今天的充实、安宁里看自己生命里的满天繁星。

第三章

宽忍：能让能忍，把倾斜的世界在心头放平

忍是心的雕刻刀

人人都知道“忍字头上一把刀”，“忍”是一件让人很难受的事情，脾气再好的人也有“眼里揉不得沙”的时候。然而“小不忍则乱大谋”，一个能忍耐的人才算有大能耐。小小一个“忍”字，是人一辈子的修行。

忍最基本的是耐心，无论做什么事情，都要有耐心。当年翻译经卷的法师，看到中国人有一种倔强的个性——忍，中国人什么都可以忍，连杀头也没有关系，只有侮辱不可以忍，因此，翻译经卷的法师就将这一名词译作忍辱。辱都能忍，那还有什么不能忍的呢？所以，忍辱是专对中国人倔强的个性翻译的，它原来的字义只是“忍耐”，没有辱的意思。其用意是告诉我们做小事情要有小的耐心，做大事情要有大的耐心。《金刚经》告诉我们：“一切法得成于忍。”没有忍耐，什么事情都不能成功。

忍耐是一种无畏的力量，就像水一样。水是忍耐的，但流水的力量最大，洪水泛滥，冲坝决堤，水滴石穿，水可以磨圆石棱。

山里有座寺庙，庙里有尊铜铸的大佛和一口大钟。每天大钟都要承受几百次的撞击，发出哀鸣，而大佛每天都坐在那里，接受千千万万人的顶礼膜拜。

一天深夜，大钟向大佛提出抗议，说："你我都是铜铸的，你高高在上，每天都有人向你献花供果、烧香奉茶，甚至对你顶礼膜拜。但每当有人拜你之时，我就要挨打，这太不公平了吧！"

大佛听后思索了一会儿，微微一笑，然后安慰大钟说："大钟啊，你也不必艳羡我。你知道吗？当初我被工匠制造时，一棒一棒地捶打，一刀一刀地雕琢，历经刀山火海的痛楚，日夜忍耐如雨点般落下的刀锤……千锤百炼才铸成佛的眼耳鼻身。我的苦难，你不曾忍受，我走过难忍能忍的苦行，才会坐在这里，接受鲜花的供养和人类的礼拜！而你，别人只在你身上轻轻敲打一下，就忍受不了，痛得不停喊叫！"

大钟听后，若有所思。

忍受痛苦的雕琢和捶打之后，大佛才成为大佛，钟的那点捶打之苦又算得了什么呢？忍耐与痛苦总是相随相伴，而这样的经历，往往能够将人导向幸福的彼岸。

真正的忍耐不仅在脸上、口上，更在心上，根本不需要忍耐，而是自然就如此，是不需要力气、丝毫不勉强的忍耐。人要活着，必须以忍处世，不但要忍穷、忍苦、忍难、忍饥、忍冷、忍热、忍气，还要忍富、忍乐、忍利、忍誉，以忍为慧力，以忍为气力，以忍为动力，还要发挥忍的生命力。

无边的罪过，在于一个嗔字；无量的功德，在于一个忍字。忍，历来是中国文化的美德之一；忍，也是佛教认为最大的德行。充实的生命，幸福的人生，需要能够忍受寂寞，忍受他人的恶意羞辱，忍受生活的磨炼，在忍耐中坚强，在坚强中成长。等到我们终成大器时，才会发现忍字头上这把刀，原来是把最好的雕刻刀。

心不嫉，身无疾

嫉妒心是美好生活中的毒瘤，是修行者悲心与慧命的绊脚石。自己得不到，心中就好像有一股酸酸的味道，这便是放不下心，是嫉妒心。嫉妒别人委实是一种难受的滋味，虽然明白自己可能永远得不到对方的成果和美誉，嘴上却不肯承认，还试图从对对方的藐视或者打击中获得平衡，这种嫉妒心理百害而无一利。

嫉妒像用冰凌磨制而成的冷箭，只在暗处偷袭，而不敢在阳光下发射；嫉妒是由阴谋捆绑而成的棍棒，只能在潜伏中抽打别人的影子，而从不能摆到台面上。

在嫉妒这种疾病面前，很多人成了病人，不论家世地位，不论出身背景，很多人躲不开这种疾病的侵袭。

佛经中记载了这样一则故事：

在远古时代，摩伽陀国有一位国王饲养了一群象。象群中，有一头象长得很特殊，全身白皙，毛柔细光滑。后来，国王将这头象交给一位驯象师照顾。这位驯象师不只照顾它的生活起居，还很用心地教它。这头白象十分聪明、善解人意，一段时间之后，驯象师与象已建立了良好的默契。

有一年，这个国家举行大庆典。国王打算骑白象去观礼，于是驯象师将白象清洗、装扮了一番，在它的背上披上一条白毯子后，交给国王。

国王在一些官员的陪同下，骑着白象进城看庆典。由于这头白象实在太漂亮了，民众都围拢过来，一边赞叹一边高喊着："象王！象王！"这时，骑在象背上的国王觉得所有的光彩都被这头白象抢走了，心里十分生气、嫉妒。他很快地绕完一圈，然后不悦地返回王宫。

一回王宫，他就问驯象师："这头白象，有没有什么特殊的技艺？"驯象师问国王："不知道国王您指的是哪方面？"国王说："它能不能在悬崖边展现它的技艺呢？”驯象师说："应该可以。”国王就说："好。那明天就让它在波罗奈国和摩伽陀国相邻的悬崖上表演。”

隔天，驯象师依约把白象带到那处悬崖。国王就说："这头白象能以三只脚站立在悬崖边吗？”驯象师说:"这简单。”他骑上象背，对白象说："来，用三只脚站立。”果然，白象立刻就缩起一只脚。国王又说："它能两脚悬空，只用两脚站立吗？”"可以。”驯象师叫白象缩起两脚，它很听话地照做了。国王接着又说："它能不能三脚悬空，只用一脚站立？”

驯象师一听，明白国王存心要置白象于死地，就对白象说："你这次要小心一点，缩起三只脚，用一只脚站立。”白象也很谨慎地照做了。围观的民众看了，热烈地为白象鼓掌、喝彩！国王愈想心里愈不平衡，就对驯象师说："它能把后脚也缩起，全身飞过悬崖吗？”

这时，驯象师悄悄对白象说："国王存心要你的命，我们在这里会很危险，你就腾空飞到对面的悬崖上吧！”不可思议的是，这头白象竟然真的把后脚悬空，飞了起来，载着驯象师飞越悬崖，进入波罗奈国。

波罗奈国的人民看到白象飞来，全城都欢呼起来。波罗奈国的国王很高兴地问驯象师："你从哪儿来？为何会骑着白象来到我的国家？”驯象师便将事情经过一一告诉国王。国王听完之后，叹道："人的心胸为什么连一头象都容纳不下呢？”

嫉妒是一种危险的情绪，它源于人对卓越的渴望与心胸的狭窄。嫉妒可以使天才落入流言、恶意和唾液编织而成的网中被绞杀，也可能令智者陷入个人与他人利益的冲撞中而寻不到出路。它不但损害他人，也毁灭嫉妒者自己。

产生了嫉妒心理并不可怕，关键要看你能不能正视嫉妒，并将其转化为动力。与其让嫉妒啃噬自己的内心，不如升华它，把它转化为动力，化消极为积极，做一个“心随朗月高，志与秋霜洁”，虚怀若谷、包容万千的人。

和你的愤怒缔一个约

在贪、嗔、痴、疑、慢五毒中，“嗔”是烦恼毒的根源，所谓“一念嗔心起，八万障门开”。

生活中，很多人一旦心中有嗔、有怨、有恨，面色、言行上很快就会有所显露。修行之人要得心安，一定要把嗔心除掉。有些人没有表现贪欲，但嗔心很重。他不求名利、权势，也不想追求男色、女色，但对很多事情、很多人都看不顺眼。既然对任何事都怨愤不平，对任何人都采取对立的心态，心中哪还能安定？不如趁早和自己心里的愤怒缔结一个和平的契约吧！

在生活的旅途中，每个人都难免与周围的人有不同程度的磕磕碰碰，因这样的小事而起嗔心，不仅自己会钻进一个死胡同，影响与他人的关系，而且我们也会因此少很多快乐。我们要学会记住一些美好的东西，忘却自己的不满之心，如此便能活得自在、轻松，更能坦然地面对旅途中的风风雨雨。

一个人若能够妥善安顿好自己心里的嗔恨愤怒，时刻提醒自己以一颗宽容心对己对人，以一份豁达的心境面对周围的人与事，那么，这个人就能够除去很多烦恼，保持一颗宁静的心。布施心让人变得更加坚强，宽容心让人更加柔韧。坚忍是一种特质，像水一样，刀剑斩不断，绳索缚不住，牢笼困不得，却能穿石。

灭嗔心是修行的必经之路，如果能灭嗔心，就能修行一切善法。当嗔心的火熄灭时，对他人会生起慈悲心，会以关怀、原谅、同情的心对待他人；当嗔心消灭时，对一切事物的决断，会以纯客观的智慧来处理，从而化解一切麻烦的问题。所以说，一旦嗔心灭了，一切善法也就生了。

众生在修行之时要学会以豁达的心胸待人处世，不因人之犯己而动气，以祥和慈悲的态度面对一切事、一切人，能够在世事面前如流水一样，可方可圆、顺其自然，过幸福的人生。

先做牛马，再做龙象

西方有这样一首民谣：丢失一枚钉子，坏了一只蹄铁；坏了一只蹄铁，折了一匹战马；折了一匹战马，伤了一位骑士；伤了一位骑士，输了一场战斗；输了一场战斗，亡了一个帝国。

一枚小小的钉子，本来微乎其微，却决定了一个帝国的生死存亡。

生活中小小的细节往往能够决定许多重大事情的成败。从微小处开始精心打磨，是向成功之路迈出的第一步。

佛教经典中说："欲为诸佛龙象，先做众生牛马。"龙象是神佛的乘骑，牛马则是凡人的奴仆，虽然同是服务于人，但境界大不相同。

这句佛语箴言也道出一个处世真谛：与其常常抬头仰望光环炫目的大人物，不如踏踏实实地从众生牛马做起。攀爬是徐徐上升的轨迹，即使有时候速度不尽如人意，但是经过长年累月的积累，也必然能促进人的提升与完善。

俗话说，"玉不琢不成器"，也说明了这个道理。想拥有一件没有瑕疵的玉器，需要长期的精心雕琢与打磨，每个人都应该为自己的理想付出应有的努力。

眼光要放长远，但脚步要近，做人、做事、求学，都要放远眼光，但是不能好高骛远，脚步要从近处开始，要脚踏实地。虽然每个人心中都有一个成为龙象的愿望，但是从牛马做起，从低处做起，从细节做起，才会距离事业的巅峰更近一步。

一天黎明，佛陀进城，看见一名男子，向东方、南方、西方、北方礼拜着。

佛陀问他："你为什么这样做啊？"

那个男子说："我叫善生，每天向各方礼拜，是家族传下来的习惯。据说这样做会得到幸福。"

佛陀说："我也有六种礼敬的方法。"

接着，佛陀慈祥地说了活得幸福的方法："第一，孝顺父母，做儿女的要孝养、顺从自己的父母，令父母欢喜、安慰；第二，敬重师长，做学生的要敬重师长，接受教导；第三，爱护妻子，做一个好助手，夫妻要互相敬爱；第四，善待朋友，对待朋友要诚实、互敬；第五，尊敬僧众，对待僧人要布施、恭敬；第六，善待仆人，对待仆人要宽大，不要令他过于疲劳。这六种人是我们生活中的人物，和他们相处得融洽，会有快乐的家庭、美满的人生。否则，只是礼拜各方，又有什么用呢？"

善生听了十分高兴，从此参禅悟道，心中的幸福感日益增强。

佛陀所说的获得幸福的方法其实很简单，但是，这种简简单单的做人方法，世间众生谁能够完完全全地照做呢？

神照本如禅师曾作过一首禅诗："处处逢归路，头头达故乡。本来现成事，何必待思量。"当我们忽视了身边很多现有的小事时，又怎么能够奢望生活给予我们更多的恩赐呢？

先学做人，再学做佛，这是世间不变的真理；先做牛马，再做龙象，这也是颠扑不破的道理。

有辱能忍，才能随意屈伸

《佛说二十四章经》记载，沙门问佛陀："什么人的力量强大？"佛陀回答说："忍辱的人力量强大。"

这个世界是不圆满的，不圆满就会有不如意，不如意就会有辱。在佛家看来，一切不如意就是辱，一切痛苦就是辱。谁都有辱，除了释迦牟尼佛。因此，忍辱是消除烦恼、获得快乐的绝佳方法，它是一种大度，是自我意志的磨炼，是一种自信心的表现，是一种成熟人性的自我完善，更是一种处世策略。

在中外历史上，为了实现理想，最能忍的要数春秋时的越王勾践。为了复国报仇，他以曾经的帝王之躯，屈膝为奴。

周敬王二十七年（前 493 年），越国被吴国打败，吴王夫差同意了越国的求和请求，但提出要越王勾践夫妻去吴国做人质。为了生存，更为了日后的复国大计，勾践遵照夫差的要求，前往吴国当人质。

到了吴国以后，勾践住低矮的石屋，吃糠皮和野菜，穿着连身体都遮不住的粗布衣裳，每天像奴隶一样，勤勤恳恳地打柴、洗衣、养猪，毫无怨言。

一天，勾践听说夫差生病了，就向太宰伯请求探望。伯奏请夫差，获得准许后，带着勾践来到夫差的病榻前。勾践一见到夫差，就赶紧伏地而跪，说："听说大王病了，我心中万分着急，特意奏请前来探望。大王对我恩宠有加，我略懂一些医术，可以为大王诊断病情，希望得到大王的允许，也可借此表我的效忠之心。"这时，正赶上夫差如厕，勾践等人都退到屋外，再次回到屋内时，勾践拿起夫差的粪便，放进嘴里仔细品味。品尝后，勾践伏地称贺："大王的病就要痊愈了。我刚才尝出大王的粪便是苦味，这预示您的病情要好转了。"

夫差很感动，当即表示：病好后便送勾践回国。

就这样，勾践以惊人的毅力和忍劲，忍耐了三年的屈辱折磨，尝尽亡国之君的种种辛酸，终于得以返回越国。回去后，勾践励精图治，最终打败吴国。

生活中，我们很少遇到勾践那样的大"辱"，然而小"辱"往往时有发生，我们应该如何去做呢？人生在世，总得有点追求。无论身处多深的苦难中，只要找到生存的意义，找到可以为之奋斗的目标，树立自己的理想，再大的困难也无法将你击倒。

为人处世，参透屈伸之道，自能进退得宜，刚柔并济，无往不利。能屈能伸，屈是能量的积聚，伸是积聚后的释放；屈是伸的准备和积蓄，伸是屈的志向和目的；屈是充实自己，伸是展示自己；屈是柔，伸是刚；屈是一种气度，伸是一种魄力。伸后能屈，需要大智；屈后能伸，需要大勇。屈有多种，并非都是胯下之辱；伸亦多样，并不一定叱咤风云。屈中有伸，伸时念屈；屈伸有度，刚柔并济。人生有起有伏，当能屈能伸。起，就起他个直上云霄；伏，就伏他个如龙在渊；屈，就屈他个不露痕迹；伸，就伸他个清澈见底。这是多么奇妙、痛快、潇洒的情境啊！

弯腰不是卑微，而是成熟

现实中，人们总会在一些事情上不经意表现出些许骄傲、自负，有几个人能把“弯腰”与“低头”的智慧牢牢记在心里呢？真正有学问、有能力的人，明明自己的修养与知识都在其他人之上，但是他每次总是谦虚地向别人请教，真正做到了“不耻下问”。曾经有人问柏拉图：“像您这样的大哲学家为什么还要那么谦虚呢？”柏拉图说：“据我所知，人的知识就像一个圆圈，圆圈里面的是你已经知道的知识，圆圈外面代表的是你未知的知识。圆圈越大的人越会发现自己的知识不足。”这一点就像我们说的：越是成熟的稻穗越是往下弯腰，一个人越是成熟，他的态度就越是谦卑，但这并不表示他就是卑微的。

不能则学，不知则问。我们固然不是神通广大的超人，显然也不是博古通今的学者，为此，我们要向有能力的人请教，向知识丰富的人学习，千万不能因为自己满腹经纶而看不起别人的学识，也不能因为自己是无能之辈而小瞧自己。

隐峰禅师跟从马祖禅师学道三年，自以为得道，于是有些得意起来。他备好行装，挺起胸脯，辞别马祖，准备到石头禅师处一试禅道。

马祖禅师看出隐峰有些心浮气躁，决定让他碰一回钉子，从失败中获得经验教训，临行前特意提醒他："小心啊，石头路滑。"这话一语双关：一是说山高路滑，小心被石头绊了栽跟头；二是说那石头禅师机锋了得，弄不好就会碰壁。

隐峰却不以为然，扬长而去。他一路兴高采烈，并未栽什么跟头，不禁更加得意。一到石头禅师处，隐峰就绕着法座走了一圈，并且得意地问道："你的宗旨是什么？"石头禅师连看都不看他一眼，两眼朝上回答道："苍天！苍天！"（禅师们经常用苍天来表示自性的虚空。）隐峰无话可对，他知道"石头"的厉害了，这才想起马祖禅师说过的话，于是重新回到马祖处。

马祖禅师听了事情的始末，告诉隐峰："你再去问，等他再说'苍天'，你就'嘘嘘'两声。"石头禅师用"苍天"来代表虚空，到底还有文字，可这"嘘嘘"两声，不沾文字！真是妙哉！隐峰仿佛得了法宝，欣然上路。

他这次满怀信心，以为天衣无缝，还是做同样的动作，问了同样的问题，岂料石头禅师却先朝他"嘘嘘"两声，这让他措手不及。他待在那里，不得其解：怎么自己还没嘘出声，就被噎了回来？

这次他没有了当初的傲慢，丧气而归。他毕恭毕敬地站在马祖禅师面前，听从教诲。马祖禅师点着他的脑门说："我早就对你说过，'石头路滑'嘛！"

"谦虚使人进步，骄傲使人落后。"这是再简单不过的道理，可连得道禅师都难免有自满的时候，我们普通人就更要时时自省了。人外有人，天外有天。做事应当谦虚认真，不要满足于现状；处事要耐心谨慎，不能心浮气躁。你只有将自己的姿态放低，才能从别人那里学到智慧，从而丰富完满自己的人生。

别再耻于低下头颅，弯下腰肢，你要明白，那压弯我们腰肢的并不是外界的金钱权势，而是我们自己成熟的智慧。

宽容无法改变过去，却能改变未来

但凡真正的大人物，都有相当广阔的胸襟；斤斤计较之辈，一般难有太大的成就。佛家常劝诫人们以包容的心态看待他人，看待世界。一颗包容之心，既蕴含着善良的心意，又是智慧的体现。当包容心渐起的时候，人的自我观念就会减少，人就会以一颗菩提心提升自我，关照他人。

以包容的胸襟待人处世，既是禅修者修禅时必经的心路历程，也是我们每个人都应该具有的一种生活态度。人只有具备“海纳百川,有容乃大”的博大气魄，才能够束缚自己内心不安分的念头，平心静气地学习他人的长处，弥补自己的短处，充实自我，成就自我。

俗话说“宰相肚里能撑船”，想做一个能成大事的人，必须具备一颗包容之心。只有处处为别人着想、包容别人，才会得到更多人的理解和支持，梦想才更容易实现。

一位将军设下一桌素食宴请当地的一名得道高僧，想和他探讨人生。

高僧带着自己的徒弟前去赴宴。餐桌上摆满了美味的素肴，但是，吃饭期间，高僧的小徒弟发现一盘菜里面竟然藏了一块肥肉。

徒弟拿起筷子，故意把肉翻到菜的上面，想引起将军的注意。高僧见此也拿起筷子，不动声色地把肉又藏回碗底。小徒弟糊涂了，没有弄明白师傅的意图。

过了一会儿，徒弟又把肉翻了出来。高僧见状，再次巧妙地盖住了肉。两人一翻一遮反复了好几次，高僧见弟子还是不懂他的意思，便凑到他的耳边，轻声说道：“要想顾及师徒情分的话，就不要再把肉翻出来了。”

小徒弟听了这话，断然不敢再去翻那块肉，整个宴席也就相安无事地结束了。

在回去的途中，小徒弟壮起胆子问高僧：“师父，为什么你不让我把肉翻出来让将军看到呢？明明知道我们只吃素，却夹了一块肥肉在其中，厨师肯定是故意的，就算不是故意的，他也犯错了，应该让将军处罚他。”

高僧说：“只是一块肉而已，要是刚才将军看到了，万一他一怒之下杀了厨师，或是给了厨师另外的处罚，我们岂不是这造孽的根源？我跟你说过，修行要以慈悲为怀。没有人是完美的，再厉害的人也会有犯错的时候，何况是个小小的厨师。不管他是有意还是无意，我们要做的不是让事情变得更坏，而是尽量让事情变得更好！”

每个人都有小毛病，可能还会犯点小错误，这都是很正常的。因此，宽容地对待他人，是每一个人应具备的美德。没有一个人愿意与斤斤计较、小肚鸡肠、犯一点小错就抓住不放甚至打击报复的人在一起。

尽可能原谅他人不经意间的冒犯，这是一种重要的生活智慧。那些无关大局之事，没必要锱铢必较，当忍则忍，当让则让。要知道，对他人宽容大度，是制造向心效应的一种手段。

宽容是智能的，真正懂得宽容的人，能够避免一些争端，也能够安抚他人的心灵，平静自己的性情。也许宽容并不能让你的昨天完美，但它可以让你的明天完满。

第四章

博爱：我为人人，爱是恒久的富源

爱是什么：百分之百的忠诚，百分之百的容忍

在很久以前，有一个富有的婆罗门娶了一个非常美丽的妻子，妻子名叫莲花。莲花不仅人长得美丽，性格也很温顺，可以说贤良淑德样样齐全。

但婆罗门不是个安分的男人，时间久了，便喜新厌旧，在外面结识了另一个美丽的女人，并且费尽心机地赶走了莲花。

国王在偶然的机会下救了莲花，对莲花爱慕已久的他便向她表明了爱意，莲花于是嫁给国王并成为王后。

而婆罗门与那女子花天酒地，胡作非为，家中的财产都被败光了。后来婆罗门听说王后精于赌博，常与人赌博争彩，心想自己赌博技术很高明，如果能赢王后，就可以弄到一大笔钱。

婆罗门见到王后，才知道王后就是莲花。婆罗门心中很是后悔，于是几次接近莲花，花言巧语想博取莲花的同情，但莲花痛骂婆罗门无情无义。

最后，婆罗门输得一干二净，倾家荡产，只好离开王宫。人们知道这件事后，都说是善有善报，恶有恶报。

婆罗门因花心而抛弃妻子，造了孽，自然要偿还，这是佛教里的因果报应。这个故事其实也从另一个角度说明夫妻间的情感要保持忠诚，才能

营造一个祥和持久的婚姻，度过各种情感危机。

佛祖说得好："当你感觉你爱它时，你用心去看就觉得它最亮；当你把它放回原处，却找不到一点最亮的感觉，你这种所谓的真爱也不过是镜花水月。"

生活中，人们不断邂逅、不断离开，很多人刚刚下定决心，又被后来的繁华迷惑双眼，抛弃了承诺，抛弃了誓言，上演了一幕幕"只见新人笑，不见旧人哭"的婚姻悲剧。

然而，爱情不是因为多情而显得伟大，而是因为纯真和唯一而受世人追捧。要想使婚姻生活美满幸福，夫妻彼此必须忠贞。

有位女士家境非常富裕，从年轻的时候开始就非常注重生活情趣。结婚以后，这位女士有了自己的连锁咖啡店，她的先生也有了自己的公司。但是，她内心并不快乐，因为先生总是出差，不再像以前那样对她关心呵护。

后来她信了佛教，经常接触佛法。师父告诉她，每天都保持微笑，见到丈夫要保持愉悦的心情，自然就能重拾婚姻的美好。每次丈夫回家，这位女士都对丈夫展颜微笑，嘘寒问暖；每当丈夫发脾气时，她便轻声细语地劝慰。果然，她和先生渐渐重拾当年的温情，过得非常幸福。

人们常说，细水长流的感情更能持久，如烟花般绚烂的激情会随时间流逝而消失。一直平衡和睦的婚恋生活比前期轰轰烈烈、后期争吵不断的婚恋生活要珍贵而有价值得多。

一个美满的家庭需要和谐，需要夫妻之间和睦相处。和睦相处的要诀包括下面几点：

一、爱护对方，互相尊重。

二、以智慧处理是非。不同的人总有不同的性格和观念，夫妻之间也是如此。由于性格差异或观念冲突，很容易产生矛盾，这时就需要恰当处理矛盾的智慧：要做到不听是非，不说是非，不传是非，不让是非成为影响夫妻关系的绊脚石。

三、持恭敬之心相处。

四、不吝赞美，营造温馨的家庭气氛。

五、遇烦恼不抱怨，多宽慰。

六、不隐瞒，不欺骗。

成功的婚姻不是靠激情维持的，因为激情过去后，人的新鲜感就会消失，对婚姻的忠贞程度会迅速下降。有些人的婚姻生活之所以人人艳羡，是因为他们有爱的能力，懂得彼此容忍和契合的重要性。

接纳爱的本来面目

人的身体会变化，会老去，情感也会在泅渡时间的过程中渐渐产生变化。因而，不能接受人事变迁、不能容忍爱人的种种毛病，这样的爱情就不牢靠；唯有包容真爱的不完美、包容所爱之人的不完美，我们才能找到幸福之路。

阿难是佛祖的侍从，但也有受到蛊惑的时候。

有一次，阿难托钵四处化缘，一直没有化到饭食，连水都没有。就在这时，前方出现了一口井，阿难便上前打水，一个女子也在井边提水。那女子看到阿难，眼前一亮，心想："如此俊美的比丘，真是宝相庄严，令人好生欢喜。"女子顿时爱上了阿难。

这女子叫摩登伽女，生得非常漂亮，她有意勾引阿难，千方百计地施展自己的魅力，希望引阿难破戒，即使因此造了业障也不后悔。

三番五次下来，阿难受不了蛊惑，就随摩登伽女回家，二人眼看就要破了色戒。就在此时，佛陀有所感应，知道阿难必要蒙受此色相劫难，于是派文殊菩萨去救阿难。文殊菩萨念了楞严咒，惊醒了阿难。

阿难清醒过来，急忙推开摩登伽女，暗叫罪过，回到佛陀身边忏悔。

摩登伽女却因爱阿难心切，追到佛陀的精舍，希望佛陀成全她和阿难。

佛陀微笑道："你真的很爱阿难吗？"

摩登伽女点头道："当然！"

佛陀点头说："既然如此，我成全你们，但是你必须经过考验才可以。"于是佛陀吩咐弟子将阿难沐浴之后的水端了过来，说："这是阿难沐浴的水，你将这水喝下去，我就相信你爱阿难。"

摩登伽女看到洗澡水，眉头大皱："这么脏的水，我怎么能喝呢？您是存心为难我啊。"

佛陀摇头说："你不是说你爱阿难吗？既然爱他，为什么连他的洗澡水都不能喝？人生下来之后，受世间一切恶业的熏染，身体本来就是脏的。如今阿难健健康康，你就嫌他脏，等他老了，身体腐败，气体虚弱，你岂不是更要嫌弃他了？"

任何爱情都不可能完美，任何结合都并非无可挑剔。男女之间从相爱到结合，从始至终都是一个磨合的过程，中间有磕磕绊绊，有争执吵闹，也会在相处过程中逐渐发现彼此的缺陷，如果不能接受对方的不完美，一味苛求对方，苛求一份完美无缺的爱，那么，爱情很容易消逝，而且彼此心里都会留下不能填补的裂痕。

婚姻是爱情的归宿，同时也是一生相守的承诺。结婚时要认清爱情和婚姻中存在种种不完美。男人在结婚的时候需要想清楚，自己爱的是对方的模样还是品行；女人在结婚的时候也要想清楚，追求的是一时激情，还是永恒的厮守。如果只是一晌贪欢，不如趁早放手。如果爱的是彼此之间的举手投足的默契，怜惜对方每个不完美的瞬间，那么，婚姻便是一种理性而清醒的选择。

不为世俗的眼光所动，注重心灵的交会，这样的婚姻才是最美好、最坚固的，才能经受住岁月的洗礼。为爱坚守，忠贞不渝，任风吹雨打也不动摇，纵时光如刃，切割彼此的容貌，消磨彼此的激情，爱也能保持恒久。

不要害怕去爱：斩断你的犹豫与怯懦

爱情不是靠一个人维持的，爱的付出是相互的。时常向对方表达自己的爱慕与关心，常常为爱情的灯注入新的灯油，爱情才能迸发出欢快而明亮的火花。

西方有位圣人说过，犹豫和怯懦是爱情的大敌，当爱来临时，请勇敢地表达自己的心意，否则就会白白浪费机遇。错过这一次，或许就没有再次相遇的机会。古人说“莫待无花空折枝”，默默地等待固然美好，但韶华易逝，时不我待，最终只会空余遗恨。

没有人会单方面而无底线地付出，爱情是一种缘分，需要两个人共同珍惜、呵护，只有索取的爱情是不能长久的，想要维持爱情的甜蜜，就请珍惜对方的付出，也请为对方付出你的真心。

一位悲伤的少女求见燃灯禅师。

“禅师，我现在被感情之事困扰，痛不欲生，请您帮助我。”

“喔，可怜的孩子，什么事情？”禅师说。

少女停顿了一下，忧伤地说：“我爱他，可是，我马上就要失去他了。”少女几欲流泪。

“请慢慢从头说吧。”禅师慈祥地说。

“我与他深深相爱。他以他的热情，每天用鲜花表达对我的爱，每天早上都会送我一束迷人的鲜花，每天晚上都会为我唱一首动听的情歌。”

“这不是很好吗？”禅师说。

“可是，最近一个月来，他有时几天才送一束花，有时根本不为我唱歌。”

“问题出在哪儿呢？你对他的爱有回应吗？”

“我发自内心地深深爱着他，但是，我从来没有表露过我对他的爱，总是以冰冷的表情来掩饰内心的热情。现在他对我的热情也在慢慢逝去，我真怕有一天会失去他。禅师，我该怎么办？”

禅师听完少女的诉说，从屋里取出一盏油灯，沾了一点儿油，点燃了它。

“这是什么？”少女问。

“油灯。”

“要它做什么？”

“别说话，让我们看着它燃烧吧。”禅师示意少女安静。

灯芯燃烧着，冒出的火苗欢快而明亮，照亮了整个屋子。渐渐地，灯油越来越少，灯芯的火焰也越来越小，光线变弱了。

“呀！该添油了！”少女道。可是禅师示意少女不要动，任凭灯油烧干，最后，连灯芯也烧焦了，火焰熄灭了，只留下一缕青烟在屋中缭绕。

少女看着那一缕青烟迷惑不解。

“爱情也像这油灯，当灯芯烧焦之后，火焰自然就会熄灭了。现在你应该知道要怎么做了。”禅师说。

少女明白了：“我要去向他表白，我爱他，不能失去他。我要为我的爱情之灯添油。”少女谢过禅师，匆匆走了。

爱情是两颗心的相互碰撞，单靠一方的努力，另外一方无所回应，爱情的火苗不会持续长久，爱情的花朵也不可能结出丰硕的果实。

寻找真爱既需要信念，也需要行动力。两者体现在：

一、对真爱抱有坚定而执着的信念，要相信真爱总有一天会来临。

二、要选择适合自己的爱情，做到宁缺毋滥。不适合自己的爱情不仅不能给自己带来幸福，反而会浪费自己的青春和感情，给自己造成伤害，使我们丧失对真爱的感悟力。最终，伤痕累累的我们可能没有信心再去尝试爱情，从而错过真爱。

三、一旦捕捉到自己的真爱，就要勇敢说出来。不要让羞怯或自尊阻止爱的表达，爱不能将就，更经不起蹉跎和等待。

在寻找爱情的过程中，一旦遇到了命中注定的那个人，我们一定不要被犹豫和怯懦绊住脚步，不要害怕去爱，将爱大胆说出口，才能收获幸福的爱情。

有情不是罪过，痴爱才生烦恼

七情六欲是人之常情，人们因此生出爱与恨、悲与苦，于是众生之间便产生了联系，或和睦相处，或相互斗争。情就是人与人之间纠结的根源。

有句话说："情不重，不生婆娑。"在佛教用语中，婆娑指堪于忍受诸苦恼而不肯出离，为三恶五趣杂会之所。这句话的意思是说，情重而生出各种各样的人欲。正因如此，佛教里才称人为"有情众生"，而佛也同样深情对待世人，不惜损毁自身，普度众生。

有情在所难免，有情，世间才有爱，才有博大的慈悲，可是情过重就会令人丧失冷静和理智，从而造成不可挽回的恶果。

舍卫国有一富翁老来得子，当富翁和妻子双双离世之时，他们的孩子年纪还小，偌大的家产没有几年就被挥霍一空，最后富翁的孩子也流落街头以乞讨为生。

有一天，富翁的孩子在街上碰到了父亲生前的一位好友，同样也是有钱的长者。这位长者看到故人的孩子落到这般田地，心中不免有些悲凉，决定帮助他摆脱困境。长者把他带回自己家中，分给他一份财产，还将自己的女儿许配给他。

由于从小懒散惯了，得到财产后的他又不善于打理，没过多久，家财耗尽。长者看在眼里，急在心中，为了不让自己的女儿跟着受苦，就只好又给了他一笔钱。然而，他再一次把所有的钱都花光了。长者看到他这样冥顽不灵，就想让自己的女儿改嫁他人。

长者的女儿知道这个消息后，赶紧对丈夫说：“父亲很疼我，他不想让我跟着你吃苦，到时候逼我离开你不是没有可能。一旦事情发生了，就没有挽回的余地，若你还顾念夫妻的情分，就赶紧想想办法吧！”

他听了妻子的话，惭愧不已，心想：虽然不懂得谋生，不会理财，父母离去也早，可是和妻子之间的感情倒是一种慰藉。如果连深爱的妻子都要被迫分开，那和死也没有什么区别了。

想到死，他脑子里冒出了一个念头：既然不能和妻子相守，那么就一块死去吧！于是他把妻子骗入卧房内，用尖刀刺死了妻子，随后自己也自杀了。

长者知道后哀伤不已，趴在女儿的尸体旁不忍离去。这时，佛陀正好来到此处普度众生，长者闻讯遂带着一家老小前往参见佛陀，希望解除心中的悲伤和烦恼。

佛陀问长者为何而来？长者便一五一十地把事情告诉了佛陀。

佛陀听后，说：“人常常会犯贪和嗔这样的病，而愚蠢之徒更是会引发祸害。造此孽的人因而堕入三界五趣的深渊中永生不得自拔。有些更为愚蠢的人，到这个地步还不知悔改。这样的贪欲殃及众生，不仅仅是你的女儿和女婿。”

长者听后，顿时醒悟，烦恼消除。

佛陀在这里讲的“贪欲”，特指对情的贪，也就是我们所说的痴情痴爱。

痴爱便是生死根，不拔其根难解脱；痴爱若能念念断，心心弥陀全身现。世间一切情欲贪恋都是痴爱所造成的，痴情痴爱系缚着人们，让人不得解脱自在。情痴愈重，负担就愈重，如商人伴少而货多，又如牛负重行深泥中。远离生死苦恼系缚的根本，便是要以佛法的智慧光明破愚痴黑暗，才能最终解脱。

有情并不是罪过，对于凡俗的常人来说更是如此。但是人们如果面对各种各样的情感时不知克制，不知拣择，而是奢求更多，就会给自己带来痛苦。如果能在得到情感的满足之后便适可而止，就不至于迷失方向，把自己弄得心力交瘁。

情爱要适度，恰到好处才能不生苦恼，获得幸福。怎样让情感保持适当的温度呢？

一、用理智净化感情。

二、用慈悲升华感情。

三、用理法规范感情。

四、用道德引导感情。

五、不执着于占有感情。

六、时时不忘转身，为感情留余地。

七、要懂得适应情爱的变化，在变化中调整爱的方式。

八、要爱人，不要让自己情绪化，不要让爱成为恨的种子。

爱要有所克制，毁灭他人、毁灭自己、毁灭生命的爱，并不是通往幸福的爱，而是充满痛苦的爱。在自己感觉幸福的时刻，就要认真享受它，这样才能在情爱适度的状态下平静生活，不起烦恼。

向前走的爱，向后退的爱

有人说，爱情都是激烈的，“爱过情殇，不如决绝”。可是，爱情毕竟只是一个十字路口，红绿灯就在斑马线的两端。向前走，终身厮守固然好；向后退，潇洒放手也未尝不是一种明智的选择。双向的爱情才能开花结果，行走在爱情这条路上时，需要看清红绿灯。

所谓“绿灯的爱”，就是一切符合道德和法律的正当的爱，佛教并不排除世俗的爱情。例如，在《善生经》及《玉耶女经》里，佛陀告诉那些在家的信众，什么才是符合道德的爱情，甚至在《华严经》《维摩经》《宝积经》中也都强调伦理纲常、感情生活等。

“红灯的爱”，是不合乎伦理道德、不合乎规律，不为社会所认同的爱。例如，没有获得对方同意，用各种手段一厢情愿地追求，甚至逼迫对方顺从。这种红灯的爱，还有重婚、骗婚等行为，因为违反了法律，前途必定充满危险。

真正的爱情，即使在情感浓烈的时候，也不应失去理智。虽然爱情常会令人变得盲目，但理智还是要存在于相爱之人的心中。如果爱得乱了方寸，失了方向，最后不知道该怎样去爱对方，这样的爱通常都是有问题的。

一位女施主哭哭啼啼地来到寺庙找禅师。

禅师问：“发生什么事了？”

女施主伤心地说：“太坏了，太坏了，那个人太坏了！”

禅师安慰她，使她平静下来。

冷静下来后，女施主告诉了禅师事情的始末。

原来，她和一个男子相爱已经有一段时间了，而那个男子是有家室的。最近两人的恋情被男子的妻子发现，女施主要求男子离婚，但男子不同意。

女施主抽噎着说：“我很爱他的，知道他有妻子却还和他在一起。我让他离开他的妻子和我在一起，可是他不愿意。他为什么那么坏呢？不和他妻子分手，但还要和我在一起，他这是在玩弄我的感情。为什么呢？”

女施主和她的爱人之间的感情本来就是不正当的爱，最终不会幸福。

人们都知道，爱情之火活跃、激烈、灼热，但爱情也是一种变化无常的感情，它狂热冲动，时高时低，忽冷忽热，爱情的不定性常常让人们失去理智。

爱是生命的意义，也是一种强大的力量。爱可以融化人与人之间的仇恨或隔阂，可以给世界带来和谐与太平，但是爱也能带来灾难，不正当的爱就容易生恨。

爱应建立在善的基础上，没有善的爱是假爱。真正的爱不是强加的，也不应执着，而应该以善的力量付出爱心，给自己和别人带来幸福。

在追逐爱的过程中，人们应当了解哪些是“红灯的爱”，哪些是“绿灯的爱”。在爱情这条路上，看清红绿灯，才能审慎前行，才能让自己在爱情的道路上走得更加顺畅。

一份清净无染的爱：爱过，就是慈悲。

爱一个人并不一定要得到。放开手，守望对方的幸福，也是一种真爱。

普陀山的寺院里有一个老修行者。他本是一个钢铁工厂老板的独生子，父亲死后，他放弃父亲留给他的工厂，转而拿起锄头，带着妻子到乡下过起自在的田园生活。

他的妻子忍受不了这种淡泊、勤俭的日子，背着他和别人私通。妻子的所作所为，他其实是有察觉的，不过他并未声张。

有一天，他对妻子说自己要外出大半个月，让她好好照顾家。其实，他只是躲在不远处的寺院里观察。

没过两天，妻子就约情夫到家里来住。他见时机已成熟，便买了些酒和菜回家了。

他把酒菜摆好，说：“我做生意赚了钱，今天你陪我好好庆祝一番。”

妻子见他这么高兴，赶紧跑到厨房拿了两双筷子。他见了，说：“你应该拿三双筷子才对。今天是个好日子，你尽管请他出来。”

藏在房间里的情夫出来后，他礼貌地给妻子的情夫敬酒，还跪拜磕头。“今天是个好日子。首先我要感谢你！”他对妻子的情夫说，“你简直是我的恩人。从今天起，我所有的财产，包括我的妻子，都送给你了。”

就这样，他把一切放下，身心轻安地离开了家，去普陀山修行了。

这对男女于是结为正式夫妻，可是新任丈夫好吃懒做，吃喝嫖赌，还虐待她。这时候，她想起前夫的种种好，于是跑到普陀山请求前夫与她和好。

任凭她百般央求，已是出家人的他都没有接受她的请求，反而劝说前妻回去和现任丈夫好好地经营家庭。没过多久，前夫留下的家业全被现任丈夫败光了，她沦落街头，不得不以乞讨为生。

这天，她又来到普陀山请求前夫的原谅。但是前夫依旧心如止水，没有答应她。她记起前夫最爱吃鲤鱼，于是跑到市场买了条鲤鱼，做好了送到普陀山上来。

前夫没有拒绝这道菜，说："你还记得我喜欢吃鲤鱼。既然你把它给了我，那我就收下，并把它放生。"

听了前夫的话，她十分奇怪，问："鱼已经被煮熟，还能放生吗？"

他说："是啊，鱼死了是不可能复活的。我们也一样，过去的感情已经逝去，还怎么复合呢？"

逝去的爱情无法挽回，再怎么死死抓住不放手，也没有任何意义。虽然人人都希望"有情人终成眷属"，但世间的爱总会受到很多限制，总会遭遇许多波折，不能真的从心所欲。如果你真的爱一个人，却无法与他相守，就需要记住：爱一个人并不一定要得到。放开手，守望对方的幸福，也是一种真爱。

爱情不是占有，也不是付出多少就能得到多少回报的等价交换，有时候我们会品尝到失去爱人的苦涩，这时我们需要明白放手也是一种爱。只有这样，我们才能不为自己的执着所困惑，不被自己的妄念纠缠，真正拿得起、放得下。只有这样，当我们遇到不能相守一生的爱情时，才会感激爱情的美好，而不会因为不能相守而悲伤痛苦。

人世间，一些以悲伤收尾的爱情也是不可避免的。人生的道路上，我们需要培养一份清净无染的爱，在感情上不要有得失心，不要时时想得到回报，就不会有烦恼。我们都要学着洒脱，学着接受。"爱过，就是慈悲"，爱一个人最大的幸福不是得到对方，而是让对方得到幸福。

爱之难不在绚烂，而在平淡

许多人在陷入热恋之时总是觉得自己什么都能付出，一旦爱情归于平淡，找不回当初的热情，就又开始四处辗转，寻找真爱，在数度碰壁之后便开始抱怨，消极地认为世间并不存在真爱。

人们往往无法固守曾经炽热的爱，这恰恰说明了爱之难，也说明了爱不仅是最绚烂的那一刻。

爱，是两个人在经历了生活的琐碎之后，在生活的炼狱中历练之后，一起走到白发苍苍时依然手牵手，用心传递出的不离不弃的情怀。

爱，犹如一座永不熄灭的灯塔，永远牵引着在情感中迷失航向的人们。爱情色彩暂时消退，只是因为你还在黑暗的隧道中行走。有朝一日，当你和伴侣历经风雨，相扶着走过人世的沧桑，面对夕阳下白发苍苍的彼此，或许那时，你们就会体悟到爱情真正的含义。

一个人问佛："为什么我以前爱着一个女孩时，她在我眼中是最美丽的，而现在我却常常发现有许多女孩比她更漂亮呢？"

佛问："你敢肯定你是真的爱她，在这世界上你是爱她最深的人吗？"

他毫不犹豫地说："那当然！"

佛说："恭喜。你对她的爱是成熟、理智、真诚而深切的。"

他有些惊讶："哦？"

佛又继续说："她不是这世间最美的，甚至在你那么爱她的时候你都清楚地知道这个事实，而且还是那么爱她，因为你爱的不只是她的青春靓丽。韶华易逝，红颜易老。你对她的爱已经超越了这些表面的东西，也就超越了岁月。你爱的是她整个的人。"

他忍不住说："是的。我的确很爱她的清纯善良，疼惜她的孩子气。"

佛笑了笑："时间的考验对你的爱恋来说算不得什么。"

那个人问："为什么后来在一起的时候，两人反倒没有了以前的激情，更多的是一种互相依赖呢？"

佛说："那是因为你的心里已经将爱情转变为亲情。"

他摸了摸脑袋："亲情？"

佛继续说："当爱情到一定程度的时候，就会在不知不觉中转变为亲情。你会逐渐将她看作你生命中的一部分，这样你就会多一些宽容和谅解，也只有亲情才是你诞生伊始上天就安排好的。所以你后来做的，只能是去适应你的亲情。无论你的出身多么高贵，你都要不讲任何条件地接受她，并且对她负责、对她好。"

那个人想了想，点头说道："亲情的确是这样。"

佛笑了笑："爱是因为互相欣赏开始的，因为心动而相恋，因为互相离不开而结婚。但更重要的一点是，爱需要宽容、谅解、习惯和适应，如此才会携手一生。"

爱情最初产生时，也许是出自相互的吸引，然而最终会回归到日常生活中。佛祖教导世人："爱由心生。"真正的爱必须是由人的内心产生的。由心而生的爱才能对抗岁月的波折，才能让彼此在平淡的流年里相知相守，不离不弃。

真爱博大、深邃、包容，如果能用生命的力量去守候自己的爱，情不死，爱就能永存。

有时候，真爱与"我爱你"这三个字无关，与金钱无关，与地位无关，与容貌无关，它或许存于一碗粥、一个座位、一次相视而笑之间。在漫漫长夜中，只要有那个人相伴就足够；在各种挫折中，只要那个人还在身边就能安然。这便是爱。

让爱情保持长久的方法是：

一、爱不能自私，要让爱情转化成亲情。爱情初期的激情是暂时的，而亲情是永久的，因为亲情建立在互相尊敬和信任的基础上。

二、爱不能一味索取。

三、即使是面对最亲近的人，情绪也要有所保留，毫无顾忌地发泄只会造成不能弥补的伤害。

四、为彼此多留一点空间。

五、要为对方着想，真正为对方付出，哪怕有一天对方离去了，也能坦然面对，问心无愧。

六、克制自己的抱怨，不给对方压力。

七、爱要感恩，要多想自己得到的，少想自己付出的。

爱的长久之道是相互依靠，拥有一份互相扶持的爱才能在漫长的岁月里走下去，尽管磕磕绊绊，仍有一份平常安然、韵味无穷的幸福。

守护好自己爱的天性

当我们还是个孩子的时候，总喜欢张开双手，寻找周围温暖的怀抱。那时，我们都很善良、单纯；随着日子一天天过去，我们成长了，然而在这个过程中，我们当中的一些人逐渐遗忘了爱的天性。

在意大利瓦耶里市的一个居民区里，35 岁的玛尔达是个备受人们议论的女人。她和丈夫比特斯都是白皮肤，但她的两个孩子中有一个是黑皮肤的，这个奇怪的现象引起了周围邻居的好奇和猜疑。玛尔达总是微笑着告诉他们，由于自己的祖母是黑人，祖父是白人，女儿莫妮卡的黑皮肤是隔代遗传。

2002 年秋，黑皮肤的莫妮卡接连不断地发高烧，经过安德烈医生诊断，莫妮卡患的是白血病，唯一的治疗办法是做骨髓移植手术。玛尔达让全家人都做了骨髓配型实验，结果没一个合适的。医生又告诉他们，像莫妮卡这种情况，找到合适的骨髓概率非常小，但还有一个行之有效的办法，就是玛尔达与丈夫再生一个孩子，把这个孩子的脐血输给莫妮卡。这个建议让玛尔达怔住了，她失声说："天哪，为什么会这样？"她望着丈夫，眼里弥漫着惊恐和绝望，比特斯也眉头紧锁。

第二天晚上，安德烈医生正在值班，突然值班室的门被推开了，是玛尔达夫妇。他们神色肃穆地对医生说："我们有一件事要告诉您，但您必须保证为我们保密。"医生郑重地点点头。"1992 年 5 月，我们的大女儿伊莲娜已两岁，玛尔达在一家快餐店里上班，每晚 10 点才下班。那晚下着很大的雨，玛尔达下班时街上已空无一人。经过一个废弃的停车场时，玛尔达听到身后有脚步声，惊恐地转头看，一个黑人男青年正站在她身后，手里拿着一根木棒，将她打昏，并强奸了她。等到玛尔达从昏迷中醒来，踉跄地回到家时，已是一点多了。我当时发了疯一样冲出去，可罪犯早已没了踪影。"说到这里，比特斯的眼里蓄满了泪水。

他接着说："不久后，玛尔达发现自己怀孕了。我们感到非常害怕，担心这个孩子是那个黑人的。玛尔达想打掉胎儿，但我还是心存侥幸，也许这孩子是我们的。我们惶恐地等待了几个月，1993 年 3 月，玛尔达生下了一个女婴，皮肤是黑色的，我们绝望了。我们曾经想过把孩子送给孤儿院，可是一听到她的哭声，我们就舍不得了。我和玛尔达都是虔诚的基督徒，最后我们决定养育她，给她取名莫妮卡。"

安德烈医生终于明白这对夫妻为什么这么惧怕再生个孩子。良久，他试探着说："看来，你们必须找到莫妮卡的亲生父亲，也许他的骨髓，或者他孩子的骨髓能适合莫妮卡。但是，你们愿意让他再出现在你们的生活中吗？"玛尔达说："为了孩子，我愿意宽恕他。如果他肯出来救孩子，我是不会起诉他的。"安德烈医生被这份沉重的母爱深深地震撼了。

人海茫茫，况且事隔多年，到哪里去找这个强奸犯呢？玛尔达和比特斯考虑再三，决定以匿名的形式，在报纸上刊登一则寻人启事。2002 年 11 月，在瓦耶里市的各家报纸上，都刊登着一则特殊的寻人启事，恳求那位强奸者能站出来，为可怜的白血病女儿做最后的拯救。

启事一经刊出，便引起了社会的强烈反响。安德烈医生的电话都被打爆了，人们纷纷询问这个女人是谁，他们很想见见她，希望能给她提供帮助。但玛尔达拒绝了人们的关心，她不愿意透露自己的姓名，更不愿意让别人知道莫妮卡就是那个强奸犯的女儿。

当地的监狱也积极帮助玛尔达，但遗憾的是，监狱里没有当年强奸她的那个黑人。这则特殊的寻人启事出现在那不勒斯市的报纸上后，一个30多岁的酒店老板的心里起了波澜。他是个黑人，叫阿里奇。由于父母早逝，没有读多少书的他很早就工作了，聪明能干的他希望用自己的勤劳换取金钱以及别人的尊重，但他的老板是个种族歧视者，不论他如何努力，总是对他非打即骂。1992年5月17日，那天是阿里奇20岁生日，他打算早点下班庆贺一下生日，哪知忙乱中他打碎了一个盘子，老板居然按住他的头逼他把盘子的碎片吞掉。阿里奇愤怒地给了老板一拳，冲出餐馆，怒气未消的他决定报复白人。雨夜的路上几乎没有行人，在停车场里他遇到玛尔达，出于报复心理，他无情地强奸了那个无辜的女人。

当晚他用过生日的钱买了一张去往那不勒斯市的火车票，逃离了那座城市。在那不勒斯，阿里奇顺利地在一个美国人开的餐馆里找到了工作，那对夫妇很欣赏勤劳肯干的他，还把女儿丽娜嫁给他，把整个餐馆委托他经营。几年下来，他不但把餐馆发展成了一个生意兴隆的大酒店，还有了三个可爱的孩子。

这些天，阿里奇几次想拨通安德烈医生的电话，但每次电话号码还未拨完，他就挂断了。那天晚上吃饭的时候，全家人和往常一样议论着报纸上有关玛尔达的新闻。妻子丽娜说："我非常敬佩这个女人，如果换了我，恐怕没有勇气将一个因被强奸而怀上的女儿生下来养大的。我更佩服她的丈夫，他真是个值得尊重的男人，竟然能够接受一个这样的孩子。"

阿里奇默默地听着，突然问道："那你怎么看待那个强奸犯呢？"

"我绝不能宽恕他，当年他就已经做错了，现在这个关键时刻又缩着头。他实在是太卑鄙，太自私，太胆怯了！他是个胆小鬼！"妻子义愤填膺地说。

一夜未眠的阿里奇觉得自己仿佛在地狱里煎熬，眼前总是交替地出现那个罪恶的雨夜和那个女人的影子。

几天后，阿里奇无法沉默了，在公共电话亭里给安德烈医生打了个匿名电话。他极力让自己的声音显得平静："我很想知道那个不幸女孩的病情。"安德烈医生告诉他，女孩病情严重，不知道她能不能等到亲生父亲出现的那一天。

这话深深地触动了阿里奇，父爱在灵魂深处苏醒了，他决定站出来拯救莫妮卡。那天晚上他鼓起勇气，把一切都告诉了妻子。

丽娜听完了后气愤地说："你这个骗子！"她把阿里奇的一切都告诉了父母，这对老夫妇在盛怒之后，很快就平静下来了。他们告诉女儿："是的，我们应该对阿里奇过去的行为愤怒，但是你有没有想过，他能够挺身而出，需要多么大的勇气？这证明他的良心并未泯灭。你是希望要一个曾经犯过错误，但现在能改正的丈夫，还是要一个永远把邪恶埋在内心的丈夫呢？"

2003 年 2 月 3 日，阿里奇夫妇与安德烈医生取得联系，2 月 8 日，他们赶到医院，医院为阿里奇做了 DNA 检测，结果证明阿里奇的确是莫妮卡的生父。当玛尔达得知那个黑人强奸犯终于勇敢地站出来时，她热泪横流，10 年的仇恨，在这一刻全部化为感动。

2 月 19 日，医生为阿里奇做了骨髓配型实验，幸运的是他的骨髓完全适合莫妮卡，医生激动地说："这真是奇迹！"

2003 年 2 月 22 日，阿里奇的骨髓输入了莫妮卡的身体，很快，莫妮卡就度过了危险期。一周后，莫妮卡就健康地出院了。

玛尔达夫妇完全原谅了阿里奇，盛情邀请他和安德烈医生到家里做客。但那一天阿里奇没有来，他托安德烈医生带了一封信。在信中他愧疚万分地说："我不能再去打扰你们的生活了。我只希望莫妮卡和你们幸福地生活在一起，如果你们有什么困难，请告诉我，我会帮助你们！同时，我也非常感激莫妮卡，是她给了我一次赎罪的机会，是她让我拥有了快乐的后半生，这是她送给我的礼物！”

生命面前，一切罪恶都会被人性中的善所取代，而它所发挥的作用，却远远不止挽救一个生命那么简单，更能够净化存有污点的灵魂。

爱是人类美好的天性，虽然我们在帮助别人的过程中，偶尔会遇到误会、欺骗甚至打击，但不能因为别人的非议而改变了自己爱的天性。

任何理由都不能让我们放弃爱和善良的天性。

让别人受益，让自己开心

爱，是一种循环，给予别人的爱，往往不会立即换来回报，但最终会循环到自己的身上。回报的内容和形式多种多样，如果每个人在爱自己的同时，也为别人付出一份爱，那么收获最多的将是我们自己。

在美国南部的一个州，每年都要举办南瓜品种大赛。有一个农夫的赛绩相当优异，他经常是冠军的获得者。每当他得奖之后，总是毫不吝惜地将参赛得奖的种子分给街坊邻居。

一位邻居很诧异地问：“你能获奖实属不易，我们都看见你投入了大量的时间和精力来进行品种改良，可为什么还这么慷慨地将种子分送给大家呢？你不怕我们的南瓜品种超过你吗？”

这位农夫回答：“我将种子分送给大家，是帮助大家，同时也是帮助我自己！”原来，这位农夫居住的地方，家家户户的田地是相连的。这位农夫将得奖的种子分送给邻居们，邻居们就能改良各自南瓜的品种，同时也就避免了蜜蜂在传递花粉的过程中将邻近较差品种的花粉传到自己的田地中，有利于这位农夫专心致力于品种的改良。如果这位农夫将得奖的种子自己独享，那么农夫势必要在防范方面花费很大精力，便很难迅速培育出更加优良的南瓜品种。

要想品种优良的南瓜不失本色，只有一种办法，那就是让你的邻居们也都种上同样的种子。农夫从一开始就懂得帮助他人的乐趣，所以他收获了更多，而有的人却要用一生的时间才能明白帮助别人能让自己开心的道理。

收藏家拉希德先生有 8000 多把梳子，枣木梳、牛角梳、象牙梳、玉梳等等，可谓应有尽有。据他自己说，他有 5 把英国女王伊丽莎白一世的梳子。女王的梳子上还挂着一根弯弯曲曲的亚麻色头发，光这根头发就价值连城！拉希德先生的梳子用“老虎嘴”牌保险柜锁着，并且柜子上常年放着一把上了膛的手枪。

“你就说世界上这梳子，哈哈……”拉希德先生骄傲得不行，总是说着这样的半句话。“你想看看我的收藏？那怎么行啊？”拉希德先生常常这样自问自答。

“爸爸，您有许多梳子是吗？”拉希德先生的儿子央求道，“我想看看！”

“不行！爸爸哪有什么梳子呀！”拉希德先生简直吓坏了，赶紧把保险柜的钥匙缝在内裤上。“小孩子嘴巴不严，没准惹出什么祸事来呢！”他想。

儿子流下了委屈的泪水。

他的妻子说：“我知道你有梳子，难道连我也不能看一眼吗？”

“不行！”拉希德先生埋下头来，说，“妇人家，浅薄得很，其实梳子有什么好看的呢？”

拉希德先生的内裤改由自己来洗了，因为那上面有保险柜的钥匙啊。

为了最大限度地显示自己的富有，拉希德先生几经辗转，好不容易来到一座没有梳子的城市。

“亲爱的市民们，你们知道吗，世界上有一种东西叫梳子，能够把头发弄得格外齐顺，没见过吧？哈哈，鄙人拥有 8000 多把梳子！”

拉希德先生在人们的眼神里寻找着崇拜和恭维，然而他没有得到。在一个没有梳子的城市里，自然没人听得懂他的话。所以，拉希德先生天天炫耀，却等于白说。

斗转星移，岁月如梭，拉希德先生老了。他的藏品，保密了一辈子，谁都没看见。现在，他不知道该怎么办了。卖掉吗？要钱做什么呢？继续保密吗？他觉得没意思了。他回想了一下，自己一辈子竟没见过别人给他一丝笑容。

有一天，拉希德先生坐在一棵大树下昏昏欲睡，他怎么也没想到，有一头狮子从后面走了过来。

狮子是从动物园里跑出来的。

这是一头雄狮，长长的鬣毛有些肮脏，却不失威武。当拉希德先生发现狮子时，吓得魂飞魄散、瘫软如泥。

“先生，您好，”狮子开口说，“我很难受，我的鬣毛粘在了一起，硬邦邦的，我一点办法都没有。请问，您能帮我个忙吗？”

拉希德先生赶紧讨好地说：“能啊，能的！我有梳子，有许多许多梳子啊！狮子先生，您稍等啊！”

狮子跟着他，来到他的住所。

拉希德先生打开保险柜，取出大大小小、疏疏密密、各式各样的梳子，狮子看得有些眼花缭乱。拉希德先生耐心地、很小心地给狮子梳通鬣毛，先用疏齿的梳子，后用密齿的梳子。他还打了一些水来，把狮子鬣毛上的脏东西清洗掉。

狮子乖乖地等着，像猫儿一样温顺，后来竟打起了呼噜。拉希德先生累得满头大汗，花去了3个小时才做完。狮子觉得非常舒服，连连感谢。拉希德先生让狮子照了照镜子，狮子露出了难得一见的笑容。

“太谢谢您了，看来梳子真是世间的宝贝，您有这么多宝贝，我羡慕死了！”

拉希德先生被狮子的笑容感动了，他一股脑儿地把所有的梳子都拿了出来，送给了狮子和市民。

从此，这座城市有了一种新的文明。

从一个吝啬鬼到慷慨地帮助他人，拉希德用了一辈子的时间才终于体会到帮助别人的乐趣。我们也许没有拉希德那样富有，但我们依然可以默默地为别人做点事。当你在走路时不小心被石块绊倒，可以捡起石块，以免下一个路人有同样的遭遇；当你看到路边的玫瑰花开得十分艳丽时，在驻足欣赏的同时，也可以轻轻地告诉从你身旁走过的陌生人——花儿开了。

爱是一种美妙的循环，从你的心里流出，温暖了别人，开心了自己。

第五章

知足：不贪不求，简单就是一份厚礼

沉迷于欲望便是画地为牢

在生活中，有多少人被自己的欲望所支配，一生忙碌，得不到解脱。欲望如同火种，一个不懂得控制欲望的人，往往会使火势越来越大，最后无法控制，酿成灾祸。

佛说人有八苦，其中之一便是“求不得”。有欲而求，无奈求之不得，人生便陷入万劫不复的痛苦深渊。世间人奔忙的，不外乎“名利”二字，万物自闲，只有人不断地争名夺利。为了欲望，人们奔来奔去、忙里忙外，难有停息的时候，幸福和快乐也就无暇顾及了。

《百喻经》中记载：

从前有一个笨人到朋友家里做客。主人留他吃饭，他嫌菜没有味道，于是主人就在菜中加了一些盐，他再吃时就觉得菜的味道变得很好了。

笨人心里想：“菜的味道好是从盐中得来的，一点点盐就能让菜变得好吃，那么多吃一些，味道一定更好。”这样想了以后，笨人就向主人索取了一杯盐，一口吞进嘴里，不料咸得要命，他急忙把盐从嘴里吐出来。

佛陀通过《百喻经》中的这则故事劝诫修行之人要少欲知足。欲望的存在很合理，如果人对人世没有任何追求，就失去了生活的乐趣。

因此，人不能没有欲望，但人们也不能因此放纵欲望，欲望只可浅尝，而不可沉溺。

人的一生就是一个产生欲望与摆脱欲望的过程。我们不停地产生各种欲望，包括良好欲望与不良欲望，同时我们也不停地满足或摆脱这些欲望，从而不断地让自己的智慧增加，不断地完善我们自身。佛法也认为，人的痛苦皆因欲望而生，因此，佛教教义一直在劝导人们如何戒掉各种不良的欲望。

以持戒严谨而著称的品德拉是佛陀最得意的弟子之一。有一天，国王乌德纳问品德拉，佛陀年轻的弟子如何能够摆脱情欲的冲动，而保持清净的身体。

品德拉回答：“佛教导我们把年纪比自己大的妇女当母亲看待；把年轻的女人当女儿看待；把年纪与自己相当的女人视为姐妹。佛的弟子按照这一教导就能摆脱情欲。”

国王又问：“如果对母亲、女儿、姐妹那样的女人也会起歹意，这种情况下该怎么办呢？”

“世尊说，人体充满了血、脂肪等种种污垢和不净，如果用这种眼光来看女人，能防止色欲。”品德拉答道。

国王又问：“就算把女人想象成丑陋的东西，也还是不由自主地被她的美貌所吸引。这又有什么办法呢？”

“佛教导我们，当眼睛看到颜色和形状，耳朵听到声音，鼻子闻到香气，舌头尝到美味，身体接触到物体的时候，不要被美姿所动摇，也不要因为丑态而心烦。如果能把守好五官的门户，就能确保六根的清净。”品德拉如是说。

我们每个人都有欲望，如果不能理性地看待自己的欲望，合理地控制自己的欲望，就会产生诸多烦恼。欲望是没有止境的，就像一条锁链，一环扣一环，永远都不能满足。人们追求欲望的最终目的是得到满足和幸福，但是太多的欲望会造成痛苦。

面对欲望，做得最好的人不是清心寡欲的人，而是能不被欲望支配，并且能很好地控制欲望的人。我们常说“无欲则刚”，无欲并不是什么都不要，而是不贪。只有不被欲望牵制的人，才能刚强，才能保有一颗宁静的心。如果能从佛家朴素、平和的智慧高度来看待一切欲望，我们就能做到宠辱不惊，看透一切痛苦与快乐，不入名利牢笼，专注于眼前事、当下事，没有烦忧，达到洒脱的境界。

舍去贪婪，过不负累的人生

我们常患大病，而病往往由“贪”字而来。中国古代圣贤就认为，世上的人们所尊崇看重的，是富有、高贵、长寿和善名；所爱好和喜欢的，是身体的安适、丰盛的食品、漂亮的服饰、绚丽的色彩和动听的乐声；所认为低下的，是贫穷、卑微、短命和恶名；所痛苦和烦恼的，是身体不能获得舒适安逸、口里不能获得美味佳肴、外形不能获得漂亮的服饰、眼睛不能看到绚丽的色彩、耳朵不能听到悦耳的乐声。假如得不到这些东西，就大为忧愁和担心，进而患大病。

贪婪在佛教教义中被列为第八大恶行，在佛家看来，贪婪会让欲望迷惑人的本心，让人陷入追逐欲望的深渊中不能自拔。人因贪婪而付出的代价往往巨大，如一些人为了得到自己喜欢的东西，殚精竭虑，费尽心机，更甚者因贪欲而不择手段以致走向极端，这样的人到最后往往得不偿失。

贪婪的人，被欲望牵引，欲望无边，贪婪亦无边；贪婪的人，是欲望的奴隶，他们在欲望的驱使下忙忙碌碌，但不知所终；贪婪的人，常怀有私心，一心算计，斤斤计较，最终却一无所获。

在谈到贪欲时，国学大师南怀瑾先生说：“什么是贪？贪名、贪利、贪感情、放不下，贪这个世界上的一切，都属于贪。”南先生曾举一个佛门的例子来说明贪欲之害。

有一位法师年纪大了，面临死亡时，看到两个小鬼来捉他，小鬼在阎王那里拿了拘票，还带了刑具手铐。

这个法师说："我们商量一下好不好？我出家一辈子，只做了功德，没有修行，你给我7天假，7天打坐修成功了，先度你们两个，再去度阎王。"

那两个小鬼被他说动了，就答应了。这个法师以他平常的德行，一上座就万念放下了，庙也不修了，什么都不干了，3天以后，无我相，无人相，无众生相，什么都没有，一片光明。

这两个小鬼第7天来了，看见一片光明却找不到法师。完了，上当了！这两个小鬼说："大和尚你总要慈悲呀！说话要有信用，你说要度我们两个，不然我们回到地府去要坐牢啊！"法师大定了，没有听见，也不管。两个小鬼就商量，怎么办呢？只见这个光里还有一点黑影。有办法了！这个法师还有一点不了道，还有一点乌的，那是不了之处。

因为这位法师功德大，皇帝聘他为国师，送给他一个紫金钵盂和一件金缕袈裟。这个法师什么都无所谓，但很喜欢这个紫金钵盂，连打坐也端在手上，万缘放下，只有钵盂还拿着。

两个小鬼看出来了，他什么都没有了，只这一点贪还在。于是两个小鬼就变成老鼠，去咬这个钵盂。老鼠一咬，法师动念了，一动念，光没有了，就现出身来，两个小鬼立刻把手铐给法师铐上。

法师很奇怪，以为自己没有得道，于是小鬼说明了经过。法师听了，把紫金钵盂往地上一摔，说道："好了！我跟你们一起见阎王去吧！"这一下，两个小鬼也开悟了。

法师正是因为没有戒除对紫金钵盂的贪念，才会让小鬼得逞。佛说"贪、嗔、痴"为人生"三毒"，是众生业障的根本。妒忌、残害等心理都是随三毒而来的无名烦恼。在这三毒之中，"贪"为第一毒，贪婪使人们短视、气度狭小。人要想拥有纯朴宁静的心灵，过不负累的人生，首先就要驱除贪念。

中国有句古话：知足常乐。做人一定要知道满足，不可贪得无厌。舍去了贪心，人生才能没有负累，才会豁然开朗；舍去了贪心，我们才能明白，简单就是生命中最大的厚礼。

不贪不执的清净心

人们在任何时候都需要保持一颗清净的心。清净心，即无垢无染、无贪无嗔、无痴无恼、无怨无忧、无系无缚的空灵自在、湛寂明澈的纯净妙心，也就是离烦恼之迷惘，即般若之明净，止暗昧之沉沦，登菩提之逍遥。

有了清净心，就能忍耐一切失意事，遇到快乐的事也能淡然视之；得到荣耀和上天的恩宠，能保持平和之心，受到怨恨也能安然对待；烦恼和忧心之事到来时，能平静处之，忧愁和悲伤也能尽快平复。清净心能够提升人的境界，如果能清除妄心，回归真心，那么学佛的人就能修成正果；普通人也能除去烦恼，自在逍遥。

佛陀带领阿难及众多弟子周游列国，一日，他们朝着一座城市行进。那位城主早已耳闻佛陀的事迹，担心佛陀到城里后，会使得所有的人都皈依佛门，自己将来就无法受人敬重了，于是下令：“若有人敢供养佛陀，就要交500钱税金。”

佛陀进城后，就带着阿难去托钵，城里的居民因担心交沉重的税金而不敢出来供养佛陀。当佛陀托着空钵准备出城时，一位老用人正端着一碗腐烂的食物出门，准备将之丢弃，然而，当她看到佛陀庄严的姿态、大放光明的金身及眉宇间散发的慈悲与安详时，心里非常感动。

这位老用人顿时生出了景仰的清净心，想要供养佛陀一些美味佳肴，但她因一贫如洗而无法如愿，心中既难过又惭愧，只好告诉佛陀说：“我实在很想设斋供养您，但我什么也没有，只剩手上这碗粗糙的食物，若佛陀您不嫌弃，就请收下吧！”佛陀看出她的虔敬以及供养的那份清净心，就毫不犹豫地收下了她供养的食物。

佛陀对阿难说：“这位老用人因为刚才的布施，在往后的十五劫中，她将到天上享福，不堕入恶道中。之后，她会投生为男子，并且出家修行，成为辟支佛，证到无上涅槃，受大快乐。”

这时，有个人看到这样的情形，就对佛陀说：“用这样不净的食物布施，竟可得到如此的果报，怎么可能呢？”

佛陀于是问他：“你可看过世间有什么罕见的情形？”

那人回答：“有啊！我曾经在路上亲眼看见一棵大树，居然能遮蔽住有五百辆车的车队，那树荫大得简直没有尽处，这可说是稀有的吧！”

佛陀说：“这棵树的种子有多大呢？”

那人回答：“大概就只有一般种子的三分之一大而已。”

佛陀说：“谁会相信你说的话呢？那样一棵罕见的大树，竟然是由如此微小的种子所孕育出来的。”

那人紧张地反驳说：“是真的呀！我没有撒谎骗人，因为那是我亲眼所见的。”

佛陀告诉这个人：“那位充满清净心布施的老用人，最后得到大福报，这和你遇到的情形不是一样吗？树的种子如此微小，却有极大的果报。更何况，如来已证得最圆满的果位，福田是如此丰盈，这样的事不是不可能的。”

这个人听了豁然开朗，赶紧顶礼佛陀，忏悔自己的愚痴过失。佛陀欢喜地接受此人的忏悔，并慈悲地为他开示。由于一心听法的缘故，此人即证得初果罗汉。证果的他欢喜地举起双手，向大家呼喊道：“各位，甘露的门打开了，为何大家不赶快出来啊？”

城里的居民纷纷缴纳了500钱税金，蜂拥至佛陀面前，欢迎佛陀，表示愿意供养佛陀，并异口同声地说：“若能得到甘露佛语，那500钱又算得了什么！”

当所有的居民全都出来供养佛陀后，城主的那道命令也就显得无效了。后来，城主也忏悔自己的过失，和大众一起同获清净的心。

“清净心植众德本”，一切功德皆从清净心中来。正如故事中的老用人一样，抱持一颗清净心布施，即使只是一碗腐烂的食物，也能得到福报。

在现实生活中，我们也需要抱持一颗清净的心。无论生活、工作还是学习，都应做到内心清净。清净并不是空，并不是什么也不想，而是无论好坏，都不放在心上。做再多的好事，取得再大的成就，都不往心里去；同样，遇再多的挫折，受多大的打击，也不纠结于心。

不执着，不分别，不贪心，不妄想，心就清净。清净心里生欢喜，这种欢喜不是从外界来的，而是由内心生发出来，是真正的欢喜，不会随外物而变。

在紧张忙碌的日子里，拿出小小的空闲为自己净心，片刻的净心会带来片刻的安宁，无数个片刻积累起来，人就获得了一份悠然自得的心情，整个身心也能达到和谐的状态。从片刻安宁到身心和谐，又何尝不是一粒种子长成参天大树的过程？

以舍治贪

为人处世时，倘若一切都只为自己着想，不肯给予他人利益，天下珍贵的东西恨不得全部归自己所有，不管别人的幸福，不管他人的安乐，也不管他人的死活，那么，“贪”病自然就缠绕于身。医治“贪”病要用“舍”字，假若我们懂得“舍”，见到别人精神或物质上有难时，能把自己的幸福、安乐、利益施舍给人，那么，“贪”的大病自然就不会生了。

人紧攥着双手降世，仿佛世界在他手中；人双手摊开着离世，仿佛在说：“我经历红尘却不带走一粒尘埃。”这一收一放中所蕴含的即是“舍”

的禅理。贪婪一生，到死时什么也带不走。人生路上，一路走一路舍，才能找到真正适合自己的东西，得到真正的满足。

有一次，虚有禅师在河边行走。此时，有几个人正在岸边垂钓，旁边几名游客在欣赏海景。只见一位垂钓者渔竿一扬，钓上了一条大鱼，足有三尺长，落在岸上后，仍腾跳不止。垂钓者用脚踩着大鱼，解下鱼嘴内的钩子，却随手将鱼丢进了海里。

围观的人响起一阵惊呼，这么大的鱼还不能令他满意，可见垂钓者雄心之大。

就在众人屏息以待之际，垂钓者渔竿又是一扬，这次钓上的是一条两尺长的鱼，垂钓者仍是不看一眼，随手将其扔进了海里。

第三次，垂钓者的渔竿再次扬起，只见钓线末端钩着一条不到一尺长的小鱼。围观众人以为这条鱼肯定也会被放回，不料垂钓者却将鱼解下，小心地将其放进自己的鱼篓中。

围观的人们百思不得其解，就问垂钓者为何舍大而取小？

垂钓者回答说："哦，因为我家最大的盘子只有一尺长，装不下太大的鱼。"

禅师感叹说："人生拥有的并非越多越好，找到适合自己的目标最重要。否则，将会永远挣扎于不满的情绪之中。"

宋代词人辛弃疾有一句名言：物无美恶，过则为灾。想拥有，是因为占有欲在作怪，如果舍得放弃，就不会如此痛苦了。生活也是如此，很多时候，痛苦和烦恼不是因为得到太少，而是因为拥有太多。拥有太多，就会感到沉重、拥挤、烦恼，害怕失去，从而使自己感到痛苦。

人人都有贪求，都想过美满幸福的生活，都希望丰衣足食，这在所难免，但不能把这种贪求变成不正当的欲求，变成无止境的贪婪。而不能舍下贪婪，便无法摆脱痛苦的煎熬。

佛陀于菩提树下得道时曾说，众生皆有佛性，但只因众生"妄想执着而不证得”。因此，如果人能提起佛性，舍弃世间种种贪念欲望，则必然得大智慧、大解脱。佛教正是通过“舍”来医治人们内心的贪婪，帮助人们回归真善美的本性。

人生短暂，我们还来不及感慨，生命仿佛就走到了尽头。真正的快乐源于简约的内心，如果自己不能完完全全、真真实实地生活，陷入欲望为我们设下的圈套中，我们便很难享受到人生的乐趣。

人生的高度是一份知足的恬然，生命的高度是能取能舍、当取则取、当舍则舍、善取善舍的安然。很多时候，人们向往获得，并且认为多多益善，然而，“得”的前提必定是先“舍”，只有先“舍”，才能有所“得”。

舍弃，意味着重新获得。要想让自己的生活回归自然，就有必要舍弃一些功利、应酬，以及工作上的一些成就。只有舍弃生活中不必要的牵绊，才能够让生活真正简单起来。

另外，在自己得到幸福的时候，别忘了给予他人帮助，这也是一种依靠“舍”来消除贪婪的方法。“舍”能让自己的心胸敞亮，不至于因为小名小利而变得心胸狭窄，惹人生厌。一个不忘给予他人关怀的人，最终获得的不仅仅是物质上的享受，更是心灵上的宽慰。

懂得放弃，往往拾起更多

放弃，是一种智慧，是一种豁达。放弃，对心境是一种放松，对心灵是一种滋润，它驱散了乌云，清扫了心房。懂得放弃，我们才能有爽朗坦然的心境；善于放弃，我们的生活才会阳光灿烂。

在工作、生活和学习中，我们需要有所放弃。放弃不适合自己的职业，放弃异化扭曲自己的职位，放弃暴露了弱点、缺陷的环境和工作，放弃虚名，放弃人事纷争，放弃变了味的友谊，放弃失败的爱情，放弃破裂的婚姻，放弃没有意义的交际应酬，放弃坏的情绪，放弃偏见、恶习，放弃不必要的忙碌、压力。

放弃其实是为了得到，为了得到我们真正想要的，放弃一些不必要的“精彩”又有什么不可以呢？放弃是一种睿智，即使精力过人、志向远大，我们也无法在有限的时间内完成许多事情，正所谓“心有余而力不足”。所以，面对众多的目标，我们必须依据现实，有所放弃，有所选择。

《杂宝藏经》中记载了一个故事：

比舍是一个珠宝商人，同时也是一个经验丰富的航海家。一次，比舍带领了500位商人驾着几艘船入海采宝。他们一路顺遂，很快到达了珠宝产地。

商人们登岸后，看到遍地的宝石便开始贪心地搬运。转眼间，所有的船都被耀眼的珠宝装满了，但商人们仍不满足，眼看船只就要被压沉了。比舍不断劝告大家不能超载，可是被贪欲迷惑的人们听不进他的劝告，他们宁愿死也不舍一粒珠宝。无奈之下，比舍只好把自己船上的宝石全部抛弃，驾驶着空船与满载而归的船队离开。果然，船队刚刚入海，超载的船全都沉入海底。幸好还有比舍的空船，他将500位商人全部救出。

当500位商人坐着比舍的船到达陆地后，一个神出现在海面上，将比舍抛弃的珠宝全都给了他。

比舍失而复得后十分欢喜，但他看着其他人憔悴烦恼的样子，于心不忍，于是又把自己失而复得的珠宝与众人平分。

商人们想获得更多，不懂放弃，反而全都失去了。很多时候，只有放弃眼前利益，才能获得长远大利，要想有所得，就要学会放弃。为了更好的明天，就要放弃眼前的小利，勇于舍弃的人是智慧的人。

“鱼，我所欲也；熊掌，亦我所欲也，二者不可得兼，舍鱼而取熊掌者也。”生活于人世间，我们必须学会放弃。人的一生很短暂，精力有限，不可能方方面面都顾及，而世界上又有那么多炫目的精彩，这时候，放弃就成了一种大智慧。放弃，并不意味着失败，如果想鱼和熊掌兼得，最后，恐怕连鱼也得不到。

从前，摩罗国的一位富翁得了重病，将不久于人世。临终前，他把两个儿子叫到床前，嘱咐他们要好好平分他的遗产。话未说完，富翁就去世了。

面对着万贯家财，兄弟二人在贪念的诱惑下开始争夺，但无论采取什么方法分配遗产，都不能令双方满意。于是，一位老人建议，无论什么东西都从中间平分就能平均了。兄弟二人接受了这个建议，于是迫不及待地将所有东西都从中间小心谨慎地分成两半。

转眼间，他们的万贯家财，就变成了一堆堆一文不值的破烂。

兄弟二人困于钱财，被财物耍得团团转，最后还是失了钱财。如果二人懂得舍弃一些东西，也许结局就不会这样。

其实，放弃是另一种获得。要想采一束清新的山花，就得放弃城市的舒适；要想做一名登山健儿，就得放弃娇嫩白净的肌肤；要想穿越沙漠，就得放弃咖啡和可乐；要想获得掌声，就得放弃眼前的虚荣。梅与菊放弃安逸和舒适，才能得到笑傲霜雪的艳丽；大地放弃绚丽斑斓的黄昏，才会迎来旭日东升的曙光；放弃春天芳香四溢的花朵，才能走进硕果累累的金秋；船舶放弃安全的港湾，才能在深海中收获满船鱼虾。

很多时候，我们之所以举步维艰，是因为背负太重，之所以背负太重，是因为没有学会放弃。放弃对金钱无止境的渴求，得到的是安心和快乐；在仕途中，放弃对权力的追逐，随遇而安，得到的是宁静与淡泊。放弃了烦恼，便与快乐结缘；放弃了利益，便步入超然的境地。

在现代社会中，随着物质的丰富，人们面临的诱惑也越来越多，于是每个人都身不由己地变得贪心。追求越多，失望也越深，什么都想要的结果往往是一无所有。保持头脑的清醒，越是身陷嘈杂越要守住简单，做好取舍，才能收获更大的幸福。

舍一分利心，得一份简约

有些人在活着的时候对名利和财富异常重视，到死都不肯放手，但在死后，这些名利钱财都不再属于他们，活着的时候吝啬物质上的付出，就显得毫无意义。当然，这并不意味着人们都要把千金散尽，而是人们对待财物的态度应当保持自然，不要太吝啬。适度的物质享受是合理的，一旦过度就成了奢侈；而死死攥住手里的钱，自己不肯用，更不肯施与他人，更是大错特错。

人从出生到死亡，不过是“赤条条来去无牵挂”，在生命的过程中，如果只想着做一个守财奴，那么赚再多的钱也没有意义。这些钱在我们生时，是束缚的枷锁，在我们死后不知又将成了谁的枷锁，不如舍去，换取更多的温暖。那些用了的钱财，才是自己的。

金钱和财富很美好，常令人们对其趋之若鹜，不遗余力地追求。但金钱不是万能的，财富也未必总能令人快乐，只有超越其存在，才能享受生活。佛家告诉世人，真正的金钱观，是对金钱等物质上的东西喜于接受，也喜于付出。

有位信徒对默仙禅师说：“我的妻子贪婪而且吝啬，对于做好事行善，连一点儿钱财也不舍得，你能到我家里来，向我妻子开示，使她能行些善事吗？”

默仙禅师是个痛快人，听完信徒的话，毫不犹豫地答应下来。

当默仙禅师到达那位信徒的家里时，信徒的妻子出来迎接，却连一杯水都舍不得端出来给禅师喝。于是，禅师握着一个拳头说：“夫人，你看我的手天天都是这样的，你觉得怎么样呢？”

信徒的妻子说：“如果手天天是这个样子，这是有毛病，畸形啊！”

默仙禅师说：“对，这样子是畸形。”

接着，默仙禅师把手伸展开，并问："假如天天这个样子呢？"

信徒的妻子说："这样子也是畸形啊！"

默仙禅师立即趁机说："夫人，不错，这些都是畸形，对钱只知贪取，不知布施，是畸形；只知道花用，不知道储蓄，也是畸形。钱要流通，要能进能出，要量入而出。"信徒的妻子此时终于顿悟了。

握着拳头暗示过于吝啬，张开手掌则暗示过于慷慨，信徒的妻子在默仙禅师这样的比喻中，对为人处世、经济观念、用财之道，都豁然领悟了。

有的人过于贪财，有的人过分施舍，这都不是禅道里所讲的财富观。我们应该知道喜舍结缘是发财顺利的原因，因为不播种就不会有收成。布施应该在不自苦、不自恼的情形下去做，在自己力所能及的情况下帮助别人，否则，就不是纯粹的施舍。

在现代社会，许多有钱人都乐善好施，对金钱可以慷慨解囊。他们认为，钱财并不总是给他们快乐，而散财、做慈善事业，反而让他们找回了幸福感，这是一种正确的财富观和布施方式。

对于普通的人来讲，虽然没有大笔的财富，但也不必为了金钱而变得锱铢必较。钱财是为了让自己的日子越过越好，而不是让自己变得越来越提心吊胆，或者终日汲汲而求。

那些被我们牢牢攥在掌心的财富，原本就不可能永远为我们所有。在这个世界上，只有被自己用出去的钱财才是自己的。多布施一分钱财，就多舍去一分贪心，多收获一分善缘；多清空一分财富带来的负担，就多得到一分简单生活的真谛。

布衣桑饭，知足就能开心

《金刚经》有文："法尚应舍，何况非法。"这种大彻大悟很难有人做到，舍也好，得也罢，最高境界恐怕不是在权衡各种利弊得失之后做出的判断，而是在看淡了名利，看淡了自己，看淡了世间一切“法”之后，一种随意的“舍”。

我们常人也许很难达到这种境界，但最起码应当学会舍，舍弃生命中多余的欲望，知足常乐。孟子说：“养心莫善于寡欲；其为人也寡欲，虽有不存焉者，寡矣;其为人也多欲，虽有存焉者，寡矣。”这说的就是“知足常乐”的道理。

对于一个不知足的人来说，天下没有一把椅子是舒服的，没有一块美玉是纯洁无瑕的。古人“布衣桑饭，可乐终身”，一个不懂得知足的人，即使拥有荣华富贵，也摆脱不了愁苦。

虽然谁都有些需求与欲望，但这要与自身的能力及社会条件相符。每个人的生活都有欢乐，也有失缺，不能搞攀比，俗话说“人比人，气死人”，面对他人的优越，要有恰当的心理调适。心理调适的最好办法就是让自己始终抱着知足常乐的观念，“知足”便不会有非分之想，“常乐”便能保持心理平衡，不掉进贪欲的牢笼，不得解脱，既看不到眼前的幸福，也看不见生活未来的方向。

从前在普陀山下有位樵夫，以打柴为生，他整日早出晚归，风餐露宿，但仍然常常揭不开锅。于是，他老婆天天到佛前烧香，祈求佛祖慈悲，让他们脱离苦海。

苍天有眼，大运降临。有一天樵夫突然在大树底下挖出一个金罗汉，转眼间他就成了富翁！于是他买房置地，宴请宾朋，而亲朋好友都像是一下子从地下冒出来似的，纷纷赶来向他表示祝贺。

按理说樵夫应该非常满足了，可他只高兴了一阵子，就又犯起愁来，吃睡不香，坐卧不安。他老婆看在眼里，不禁上前劝道：“现在吃穿不缺，又有良田美宅，你为什么还发愁呢？就是贼偷，一时半会儿也偷不完啊。你这个丧气鬼！天生受穷的命。”

樵夫听到这里，不耐烦地说：“你妇道人家懂得什么，怕人偷只不过是小事，关键是十八罗汉我才得到其中一个，其他十七个我还不知道它们埋在哪里呢，我怎么能安心呢？”说完便瘫软在床上。樵夫整日愁眉不展，落得疾病缠身，最终离幸福和健康越来越远。

樵夫的不幸在于不知足，太过贪婪。很多人认为，只有不知足才能不断进取，才能不断拥有。其实不然，世间有很多东西是我们倾尽一生努力也无法得到的。明知不可得，却听从欲望魔鬼的引诱，在一次次徒劳的努力中耗尽心神，尝尽失望的苦酒，最终又怎能得到快乐呢？不知足，是因为得到的不再觉得珍贵，而认为不曾拥有的才是最好的。

知足常乐是以发展的眼光看待事物，不是安于现状的骄傲自满。《大学》曰：“止于至善。”就是说人应该懂得如何努力而达到最理想的境界，懂得自己处于什么位置是最好的。知足常乐，知前乐后，也是透析自我、定位自我、放松自我。这样才不至于好高骛远，迷失方向，最终碌碌无为。

生活的本质是简单，身外再多的繁华，最终也会褪尽，只有简单永恒不变。知足意味着看透身外之物的清醒，意味着对简单生活的认同。我们应该明白：布衣桑饭，知足就能开心。

舍了就是得了

佛曰：舍得，舍得，有舍才有得。世界由阴与阳构成，万事万物皆在舍与得之中成就自身，并达到和谐统一的最高境界。欲望是人的本性，人在世间活着，其实就是一舍一得的过程，不会舍弃，也就不能体会到获得的欢欣。

人生总是有失有得，在得到的时候会失去，失去的同时也会得到。如果我们在该舍弃时不愿放手，最终往往会失去更多。在得失中做出了选择，就不要后悔，尽管大踏步地向前走。著名的南隐禅师说过，不能学会适当放弃的人，将永远背着沉重的负担。懂得用心取舍的人，才能找到最适合自己的，从而获得心理上的快乐。

佛陀曾经开释过一位乞妇，教给她舍与得依依相生的道理。

乞妇是当时印度最穷的乞丐之一，因为她不但生活穷苦，甚至连心灵也很贫乏。她贪求很多东西，这使她愈发觉得自己贫困不堪。一天，她听说佛陀被须达长者请去。须达长者很富有，并且乐善好施，她决定也跟着去，因为她知道佛陀一定会将剩下的食物分给她。

她参加了供佛斋僧的典礼，然后坐在那里，一直等到佛陀看见她。佛陀转向她，问："你想要什么吗？"佛陀当然心知肚明，这么问只不过是要让她承认并亲口说出来罢了。

于是，她回答："我要食物，我要你将剩下的食物给我！"

佛陀说："可以，不过你必须先说'不要'；我给你的时候，你一定要拒绝。"佛陀将食物递给她时，她发现说"不要"非常困难，这时候她才明白，原来自己一生都没有说过"不要"！不论谁给她东西，她都说："好，我要！"因此，她觉得说"不要"太困难了，这两个字对她而言是完全陌生的。费了九牛二虎之力，她终于说出了"不要"二字，佛陀于是将食物给她。如此一来，她终于了解到自己内心真正的饥渴是想有、想要、想抓取、想占有的欲望。

先说"不要"才能得到，换句话说，要想得到，必须先舍去。佛陀用"不要"二字，让乞妇看清自己的贫穷不仅来自物质上的匮乏，更来自内心不舍的欲望。正因为人的欲望永远无法得到满足，所以我们必须学会舍弃。不舍弃，留给自己的只能是重负。舍弃，虽然意味着某种失去，意味着难言的割舍，也可能会给我们带来伤感和惆怅，但它更将带来前方路上更美的相遇，为了明天更加宝贵的撷取。

现实生活中，人为了追逐利益，满足己私，绞尽脑汁地获取好处，甚至施展欺骗和诱惑的伎俩。贪心是一个人的致命弱点，如果一个人贪心太重，任贪婪作祟，那么快乐将随之消失，疑虑和忧愁会接踵而至。

行善，正是抵制贪念的第一利器，是一个人充满爱心的具体表现，更是一个人有智慧和有责任心的表现。因为一个没有智慧和责任心的人不会想到他人需要自己的帮助，不会想到自己应该去帮助别人。行善有物质上的赠与，有知识上的教授，有道义上的支持，有心理上的安慰，还有给予他人的理解。

在行善时，不应当存有贪求福报的心，行善不但是给予他人，也是给自己一个体验——只有帮助别人才能体验到的快乐机会，这使人与人之间的关系更加紧密，使人间充满温暖。如果一个人能抱持这种善心，就会从自私和贪婪中解脱出来，享受到人生真正的快乐。

舍了就是得了，不仅自己的负累要学会舍弃，更重要的是学会将自己的善念传播给他人，将自己所拥有的施与他人。舍与得并不矛盾，而是相生相依的关系。有舍才有得，有舍必有得。

第六章

自省：明镜在心，时时拂拭

金无足赤，人无完人

朝阳升起之前，庙前山门外凝满露珠的春草里，跪着一个人："师父，请原谅我。"

他是某城风流的浪子。20年前他曾是庙里的小和尚，极得方丈宠爱。方丈将毕生所学全数教授，希望他能成为出色的佛门弟子。他却在一夜间动了凡心，偷偷下了山。色彩缤纷的城市迷住了他的眼目，从此花街柳巷，他只管放浪形骸。夜夜都是春，却夜夜不是春。20年后的一个深夜，他陡然惊醒，窗外月色如洗，澄清明澈地洒在他的掌心。他忽然忏悔了，披衣而起，快马加鞭赶往寺里。

"师父，您肯饶恕我，再收我做徒弟吗？"方丈深深厌恶他的放荡，只是摇头说："不，你罪孽深重，必堕阿鼻地狱，要想佛祖饶恕，除非连桌子也会开花。"浪子失望地离开了。

第二天早上，方丈踏进佛堂的时候，被眼前的一切惊呆了：一夜间，佛桌上开满了大簇大簇的花朵，红的，白的，每一朵都芳香逼人，佛堂里一丝风也没有，那些盛开的花朵却簌簌急摇，仿佛在焦灼地召唤着谁。方丈顿时大彻大悟，他连忙下山寻找浪子，这时却已经来不及了，心灰意冷的浪子又重新堕入他过去的荒唐生活。

而佛桌上开出的那些花朵只开放了短短的一天。是夜，方丈圆寂，临终遗言："这世上，没有什么歧途不可以回头，没有什么错误不可以改正。"

"金无足赤，人无完人。"人在这个世界上生活、工作，就难免会犯错误，错了并没有什么，而知错能改才是最重要的。当别人犯了错误的时候，要以宽容的心态来对待他们，给他们反省的机会。宽容是一种无声的教育。只有宽容待人，才能度化众生。

浪子回头金不换

弘一法师劝诫信众："人偏狭我受之以宽容，人险仄我待之以坦荡。"

或许很多人认为这是一种说教，或许很多人会对此不以为然、嗤之以鼻。然而，一个真正心胸宽广的人必定能理解这些话语，因为他领略过心如碧海的境界。那是远离愤恨、恼怒、不甘等种种负面情绪的地方，那是最接近天堂的地方，阳光、快乐、鲜花、彩霞等美好的词语纷纷涌入心间。

一个人因为犯罪而进了监狱，随着出狱日子的临近，他越来越焦躁不安。因为他害怕，他不敢回家，不敢面对妻子和儿女。他想："我的妻子见到我，会怎么样呢？她会不会愤怒地骂我呢？会不会指责我给家庭蒙羞，使亲人抬不起头呢？肯定会的！我让她一个人承受生活的重担，她一定不会原谅我了，不会再爱我了。"他不停地想，简直要绝望了。最后，他给妻子写了一封信："如果你愿意让我回家的话，就在咱家房前的树上系一条黄丝带；如果你不愿意，就不用系了。"出狱的日子到了，他忐忑不安地向家的方向走去。快走到家的时候，他远远地望见自家房前的树上系满了黄丝带，正随风飘荡，而他的妻子，正带着儿女在树下朝他微笑……

浪子回头金不换。一颗真诚向善的心，是最罕有的奇迹，就好像佛桌上开出的花朵。而让奇迹陨灭的，不是错误，而是一颗冰冷、不肯原谅、不肯相信的心。

佛门是慈悲的，之所以慈悲，是源于众生平等；只有平等，才有真正的慈悲。而人心也是善良的，在社会这个大家庭里，我们不要戴着有色眼镜看人，既要发扬善行，更要帮助走入歧途的人。浪子回头金不换，只要有心向善，就是最值得欣慰的事。只要自己觉悟到了自己的过错，就是一个善良的人，应该得到人们的宽容和谅解，更应该得到大家的关爱。

无忏悔者，不为人

世界著名的文学大师巴尔扎克说："悔和爱是两种美德。"

一个人若能为自己的过错而忏悔，则是有力量的表现，是心灵接近纯净光明的象征。

然而，在这个世界上能够真诚忏悔的人，毕竟是不多的。孔子所说的"吾日三省吾身"，虽然含有忏悔的因素，但并不是真正意义上的忏悔。佛经中讲"无忏悔者，不为人，名为畜生"，讲的正是地地道道的忏悔。宗教里，忏悔是重要的法，指明忏悔是生命之复活。

佛下山游说佛法，在一家店铺里看到一尊释迦牟尼像，青铜所铸，形体逼真，神态安然，佛大悦。若能带回寺里，开启其佛光，济世供奉，真乃一件幸事。可店铺老板要价五千两，分文不能少，加上见佛如此钟爱它，更加咬定原价不放。

佛回到寺里对众僧谈起此事，众僧很着急，问佛打算以多少钱买下它。佛说："五百两足矣。"众僧唏嘘不止："那怎么可能？"佛说："天理犹存，当有办法。万丈红尘，芸芸众生，欲壑难填，得不偿失啊！我佛慈悲，普度众生，当让他仅仅赚到这五百两！"

"怎样普度他呢？"众僧不解地问。

“让他忏悔。”佛笑答。众僧更不解了。佛说：“只管按我的吩咐去做就行了。”

第一个弟子下山去店铺里和老板砍价，弟子咬定四千五百两，未果回山。

第二天，第二个弟子下山去和老板砍价，咬定四千两不放，亦未果回山。

就这样，直到最后一个弟子在第九天下山时，所给的价已经低到了二百两。眼见着一个个买主一天天离开，价钱一个比一个给得低，老板很是着急，每一天他都后悔不如以前一天的价格将铜像卖给前一个人了。他深深地怨责自己太贪。到第十天时，他在心里说，今天若再有人来，无论给多少钱我都要立即出手。

第十天，佛亲自下山，说要出五百两买下它，老板高兴得不得了——竟然反弹到了五百两！当即出手，高兴之余另赠佛龛台一具。佛得到了那尊铜像，谢绝了龛台，单掌作揖笑曰：“苦海无边，凡事有度，一切适可而止啊！善哉，善哉……”

佛像出手后，店铺老板仔细琢磨此事的前因后果，恍然大悟，茅塞顿开，知道自己上当了，并决定将佛像再买回来。于是亲自上山要求以原来自己五百两卖出的价格再买回来，可佛见店铺老板如此心切，一开口就要价五千两，分文不能少，加上见店铺老板如此恋恋不舍，更加咬定原价不放。

店铺老板走后，佛对寺里的众僧谈起此事，众僧很着急，问佛打算以多少钱出手。佛说：“五万两尚可。”众僧唏嘘不止：“那怎么可能？”佛说：“天理犹存，当有办法。万丈红尘，芸芸众生，欲壑难填，得不偿失啊！我佛慈悲，普度众生，当让他贡献这五万两！”

“怎样普度他呢？”众僧不解地问。

“让他忏悔。”佛笑答。众僧更不解了。佛说：“只管看着我做就行了。”

第二天老板派出店里最能说会道的店小二上山去寺里和佛砍价，可佛竟咬定五万五千两，未果下山。

第三天，第二个店小二上山去和佛砍价，佛咬定六万两不放，亦未果下山。

就这样，直到最后一个店小二在第九天上山时，佛所开出的价格已经高到了二十万两。眼见着佛像的身价一天天在上涨，老板很是着急，每一天他都后悔不如以前一天的价格买了就好了，他深深地怨责自己太小气。到第十天时，他在心里说，今天无论佛出什么价格，无论卖多少钱，我都要立即出手买回来。

第十天，店铺老板亲自上山，佛说准备以五万两出售它，老板高兴得不得了——竟然下跌到了五万两！当即出手。佛望着店铺老板下山的身影，单掌作揖笑曰："欲望无边，凡事有度，一切适可而止啊！善哉，善哉……"

忏悔能战胜自己内在的敌人，打扫自己灵魂深处的污垢尘埃，减轻精神痛苦并净化自己的精神境界。

忏悔是一日三省吾身的坚毅，是放下屠刀的睿智，是与过去丑陋行为的诀别。如果一个人有了忏悔的需要，也正是因为他已然发现美好而光明的东西。

忏悔并不是一件容易的事情，因为忏悔就意味着你完全袒露你的内心，正视自己的过失，而这本身对于任何一个人而言都不是一件容易的事情，这需要很大的勇气来面对。严肃而诚挚地展示自己不为人知的瑕疵，那便是走向纯洁、神圣的必由之路。

忏悔能净化我们的灵魂，在忏悔中，我们能认识并改正已犯下的过错，在此基础上防止同样的错误再次发生，并且不断地改进并完善自身。

是的，只有会忏悔的人才能有高贵的灵魂！

给人以改过的机会

有一对令人羡慕的情侣，他们的故事让人深思，让人反省，让人无限感慨。

女人的父亲是政府官员，母亲是一家研究所卓有成就的研究员。而男人呢，是一位农民的儿子。中国农民的儿子拥有什么，谁都知道。

但是她却死心塌地地跟了他，放弃亲情和前途跟他回到了他的家乡。两个人被分配在一个乡村中学里教书。他们很满足，最重要的是，她安心现在的生活状况，两相厮守，不慕浮华。

由于他工作出色，又是县里唯一的名牌大学生，很快便在教坛上脱颖而出。短短10年内，他从教导主任、副校长、教育局副局长、局长直到县长，一帆风顺。

当县长那年，他才39岁。对于丈夫的升迁，她感到宽慰，觉得自己当年没有看错人，而他也感谢妻子在他最困难的时候给了他最需要的。但身在官场的他却常常身不由己，每天都有对付不完的应酬，好在她对此毫无怨言。

一次酒醉后，一位崇拜他已久的靓丽而年轻的女人主动向他献身。事发后，他诚惶诚恐，觉得对不起自己的妻子。但当这一切都神不知鬼不觉的时候，男人的血性便又被那个靓丽的姑娘点燃。在妻子出差的那段日子里，他默许自己与那个近乎疯狂地爱他的姑娘同床共枕。

终于，他们偷情的场面赤裸裸地暴露在了提前回家的妻子面前。妻子没有大吵大闹，而是微笑着放那个姑娘走了，并且关照她不必太紧张，说着还帮那个吓得花容失色的姑娘理好零乱的衣裙。

偷情的姑娘走了，她却沉默了，从此不再单独和他说一句话。只有当他的下属来时，或是儿子在家时，她才会和他说话，而且显出十分恩爱的样子。别人一走，她就又变成了“哑巴”。其实他挺后悔的。他知道自己之所以能有今天，妻子的爱是最重要的条件之一。他是爱她的，他为自己的行为感到羞耻，他跪在她的面前向她忏悔，请求她饶恕。他这样努力地坚持了12年。12年中，他为此熬白了头发，生理机能也发生了改变，但是无论如何，妻子就是不说话。

12年后的一天，妻子第一次主动开口和他说话，她说：“我患了乳腺癌，医生说现在部分癌细胞已经扩散，我时日不长了。”他听完，泪如雨下，他抱住她一遍遍地问：“为什么不早告诉我，咱们可以找最好的医院去治呀！”

他把妻子送到了医院，但一切都已为时太晚。妻子弥留之际，对他说：“现在，我承认我错了，这些年，我不应该这样对你。我死以后，你就再找一个合适的女人，一起过吧。”男人号啕大哭。

女人死后三个月，男人也去世了。他患的是胃癌，一年前的一次体检中发现的，但他也没有告诉她。他临死前对儿子说了一句让儿子莫名其妙的话：“你妈妈原谅我了，我死而无憾。”后来，他们的一位医学专家朋友对他们的儿子说：“你爸爸和你妈妈的病，都是因心情长期抑郁造成的。假如你妈妈早一点儿表现出她的宽容，事情也许完全是另一种结果……”

妻子惩罚了丈夫，却以失去自己的幸福和生命为代价。从妻子 12 年的沉默中，我们能感觉到她的心在滴血。她受的伤害的确是深重的，她要让丈夫也承受同样的伤痛。而当她醒悟时，生命已不再等待。

不要迷失内心的方向

在一个小城镇里，少年约翰和汉斯因为偷羊被捉，依照当地的风俗，必须在额头上烙上英文字母“ST”（Sheep Thief，偷羊者的意思）。

汉斯觉得这是莫大的羞辱，就独自到远方流浪。但是，常有人问他额头上的字是什么意思。他整天痛苦不堪，最后抑郁而终。

约翰则坚持留在当地，勇敢去面对家乡的父老，以具体的行动，证明他的改变。一年又一年过去了，约翰又重新在当地树立起良好的声誉。当他年老时，一个过路的旅客好奇地问当地人，这人额头上的字母是什么意思？

“哦！我也不太清楚，那可能是圣徒（Saint）的缩写吧！”当地人骄傲地回答。

当你的内心迷失了方向，或者已经沉睡，那就赶紧唤醒它。如果因为没有唤醒而犯了错误，就要认真地面对，重新站起来，向前去，而不是永远懊悔过去。天是心中那片天，神是心中那尊神。心中有原则，做事就不会为得失所迷，心情就不会为得失所累。为人处世要对得起自己的良心，不要让灵魂受审判。

良知有时需要人唤醒

时刻反省自己的良知，用自己的良知与处世标准进行自我约束和管理，才能减少过失，无愧于心。自我约束是减少犯错最有力的道德力量，因为一个人做了违背道德信义的事，首先会受到来自内心的惩罚。而正直和诚实就是一个人的良知，是一个人心中的审判官。

唐玄宗开元年间，有位梦窗禅师，他德高望重，既是有名的禅师，也是当朝国师。

有一次他搭船渡河，渡船刚要离岸，这时从远处来了一位骑马佩刀的大将军，大声喊道：“等一等，等一等，载我过去！”他一边说一边把马拴在岸边，拿了鞭子朝水边走来。

船上的人纷纷说道：“船已开行，不能回头了，干脆让他等下一班吧！”船夫也大声回答他：“请等下一班吧！”将军非常失望，急得在水边团团转。

这时坐在船头的梦窗国师对船夫说道：“船家，这船离岸还没有多远，你就行个方便，掉过船头载他过河吧！”船夫看到是一位气度不凡的出家师父开口求情，只好把船撑了回去，让那位将军上了船。

将军上船以后就四处寻找座位，无奈座位已满，这时他看见坐在船头的梦窗国师，于是拿起鞭子就打，嘴里还粗野地骂道：“老和尚！走开点，快把座位让给我！难道你没看见本大爷上船？”没想到这一鞭子正好打在梦窗国师头上，鲜血顺着脸颊汩汩地流了下来，国师一言不发地把座位让给了那位蛮横的将军。

这一切，大家都看在眼里，心里既害怕将军的蛮横，又为国师的遭遇感到不平，纷纷窃窃私语：将军真是忘恩负义，禅师请求船夫回去载他，他还抢禅师的位子，并且打了他。将军从大家的议论中，似乎明白了什么。他心里非常惭愧，不免心生悔意，但身为将军却拉不下脸面，不好意思认错。

不一会儿，船到了对岸，大家都下了船。梦窗国师默默地走到水边，慢慢地洗掉了脸上的血污。那位将军再也忍受不住良心的谴责，上前跪在国师面前忏悔道：“禅师，我……真对不起！”梦窗国师心平气和地对他说：“不要紧，出门在外难免心情不好。”

出门在外难免心情不好，可是生活如此复杂，有几个人能真正地去体谅别人？又有几个人来体谅你？但是，如果互不体谅，生活将会痛苦不堪，也就失去了生活的乐趣。

任何人都会犯错误，但是任何人都是有良知的，然而有些人的良知却需要别人去唤醒。生活中，让我们多一些宽容，少一些狭隘，做那个唤醒他人良知的人。

常忏悔，常进步

1936年的正月，弘一法师去南普陀寺养病。大家来探望法师时，注意到床头有一只钟，比其他的钟总要慢两刻，有人关切地说：“法师，这只钟不准，重新调一调吧。”法师微笑着说：“这是草庵钟。”

难道天下的钟表还有什么不同么？大家看着这个“草庵钟”感到十分困惑。原来，弘一法师曾大病了一场，在草庵住了一个多月。这只摆在床头的钟，就是以草庵的钟为标准的。而草庵的钟，总比一般的钟要慢两刻。

后来法师虽然搬到南普陀来养病，但是并没有把钟表调快，还是比正常的钟慢两刻，所以法师专门把这只钟命名为“草庵钟”。每次法师看到这个钟，就会想起在草庵生大病的情形了，于是发大惭愧，惭愧自己德薄业重。

在佛教徒看来，生病是积德少、恶业重的表现。即使是严格持戒如弘一法师，也会认为自己做得不好，心生惭愧。可见，人人都会犯错误，只是有人犯的多，有人犯的少。

弘一法师不止一次对生活中的过失表示惭愧，在南普陀养正院的演讲中，弘一法师说：

“如是在泉州住了两个月以后，又到惠安到厦门到漳州；除了利养，还是名闻，除了名闻，还是利养。日常生活，总不在名闻利养之外，虽在瑞竹岩住了两个月，稍少闲静，但是不久，又到祈保亭冒充善知识，受了许多的善男信女的礼拜供养，可以说是惭愧已极了。

“九月又到安海，住了一个月，十分的热闹。近来再到泉州，虽然时常起一种恐惧厌离的心，但是仍不免向这一条名闻利养的路上前进。可是近来也有件可庆幸的事，因为我近来得到永春十五岁小孩子的一封信。他劝我以后不可常常宴会，要养静用功；信中又说起他近来的生活，如吟诗、赏月、看花、静坐等，洋洋千言的一封信。啊！他是一个十五岁的小孩子，竟有如此高尚的思想，正当的见解；我看到他这一封信，真是惭愧万分了。我自从得到他的信以后，就以十分坚决的心，谢绝宴会，虽然得罪了别人，也不管他，这个也可算是近来一件可庆幸的事了。”

这是多么严苛的自责与自省。世人掩饰自己的错误还来不及，有谁能这么坦诚地面对自己，甚至敢当着自己的学生、后辈们真诚地忏悔？更可贵的是，年过半百的法师，竟会听取一位十五岁少年的意见，虚心改过，使自己的修行日臻圆满。

常惭愧、常反省，才能常进步。弘一法师能在佛学的路上越走越远、修为越来越深，与其虚心的品格是分不开的。

可见，胸怀一颗时时自省、时时惭愧的心，就如同点亮了一盏警示灯，能够时刻保证我们人生航路的平稳安全。不要觉得麻烦，不要觉得不好意思，有错误就反省，有失误就弥补，这是学佛者的佛道，也是为人者的人道。

适时宽恕自己

有一天，上帝来到人间，遇到一个智者，正在钻研人生的问题。上帝敲了敲门，走到智者的跟前说："我也对人生感到困惑，我们能一起探讨探讨吗？"

智者毕竟是智者，他虽然没有猜到面前这个老者就是上帝，但也能猜到绝不是一般的人物。他正要问来者是谁，上帝说："我们只是探讨一些问题，完了我就走了，没有必要通报我的姓名吧。"

智者说："我越是研究，就越是觉得人类是一种奇怪的动物。他们有时候非常理智，有时候却非常不理智，而且往往在大的方面丧失了理智。"

上帝感慨地说："这个我也有同感。他们厌倦童年的美好时光，急着长大成熟，但长大了，又渴望返老还童。健康的时候，不知道珍惜健康，往往牺牲健康来换取财富，然后又牺牲财富来换取健康。他们对未来充满焦虑，却往往忽略现在，结果既没有生活在现在，又没有生活在未来之中。他们活着的时候好像永远不会死去，但死去以后又好像从没活过，还说人生如梦……"

智者感到上帝的论述非常精辟，就说："研究人生的问题，很是耗费时间的。你怎么利用时间呢？"

"是吗？我的时间是永恒的。对了，我觉得人一旦对时间有了真正透彻的理解，也就真正弄懂了人生了。因为时间包含着机遇，包含着规律，包含着人间的一切，比如，新生的生命、没落的尘埃、经验和智慧等等人生至关重要的东西。”

智者静静地听上帝说着，然后，他要求上帝对人生提出自己的忠告。

上帝从衣袖中拿出一本厚厚的书，上边却只有这么一段话：

人啊！有人会深深地爱着你，但却不知道如何表达；金钱唯一不能买到的，却是最宝贵的，那便是幸福；宽恕别人和得到别人的宽恕还是不够的，你也应当宽恕自己；你所爱的，往往是一朵玫瑰，并不是非要极力地把它的刺根除掉，你能做的最好的，就是不要被它刺伤，自己也不要伤害到心爱的人；尤其重要的是，很多事情错过了就没有了。

智者看完了这些文字，激动地说：“只有上帝，才能……”抬头一看，上帝已经消失得无影无踪了。

你不可能取悦所有的人，最重要的不是去拥有什么东西，而是去做什么样的人和拥有什么样的朋友；富有并不在于拥有最多，而在于贪欲最少；宽恕别人和得到别人的宽恕还是不够的，你也应当宽恕自己。这样，你的生活才会更加轻松、快乐。

宽容，不只是一种思想，更是一种可以践行的行为，因为它是每个人都具有的一种无限宽阔广大的“性空”本质。当我们往清净的自性回返时，学会宽容别人，学会宽容自己，给别人一个改过的机会，也给自己一个更广阔的空间！

修行

第一章

一撇一捺，一个“人”字能写多大

人生有所“止”

《诗经》中有这样一句诗：“缗蛮黄鸟，止于丘隅。”意思是“那只叽叽喳喳叫的黄鸟啊，栖息在小山丘上”。本来这是一句很普通的“起兴”，远不如“关关雎鸠，在河之洲”有美感，但是在《大学》中，孔子对这句诗情有独钟，并专门挑出来讲了一番道理：

“《诗》云：‘缗蛮黄鸟，止于丘隅。’子曰：‘于止，知其所止，可以人而不如鸟乎？’”

这里提到一个概念——“止”。

从字面上理解，止就是停止、站立的意思，宋代大儒朱熹对这个“止”字的解读是“必至于是而不迁之意”，即一个人必定要到达，并且到达之后再也不能更改的地方。

止，是《大学》的核心思想。《大学》的“大学”，并不是清华、北大这类高等教育学府，而是指做人做事的大学问。在儒家看来，这门大学问最核心的问题，就是知道自己应当止于何处，用现在的话说，就是应当有自己的人生目标。

大千世界中，并不是每个人都有自己的人生目标，做一天和尚撞一天钟的人不在少数。所以孔子说：“你看《诗》里那只叽叽喳喳的黄鸟，尚且知道要找一个小山丘作为自己安身立命的地方，现在的人却不知道给自己找一个人生目标。”

不过，在儒家的观念中，光有“止”还不够，一个人还需要知道止于何处。因为儒家思想是一种人生观、价值观、世界观，它要我们思考的是：一个有高度的人生，应当有一个怎样的目标？

这个问题的答案就是《大学》的开篇语：“大学之道，在明明德，在亲民，在止于至善。”人的一生应当有所止，止于哪里？止于至善！

儒家认为，人活一世，应该有一个至高无上的理想作为自己的目标，要把最远大的理想作为自己的人生追求。

一个人应把人生目标定得高一点，再高一点。追求吃饱穿暖，固然是一种“止”，但是对于一个人来说，还不够。苏格拉底说：“人吃饭是为了活着，但活着不是为了吃饭。”这与儒家思想异曲同工，有理想才有动力，有目标才有奋斗的方向。一个人若没有远大的理想，一生都只能是等吃、等睡、等死的“三等公民”，不可能取得多大的成就。

美国哈佛大学对一批大学毕业生进行了一次关于人生目标的调查，结果发现：27%的人，没有目标；60%的人，目标模糊；10%的人，有清晰而短期的目标；3%的人，有清晰而长远的目标。

25年后，哈佛大学再次对这批学生进行跟踪调查，结果是：

那3%的人，25年间始终朝着一个目标不断努力，几乎都成为社会成功人士、行业领袖和社会精英；那10%的人，他们的短期目标不断实现，成为各个领域中的专业人士，大都生活在社会中上层；那60%的人，过着安稳的生活，也有着稳定的工作，却没有什么特别的成绩，几乎都生活在社会的中下层；剩下27%的人，生活没有目标，并且不断抱怨他人，抱怨社会不给他们机会。

历史上伟大的人物，大都有远大的人生目标。有理想，才有奋斗的动力和坚持的勇气，才能取得更大的成就，获得更大的成功。

远大的理想不仅能够让人更加成功，还是人生境界的重要表现。一个有远大理想的人，和一个混吃等死的人，所表现出的人生境界是截然不同的。

南北朝名将宗悫还很小的时候有人问他有什么志向，小宗悫大声地回答："愿驾长风，破万里浪！"长辈们都觉得这个小孩将来肯定不简单。

比宗悫早一些的晋朝名将祖逖也是如此。

祖逖年轻的时候和好友刘琨一起在司州当秘书。当时的西晋王朝正处于"八王之乱"的前夕，贾后乱政，朝野乌烟瘴气。祖逖对这种局势充满了担忧，常常和刘琨议论国家大事到深夜。

一天半夜，祖逖睡下没多久，就听到院子里的公鸡开始打鸣了，突然心有所思，起床叫醒了刘琨，说："你听见公鸡的打鸣声没有？这可是个好声音啊！以后我们每天早上听到公鸡叫就起来练武如何？练就一身好武艺，如果将来天下乱了，我们便去杀敌报国，成就一番大事业！"

刘琨被祖逖宏大的人生理想激励得热血澎湃，当即同意了祖逖的提议，从此，每天天不亮，两人就在院子里练剑。这就是成语"闻鸡起舞"的来历。

果然，几年后，"永嘉之乱"爆发，洛阳沦陷，皇室南渡，祖逖也随之来到了江南。但是，当其他贵族都在忙着求田问舍、兼并土地的时候，祖逖毅然挥师北伐，带着几千将士连战连捷，击溃了北方的豪强石勒，收复了黄河以南的大片领土。可惜，就在渡河前夕，祖逖病危，于农历九月病死在河南雍丘，终年五十六岁。

出师未捷身先死，长使英雄泪满襟。祖逖的一生，是为理想而奋斗的一生。沉湎于声色犬马的东晋士族不理解祖逖，因为祖逖所追求的人生目标远远超过了他们的境界，祖逖的人生价值也远远高于那些腐朽的贵族。

人活一世，草木一秋。既然有幸能来这个世界走一遭，就该做出一番像样的事业，活出些精彩留给世人和后人。一个没有远大抱负、没有崇高理想的人，一辈子庸庸碌碌，一无所成，而他的人生在漫长的历史中也如电光石火般，留不下任何痕迹。

《钢铁是怎样炼成的》中主人公保尔·柯察金说过："人最宝贵的是生命，生命属于每一个人，但只有一次。人的一生应该这样来度过：当他回首往事时，不因虚度年华而悔恨，也不会因碌碌无为而羞耻。"为自己的人生找一个远大的目标，为这个目标努力奋斗，这样的人生才不算虚度。

人生的重与远

人生究竟止于何处才算"止于至善"？怎样的理想才算"远大的人生目标"？亚历山大想要征服世界的理想算不算远大？秦始皇、汉武帝想当神仙的理想算不算远大？

至少在儒家看来，这些都不算。

怎样才算？《论语》中，曾子说："士不可以不弘毅，任重而道远。仁以为己任，不亦重乎？死而后已，不亦远乎？"

曾子说，一个人要大气，要刚毅。在追求人生理想的路上，背负的东西很重，前面的路很远。

什么叫任重？曾子说，把实现"仁"的理想当作自己的人生目标，能不重吗？什么叫"道远"？这样的理想一直要坚持到死，能不远吗？所谓任重道远，指的就是背负远大的理想，至死不渝。

曾子把远大理想解释为对"仁"的追求，"仁"在儒家思想中是一个大而化之的概念，可以用来指代至高无上的美德。能够承载这样的美德的人生，自然是有重量的人生。

这让人想起了诗人韩瀚的短诗《重量》："他把带血的头颅 / 放在生命的天平上 / 让所有苟活者 / 都失去了——重量。"

究竟怎样的背负能让所有人都失去重量？是对真理的追求和对国家、

社会、人民的责任感、使命感。

在孔子和孟子的时代，国家也被称为天下，儒家思想中，士大夫以天下为己任的社会责任感占据了十分重要的位置。

孔子一生逐于鲁，被围于蒲，伐树于宋，受困于陈、蔡，颠沛于列国间，被人称为“惶惶如丧家之犬”，但是孔子从没放弃过对天下的责任。《史记》记载，孔子经过宋国的时候，在宋国国都的一棵大树下给弟子讲课，宋国大司马桓很讨厌孔子，就命人提着斧子把大树给砍倒，间接地告诉孔子，我不会让你有立足的地方。

面对桓的恐吓，孔子丝毫没有害怕，而是非常镇定地说：“天生德于予，桓魋其如予何。”这句话的意思是说：“上天生下了我，我担负着拯救天下苍生的使命，桓能把我怎么样！”

即便在最困难的时候，孔子的使命感也从来没有动摇过。据说有一次，仪的领主来见孔子，见过一面之后，仪的领主对孔子的弟子评价说：“二三子何患于丧乎？天下之无道也久矣，天将以夫子为木铎。”意思是：“你们何必怕跟着孔子没有前途呢？天下无道已经很久了，孔子就是上天派下来号令天下的那口木铎啊。”木铎就是木舌头的钟，是古代天子发布政令时用来召集老百姓的。孔子把成为“天下的木铎”作为自己的人生理想，为了恢复周礼并建立他心目中的理想国而往来奔走，不辞辛劳，此真可谓“任重而道远”。

这也是儒家文化对中国人影响最大的一点：传统文化所认可的中国人不管处于怎样的位置，都能胸怀天下，有着一颗忧国忧民的心。比如孟子就曾说过：“五百年必有王者兴，其间必有名世者。”即自己担负着平治天下，实现“王道”的使命。怕人听不明白，孟子还补了一句：“如欲平治天下，当今之世，舍我其谁也？”

正是这种“舍我其谁”的社会责任感，给人无比强大的力量，这也是中国传统知识分子的典型特征之一。每一个正统儒家知识分子心中都有着强烈的使命感和责任感，范仲淹的“先天下之忧而忧，后天下之乐而乐”和顾炎武的“天下兴亡，匹夫有责”都表达了这一思想。这种责任感推动了社会的进步，让无数人在追求理想的道路上前仆后继，死而后已，“亦余心之所善兮，虽九死其犹未悔”的屈原，更用生命践行了自己的责任感。

或许有人会说，在人人向“钱”看的今天来提倡这种社会责任感还有价值吗？这对我们的人生又有什么指导意义呢？

要知道，这种责任感是儒家思想能在中国立足千年的根基。也许，它并不能帮助我们赚钱，也不能帮助我们升职，但是，它能让我们的人生更有重量、更有境界。从功利的角度来考虑，则任不必重，以事业为己任足矣，谈什么天下？道不必远，升官发财而后已，何必要死？

但是，人活着总该有一些超越功利的追求，尤其是现在这个传统道德遭受冲击、新的道德还没有建立起来的时代，许多社会问题，归根结底都是缺乏社会责任感引起的。

面对小偷、劫匪和其他种种暴力强权，我们为什么选择沉默？不只是因为恐惧，更是因为我们缺少社会责任感，所以事不关己高高挂起。

食品安全问题频发，假冒伪劣产品屡屡曝光，从三聚氰胺到地沟油，为什么黑心商家如此丧尽天良？不只是因为利益的驱使和监管的不力，更是他们缺少社会责任感，所以才毫无愧疚地残害国民。

人活着不能没有理想，在儒家观念中，人生的终极目标应该是担负起对天下、对社会的使命与责任，我们的人生也应该如此。

固然，人应该为自己考虑，该赚的钱要赚，该升的职要升，该过的日子得过，但人生应该有更高的精神追求。我为人人，也就是人人为我，对社会保持着一份责任感、使命感，不仅是为了让我们的人生境界更高，也是为了让我们的世界更美好。

夫子有病不得医

周平王东迁之后，王室衰微，礼崩乐坏。孔子一生都在为恢复周代的礼乐文化而奋斗，但是各国诸侯都忙着抢钱、抢粮、抢地盘，对孔夫子的学说根本没有兴趣，孔子四处碰壁，在列国之间来回奔走。

有一次，孔子在路上遇见一个隐士，叫微生亩。微生亩对孔子说："孔丘啊，你这么忙忙碌碌究竟在忙什么呢？你是想讨好什么人吗？"微生亩问得很不客气，因为道家的隐士往往看不起儒家奔忙一生的人生态度。孔子的回答却很有意思、很幽默："我哪里是为了讨好什么人啊，这忙忙碌碌的人生是我的陈年老病，改不了了。"

孔子的幽默一方面是对微生亩的回应，另一方面也可以看作是自嘲。一直以来，尽管处处碰壁，但孔子从来没有放弃过对理想的追求，以至于有一次子路在外面说起孔子的时候，居然有人问："孔子？是那个'知其不可为而为之'的孔子吗？"有时候连孔子自己都觉得，自己对理想的坚持简直像是一种病。

这种病叫作"偏执症"，是一种"知其不可为而为之"的魄力，是"虽千万人吾往矣"的胆气，是不达目的誓不罢休的坚持。对理想的执着是儒家知识分子人格中很重要的一个方面。

这是一种没药医的病，只要理想没有实现，只要对人生还有信念，这种偏执就无法治愈。在中国历史上，把这种"偏执症"发挥到极致的是明朝的海瑞。

海瑞，民间称之为"海青天"，但在当时的官场上，海瑞真正的绰号是"海阎王"。因为海瑞在南平县学宫任职时铁面无私，狠抓学校纪律，学生们对他又敬又怕，于是给他起了这么个绰号。后来，海瑞升任浙江淳安县县令，不仅本人从不收受贿赂，还革除了县里所有的"灰色收入"。

由于明朝官员的待遇非常低，海瑞不得不忍受贫穷的生活，一个县太爷过得还没有一个普通的小商人滋润。据说有一次海瑞的母亲过大寿，海瑞上街买了半斤肉居然都传为奇闻，甚至传到了两江总督胡宗宪的耳朵里。

即便如此，海瑞也没有放弃自己对理想的执着。他要当一个清官，两袖清风，清清白白地做人。海瑞对这一理想的执着已经到了偏执的地步，他忍受着贫民般的生活，甚至从来没有思考过以当时的经济水平来看，自己每个月的收入是否太低。海瑞不考虑这些，因为他的脑子已经被理想所占据了。

对于这样的“病人”，究竟应该怎样评价呢？在旁人看来，他们也许是疯子，但是社会需要这样的疯子，这些疯子改变了我们的世界。

吉利集团董事长李书福也是这样一个“偏执症患者”。

1997 年李书福开始造汽车的时候，中国的汽车市场已经被大众、通用、标致、丰田这样的国际巨头所占领，根本没有国产自主品牌的立足之地。早在 1991 年的 11 月 25 日，中国仅存的国产轿车——上海牌轿车就宣告停产。在此之前，国人曾经引以为傲的红旗轿车也已经停产。至此，1949 年后出现的两大轿车品牌均告消亡。

在这样的环境下，李书福不顾亲友反对，决意投资 5 亿元进军汽车行业，并抛出一句“汽车不过就是四个轮子加两张沙发”的疯话。然而，这种疯狂的背后是李书福的魄力和胆气。

造汽车，资金是前提。李书福不是金融家，没有金融领域赚来的大把的钱作支持。他手里有的，只是从实业上赚来的几个亿而已，而且他也没有高层关系，不能把吉利集团做成国家的试点。当今天吉利成为一个拥有好几款车型的高速成长的汽车公司的时候，我们很难想象，吉利第一款汽车的设计师竟然是吉利的钣金工。让钣金工做一辆汽车的设计师多少有些寒酸，不过对于李书福和当时的吉利来说，也只能这样了。

从钣金工开始造车，这就是吉利的现实。在吉利引以为豪的创业史中，无处不鲜明地体现着吉利的艰难。在如此艰难的环境中一路打拼到现在，这就是李书福的毅力。

人活着得有点追求，但为了理想而拼搏不是一件容易的事情，需要魄力，需要胆气，更需要毅力，只有近乎疯狂的偏执，才能成就成功的人生。

有才无德不足观

西周礼法制度的创始人周公姬旦一直是孔子的偶像，孔子对他的崇拜甚至到了经常梦见他的地步。有一回，孔子还感叹道：“哎，我好久没有梦到周公了呀。”

尽管孔子如此敬仰周公，他仍说：“如有周公之才之美，使骄且吝，其余不足观也已。”意思是，即使有周公那样的才能和那样美好的资质，只要骄傲吝啬，其余的一切也都不值一提了。

这其中，才能和资质属于才的方面，骄傲和吝啬属于德的方面。也就是说，如果一个人才高八斗而德行不好，那么圣人也是不屑于关注他的，只有德才兼备的人才是真正的人才。如果二者不可兼得，那么德是熊掌才是鱼，孟子舍鱼而取熊掌，明智的人舍才而取德。

有一位老锁匠一生修锁无数，技艺高超，收费合理，深受人们敬重。老锁匠的年纪渐渐大了，为了不让自己的技艺失传，他决定为自己物色一个接班人。最后老锁匠挑中了两个年轻人，准备将一身技艺传给他们其中一个。一段时间以后，两个年轻人都学会了不少东西，但两个人中只有一个能得到真传，老锁匠决定对他们进行一次测试。

老锁匠准备了两个保险柜，分别放在两个房间里，让两个徒弟去开，谁花的时间短谁就是胜者。结果大徒弟只用了不到十分钟就打开了保险柜，而二徒弟却用了半个小时，众人都认为大徒弟必胜无疑。

老锁匠问大徒弟："保险柜里有什么？"大徒弟眼中放出了光亮："师傅，里面有很多钱，全是百元大钞。"老锁匠又问二徒弟同样的问题，二徒弟支吾了半天说："师傅，我没看见里面有什么，您只让我打开锁，我就打开了锁。"

老锁匠十分高兴，郑重宣布二徒弟为他的正式接班人。大徒弟不服，众人也不解，都来询问老锁匠，老锁匠微微一笑说："不管干什么行业，都要讲一个'信'字，尤其是我们这一行，更要有很高的职业道德。我收徒弟是要把他培养成一个高超的锁匠，他必须做到心中只有锁而无其他，对钱财视而不见。否则，心存私念，稍有贪心，打开保险柜取钱易如反掌，最终只会害人害己。我们修锁的人，每个人心上都要有一把不能打开的锁才行。"

老锁匠的话耐人寻味，他把道德作为选择接班人的最终标准，所以二徒弟虽比大徒弟才能差一些，但因为品德良好而被师傅选为接班人。可见，德才兼备的人最为珍贵，当两者失衡时，品德就要重于才能了。

在儒家的理念当中，"道"一直是一个重要的方面，孔子曾经说："骥不称其力，称其德也。"就是说："对于千里马，不称赞它的力气，要称赞它的品质。"重视品质超过重视才能，这是儒家的人才思想，也是中国人一直以来的人才观。一个能力再出众的人，如果品行不过关，那么在中国也很难吃得开。

深受儒家思想影响的新加坡前总理李光耀在全面总结儒家学说的基础上指出，儒家思想的核心是"忠、孝、仁、爱、礼、义、廉、耻"，并以这八种德行作为新加坡政府的"治国之纲"和新加坡每一位公民都必须具有的道德品质，他的这一举动在新加坡得到极大的认同。

我们的确可以看到这样一种现象：一个品质不好、能力差的人，他对别人和社会的危害不会太大；但是一个能力非常强、智商非常高的人，如果品德败坏、野心很大，那他造成的危害可能更大，比如南宋奸相贾似道。

历史上的贾似道可不光会斗蛐蛐，处理政事的能力也非常强，这使得他在人才凋敝的南宋末年得到重用，最后坐上宰相的位置。然而，这个能力出众的贾似道也成了史上著名的奸臣，断送了南宋江山。如果贾似道只是一个无能的纨绔子弟，就算他再坏，也无法对国家和民族造成太大的影响。

反之，一个品行很好的人，即使能力差了点，只要虚心好学，努力提高自己的能力，也会逐渐进步，把事情做得很好。当然，需要特别注意的是，我们不能因此走向另一个极端，忽略人的能力，不尊重知识，不尊重人才。毕竟，德行是行走人生的前提，才能是创造美好人生的手段，有才无德的人是坏人，有德无才的人是废物，坏人是不好，但废物也好不到哪里去。

那“仁”却在灯火阑珊处

所谓“仁义礼智信”,“仁”居其首,可以说,在中国传统的道德体系中，“仁”占据了重要的地位。那么，究竟什么样才叫“仁”呢?

儒家亚圣孟子有一句很著名的话，叫作“仁者爱人”。这句话最早出自孔子之口 :“樊迟问仁，子曰‘爱人’。”简简单单的两个字，道出了仁的本质，仁就是爱人。

《论语·乡党》记载了孔子生活的一些小片段，其中有这样一个小故事 :“厩焚，子退朝，曰 :‘伤人乎?’不问马。”有一次，孔子退朝回家，发现家里的马厩失火了，孔子首先问的是 :“有人受伤了吗?”并没有去问马的事情。

有人说这件事很普通，但这就是“仁者爱人”的体现。而且，在孔子的时代，除了少数贵族之外，有一些人的地位还不如牛马这些“贵重财物”，孔子能够在这种情况下关心人的生命，其“爱人之心”可见一斑。一个蔑视生命，在他人的生死面前无动于衷的人，无论如何都算不上“仁”。

当然，在“仁”的思想中，爱人不仅仅是尊重他人的生命，更体现在我们生活的每一个细节中。

《论语》中还记载了孔子生活中的另一个小故事。师冕见，及阶，子曰 :“阶也。”及席，子曰 :“席也。”皆坐，子告之曰 :“某在斯，某在斯。”师冕出，子张问曰 :“与师言之，道与？”子曰 :“然。固相师之道也。”师冕是个盲人，在春秋时代，被称为“师”的人往往是乐师，通常都是盲人。孔子和师冕会面的时候，到了台阶前，孔子就跟师冕说 :“前面有台阶。”到了座位前，孔子就说 :“前面有席子。”等大家都坐下之后，孔子一一告诉师冕 :“某某坐在某个位置。”

为什么孔子要这么做？因为师冕是盲人，什么都看不见，孔子一句小小的提醒对师冕来说却是巨大的帮助。所谓爱人，就是从这样的生活小细节中体现出来的。

其实，要做到爱人是一件非常容易的事情，有时候只是举手之劳。

有一篇文章是关于电梯的，文中讨论为什么电梯里面要装一面镜子。这个细节相信很多坐电梯的人都遇到过，有些人可能还会抱怨电梯里的镜子，觉得挺吓人的。

但是，当坐轮椅的残疾人乘电梯的时候，通过镜子，他不用掉转轮椅就可以知道电梯到了第几层，这就是电梯中镜子的用途之一。

只是一面小小的镜子，却也体现出对人的关爱，这就是“仁”。

曾子曾经评价孔子说 :“夫子之道，忠恕而已。”意思是说孔子一生的学问，归结起来就是两个字，一个是“忠”，一个是“恕”。忠指的是忠诚、孝悌、信用等，恕指的就是一个“仁”字。

什么叫恕？用孔子自己的话说，就是八个字:“己所不欲，勿施于人。”自己不想要的东西，就不要强加在别人身上。什么是“仁”？这就是爱人。我们谁都不愿意无端失去生命，所以也该尊重别人的生命 ；我们谁都不希望在自己落难的时候被别人落井下石，所以遇到有困难的人也该帮他一把 ；我们谁都不希望自己的缺陷被人嘲笑，所以也该尊重别人的人格尊严。

“仁”在儒家理想中是一种至高无上的美德，同时也是一种贴近人心的美德，每个人都可以做到。我们需要做的，只是多为别人着想，将心比心，在生活的细节当中，体现对他人的爱心。

拯救生命这样的壮举不是每个人都能做到的，但是碰到一个盲人为他指路这样的举手之劳，对我们来说，又有何难呢？

孔子说：“仁远乎哉？我欲仁，斯仁至矣。”意思是说：“仁德难道离我们很远吗？我想要仁，仁就会来到了。”

千古一辩义与利

《孟子》一书的开篇是梁惠王与孟子的一番对话。梁惠王开场就是：“你大老远跑过来，是有什么利益要给我吗？”孟子一听，说：“我没带什么利益，我只带了仁义过来。大王为什么开口闭口都是利益，利益是个好东西吗？利益不是个好东西，你为什么不去追求仁义呢？”

类似的对话在《孟子》一书中出现了好几次，基本表达了孟子的观点：利和义相比，义更重要。

什么是义？这是孟子思想中的一个核心概念，简而言之，就是在“仁”的思想指导下做该做的事情，义是仁的外化。在孟子看来，义比生命还重要，更何况是利呢？

义比利重要，是中国人的一个基本道德标准，如果人人舍义而逐利，那么整个社会就会变成冷血的丛林。

李白有诗曰：“安能摧眉折腰事权贵，使我不得开心颜。”正是这些舍利而取义的人，为中国历史画下了浓墨重彩的一笔。其中最著名的，莫过于“采菊东篱下”的陶渊明。

在晋安帝义熙即位的那年夏天，陶渊明被任命为彭泽县县令。他上任不到3个月便接到上级官员送来的一封公函。公函上说，郡里有个官员要来彭泽县检查公务，文中暗示陶渊明放聪明些，小心谨慎地伺候。

陶渊明一向正直，一生办事公道，从不阿谀奉承。接到公函后，他感到很纳闷，猜不透文中的深层含义，便叫县衙里的师爷来给他解释一下。

师爷看完之后，心领神会，说："历任的县太爷为迎接上级官员，都要好生准备，恭恭敬敬地到路边迎候，安排欢迎仪式，为的是讨得他们的欢心。"

"讨得他们的欢心又如何？"陶渊明问。

"啊，这您还不懂？要是讨得这些官老爷的欢心，那升官发财之路就光明了。否则，恐怕连您头上的这顶乌纱帽也保不住。大人，您可千万别马虎啊！"陶渊明听到这里，拍案而起，愤怒地说："岂有此理，怎能为这五斗米的官俸向乡里小人折腰！这官，我不做了！"

说完，陶渊明脱下官服，交出官印，毅然回家耕田去了。

陶渊明自然是孟子"利和义相比义更重要"的践行者。不过，对于利的问题，也不可以走极端，不能把利当作洪水猛兽，碰都不敢碰。

义，固然重要，但难道就不能提利了吗？讲得明白些，就是人生在世，怎能不讲利？人类文化思想包含了政治、经济、军事，乃至人生的艺术、生活等，都以求利为目的。人类第一次爬下大树，第一次直立行走，第一次使用工具不都是为了求利吗？

义是必需的，这是人类社会得以稳定的基础，也是个人为人处世的根本；但利也是必不可少的，利是人类社会发展的动力，也是人生存下去的根本。

即便是陶渊明，当官的初衷也是逐利。在《归去来兮辞序》中，陶渊明就把自己当官的目的说得很明确："余家贫，耕植不足以自给。幼稚盈室，瓶无储粟，生生所资，未见其术。亲故多劝余为长吏，脱然有怀，求之靡途。会有四方之事，诸侯以惠爱为德，家叔以余贫苦，遂见用于小邑。”这段话的意思概括起来就是：“我穷，没办法，于是走了叔叔的后门，去彭泽县当了官。”

陶渊明和普通人一样，为了生计难免要逐利，但陶渊明和普通人最大的区别在于，当义和利发生冲突的时候，他毅然选择了义。陶渊明晚年时十分贫穷，但他再也没有提过当官的事情，因为这和他“不为五斗米折腰”的义是相冲突的。

儒家思想的核心是“内圣外王”，即注重个人的修养，力求人人皆为尧舜，明代李贽在《与庄纯夫书》中写道：“孝友忠信，损己利人，胜似今世称学道者。”但有时，一味放弃自己应得的利，处处宽容退让，只会助长小人的贪婪。鲁迅先生曾说：“道德这事，必须普遍，人人应做，人人能行，又于自他两利，才有存在的价值。”在义的前提下追求自己应得的利，是正常且正当的，正所谓“君子爱财，取之有道”。

利，我所欲也，义，亦我所欲也，只有当二者不可兼得的时候，我们才应该舍利取义。若是能在符合义的情况下又能得利，何乐而不为呢？

今天你诚信了吗

中国一向以礼仪之邦自居，如今却正面临着诚信缺失的问题。我们不禁要问，如今诚信的缺失究竟是谁之过？

信，是儒家传统伦理准则之一，在孔子看来，信是一个人立身处世的基点。一个人如果没有诚信，就等于失去了做人的基本条件。孔子把“信”列为对学生进行教育的“四大科目”（言、行、忠、信）和“五大规范”（恭、宽、信、敏、惠）之一，强调要“言而有信”，认为只有信，才能得到他人的信任（信则人任焉）。孔子打过一个比方：“人而无信，不知其可也。大车无輗，小车无軏，其何以行之哉？”輗和軏都是古代马车上重要的部件，这句话套用现代社会中常见的事物来说是，人如果不讲信用，就像轿车没有油门，卡车没有刹车。没有油门和刹车的车无法上路，没有诚信的人也无法立身处世。

唐朝元和年间，东都留守名叫吕元应。他酷爱下棋，养有一批下棋的食客。吕元应与食客下棋，谁如果赢了他一盘，出入可配备车马；如赢两盘，可携儿带女来门下投宿就食。

一日，吕元应在庭院的石桌旁与食客下棋。正在激战之际，卫士送来一摞公文，要吕元应立即处理。吕元应便拿起笔开始批复，下棋的食客见他低头批文，认为他不会注意棋局，便迅速地偷换了一子。哪知，食客的这个小动作，吕元应看得一清二楚。他批复完公文后，不动声色地继续与食客下棋，食客最后胜了这盘棋。食客回房后，心里一阵欢喜，盼望着吕元应提高自己的待遇。

第二天，吕元应带来许多礼品，请这位食客另投门第。其他食客不明所以，很是诧异。十几年后，吕元应弥留之际，他把儿子、侄子叫到身边，谈起那次下棋的事，说："他偷换了一个棋子，我倒不介意，但由此可见他心迹卑下，不可深交。你们一定要记住这些，交朋友要慎重。"

吕元应凭多年的人生经验，深觉一个不讲信用的人绝对不能深入交往。当代也有一个关于诚信的小故事，一个留学生在餐馆里刷盘子，按规定要刷六遍，他只刷五遍，还谎称自己就是刷了六遍。这件事被揭穿之后，他因为不诚信被解雇了。接着，房东听说了他的不诚信记录，拒绝把房子再租给他。学校听说了这件事，把他劝退了。他去找工作，也没有公司愿意聘用他。这个留学生无奈之余，只能回国。

中国是讲求诚信的国家，自古以来，诚信二字都深深地烙在每个中国人心里。父母教育儿女的时候，也从诚信教育入手。

为人所熟知的"曾子杀猪"就是一个很好的例子。曾子是孔子的学生，一次，曾子的妻子准备去赶集，由于孩子哭闹不已，曾子的妻子许诺孩子说，回来后杀猪给他吃。曾子的妻子从集市回来后，曾子便捉猪来杀，妻子阻止说："我不过是跟孩子闹着玩的。"曾子严肃起来，说："和孩子是不可以说着玩的。小孩子不懂事，凡事都跟着父母学，听父母的教导。现在你哄骗他，就是教孩子骗人啊。”曾子深深懂得，诚实守信、说话算话是做人的基本准则。若失言不杀猪，那么家中的猪保住了，却失掉了孩童诚实守信的赤子之心。

有人说，诚信的缺失是因为市场经济条件下人心浮躁了，殊不知，市场经济本身就是一种诚信经济，诚信是市场经济的基石。在病态的社会风气下，不诚信的行为确实可以带来短暂的收益。选择撒谎似乎成了每个人的最优策略，有些人热衷于作假，有些人不得不作假，于是，诚信逐渐被人们遗忘了。但是，不诚信摧毁的是市场环境、政治环境、社会环境和一个民族的道德体系，最终受害的是社会中的每一个人。

《管子·枢言》写道：“诚信者，天下之结也。”诚实守信是中华民族的传统美德。千百年来，这一美德伴随着一代代中国人走过沧海桑田，历经风雪磨砺，最终沉淀为民族的精髓，它不应该毁在现代人的手里。

圣人之德，凡人之德

在孟子生活的时代，有一个品德高尚的人，叫陈仲子。

陈仲子出身齐国的贵族世家，他哥哥陈戴在盖邑的俸禄有几万石之多。可他认为哥哥的俸禄是不义之财而不去吃，认为哥哥的住房是不义之产而不去住，避开哥哥，离开母亲，住在於陵这个地方。一天他回家时，正好看到有人送给他哥哥一只鹅，便皱着眉头说：“要这种嗷嗷叫的东西做什么呢？”

过了几天，他的母亲把那只鹅杀了给他吃，他的哥哥恰好从外面回来，看见后便说：“你吃的正是那嗷嗷叫的东西的肉啊！”他听到后连忙跑出门去，“哇”地吐了出来。正因为如此，陈仲子差点饿死在於陵。有一次，陈仲子看到井边有一颗枣子，枣肉已经被金龟子吃了一大半，饥饿的陈仲子爬过去，把枣子吃了，才捡回一条命。

从这些事例中我们可以看出陈仲子的品德之高尚。但是，当孟子的弟子匡章跟孟子说起陈仲子的事迹时，孟子却有些不以为然，还说了一个非常有意思的比喻："充仲子之操，则蚓而后可者也。夫蚓，上食槁壤，下饮黄泉。仲子所居之室，伯夷之所筑与？抑亦盗跖之所筑与？所食之粟，伯夷之所树与？抑亦盗跖之所树与？是未可知也。若仲子者，蚓而后充其操者也。"孟子认为，陈仲子确实很有德行，在齐国是数一数二的，但是做得太过头了。如果正常人想要去效法陈仲子，那除非把人都变成蚯蚓。因为蚯蚓只需要吃泥土，喝泥巴水就能活命，但人哪里做得到呢？

儒家提倡德行修养，要把人培养成大德之人。不过，并不是每个人都能够达到"存天理，灭人欲"的程度。毕竟人不是蚯蚓，人有七情六欲，要吃饭，还要享受，孔子说："食色，性也，人之所大欲也。"这些都是天性，能克服人欲而去行善的人固然高尚，但是普通人做不到这一点也不算羞耻。

对于高尚的道德楷模，我们固然应该予以尊敬和赞赏，但如果做不到他们那样，也不必去强求，作为普通人，只要在力所能及的范围内修炼自己的德行就可以了。德行有很多层次，但不是每个人都要达到圣贤的层次。

《吕氏春秋》中记载了一个子贡赎人的故事，说的就是德行的层次。

据说，按照鲁国的法律，如果有人能把那些在外国当奴婢的鲁国人赎回来，赎的那个人就会得到鲁国政府的资金补贴。

一次，子贡在国外赎回了几个鲁国奴婢，但是心高气傲的他谢绝了鲁国政府的补贴。这件事情被孔子知道之后，非但没有赞扬子贡，反而叹息说："子贡啊，你这样做，以后再也不会有鲁国人主动去赎回奴婢了。"

为什么？因为子贡的社会地位决定了他的作为会成为社会的标杆，成为他人效仿的对象。本来，人们赎回了鲁国的奴婢，能向政府领取赎回的经费，既做了好事，又不至于让做好事的人蒙受损失，这样虽然不如子贡高尚，但也是符合道德要求的。

可是子贡这样做后，如果后来有人赎回奴婢而接受了政府补贴，就会有人说："这人不如子贡，真是小气。"这样就变成做了好事还要被责备。既然如此，那干脆就不赎奴婢了，反正一样是不道德，趋利避害的人性促使人们做出使自己损失最小的选择。

在这件事情上，错的不是子贡，子贡的道德高尚自然毫无疑问，但是子贡忘了，别人很难做到像他这样。普通人不能放平心态，不懂得分辨德行的层次，不知道做到力所能及的善事也是一种德行，于是，做好事的人就这样没有了。

我们在修炼自身德行的时候，可以先从小处着眼。连孟子都说，高尚的人固然有高尚的德行，但普通的人也有普通的善举。损己利人固然高贵，但能够做到利己又利人也是一种善行。

第二章

知人者智，自知者明

唯有自知，方能不失

尼采曾说:“聪明的人只要能认识自己,便什么都不会失去。”可见“自知”的重要性。做人最重要的是有“自知之明”，然而“聪明人”很多，他们习惯揣摩别人的心理，而不习惯向内观照自己，于是对别人了如指掌，对自己反倒看不清楚。因而说知人易，知己难，人们常常“认识诸世间，不能认识自己”。

法国著名散文家、思想家蒙田在《论自命不凡》的随笔中写道：“对荣誉的另一种追求，是我们对自己的长处评价过高。”这是我们对自己怀有的本能的爱,这种爱使我们不能认清自己。而如果能对自己多一分了解，也会对生命多一分正确的认识。

有一位老师，常常教导他的学生说：“人贵有自知之明，做人就要做一个自知的人。唯有自知，方能知人。”有个学生在课堂上提问道：“请问老师，您是否知道您自己呢？”

“是呀，我是否知道我自己呢？”老师想，“嗯，我回去后一定要好好观察、思考、了解一下我自己的个性、我自己的心灵。”

回到家里，老师拿来一面镜子，仔细观察自己的容貌、表情，然后再来分析自己的个性。首先，他看到了自己亮闪闪的秃顶。“嗯，不错，莎士比亚就有个亮闪闪的秃顶。”他想。

他看到了自己的鹰钩鼻。“嗯，英国大侦探福尔摩斯——世界级的聪明大师就有一个漂亮的鹰钩鼻。”他想。他看到自己的大长脸。“嗨！伟大的林肯总统就有一张大长脸。”他想。

他发现自己个子矮小。“哈哈！拿破仑个子矮小，我也同样矮小。”他想。

他发现自己具有一双大蹩脚。“呀，卓别林就有一双大蹩脚！”他想。

于是，他终于有了“自知”之明。“古今中外名人、伟人、聪明人的特点集于我一身，我是一个不同于一般的人，我将前途无量。”第二天，他对他的学生说。

这当然是一个幽默故事，然而生活中这样的人不少。认识自己，并不是一件简单的事，它要求我们必须从性格、爱好等各方面全面分析自己。只有正确地认识自己，才能保持本色，找到适合自己的位置。认识自己，并且按自己的意图去办事，你才能具有无穷的魅力。

有这样一个青年，他从小家境优裕，接受了良好的教育，在各方面都有潜能，成绩也不错，几乎称得上是一个全面发展的人。可是，他对自己的成功之路一筹莫展。

他喜欢运动，却没有吃苦锻炼的勇气和毅力，因此当不了运动员。他发表过不少作品，可他根本静不下心来写出一部有分量的著作，成为一名真正的作家。他的兴趣变化不断，似乎很多领域都有涉猎，却没有专长。他根本不知道自己最适合做什么，也不清楚自己准备成为什么样的人。

其实，他的内心也非常矛盾，他是想好好地认识自我，然后选择符合他自己的发展方向，同时也想尽可能地尝试更多、更好的东西，发现自己的兴趣，挖掘出自己的潜能，找到最适合自己发展的道路。

我们很多人也许都面临这样的问题：对自己的认识还很不够，可能工作了好几年，却发现自己根本就不适合这个行业。一个人的成功过程就是一个不断认识自我的过程。一个人对自我的认识是伴随着人的年龄的增长和阅历的丰富而完成的。虽然认识自我不是一件容易的事，但人完全有能力正确地认识自我。因为只有正确地认识了自我，才可以做出正确的决断和准确的选择，才能把握机会，获得成功。

有很多人认为，认识自我就是认识自己的缺点。于是，有很多人在机会到来的时候没有采取任何行动，他们会说："我的能力恐怕不足，何必自找麻烦呢？"

认识自己的缺点是好的，可以加以改进。但如果仅认识自己的消极面而不能自拔，就会陷入混乱，使自己变得自卑，远离成功。因此，要正确、全面地认识自己，首先就不能看轻自己。

你知道自己的优点吗？所谓的优点是任何你能运用的才干、能力、技艺与人格特质，这些优点也就是你能有贡献、能继续成长的要素。但是，我们大家总觉得说自己的优点是不对的，会显得太不谦虚。肯定自己的优点绝不是吹牛，相反，这是在表现自己，展示自己的能力。

要想认清你的优点，你首先必须重视自己，要塑造自己对自己的好印象。如果你能用积极的心态看你的过去，就能用积极的心态看你的现在。你必须仔细地看你自己，发现自己具有哪些优良的特质，利用这些优良的特质成就你的人生。

认识自己方能更好地认识人生，驾驭人生，做自己的主人。与其花费心思去揣摩别人的喜好，不如好好地认识自我。因为，一个人只有了解自己，才能更好地经营自己的人生。

向内观照自己，自省洞明人生

一个女人经常背着自己的丈夫偷偷地出去会情人。一天，她又打扮得花枝招展去河边会情人，可是怎么等也没有等到她的情人。在这时，有一只狐狸叼着一块肉路过这里，它看见水里的鱼儿，马上就跳到水中去捕鱼，鱼儿马上就游到深水里去了。狐狸没有捕到鱼，回到岸上，一看自己的肉已被一只正好路过的乌鸦叼走了。那个女人看见狐狸这样，就讥笑狐狸说："馋嘴的狐狸，你扔掉自己的肉，去捕鱼，结果弄得两手空空，真是好笑！"

狐狸反讥道："你这个女人抛弃自己的丈夫，偷偷来会情人，情人却没有等到，现在不也是两手空空吗？"

那个女人只顾指责狐狸，却不知道自己犯了和狐狸一样的错误。其实，很多人都是这样，指责别人已经成为习惯，反省自己却比登天还难。因为，人都习惯朝外看，而不喜欢向内看。

每个人都生活在内外两个世界中，也具有向外发现和向内发现的两种能力。向外是一个无比辽阔、精彩绝伦的世界，向内则是一个无比深邃、亟待挖掘的天地。观察外部世界需要一双明亮的眼睛，探究内心的天地则需要清醒的头脑和善于反省的意识。

自省是向内观照自己的必经途径。自省就在于不断地反省自我，善于承担生命给你的那一份责任。但不是人人都能反省，都能承担起生命的这份责任。有一种人的眼睛只看到别人的缺点，却看不到自己的缺点；嘴巴只讲别人的过失，却从不检讨自己。星云大师说，这一类人不仅不肯反省，甚至会刻意掩藏自己的过失，又何谈知错能改呢？

星云大师还说过，现在很多人常常自作聪明地遮蔽自己的错误，不仅不肯认错，还会为自己所犯的错误寻找各种各样的借口。他曾经举例，当有的年轻人未能把吩咐给他的事情做好的时候，不仅不做自我检讨，反而会找来各种借口，比如打碎了碗，他并不认为这源于自己的鲁莽和冒失，反而会抱怨“地太滑了”，“磨石子路太硬，不方便走路”或者“碗太不结实了”之类。他自作聪明地认为这些借口似乎能够堵住他人的责备，殊不知，这只会让自己变得更加可笑。

所以，人要常常自省，要有惭愧心，要肯认错，要懂得感恩。能够行事不昧、自我反省的人，都是有良知的人。此外，对于那些良心发现、忏悔过往的人，要给予包容、协助，这也是人性的善美、光辉、伟大之处。

自省是一次自我解剖的痛苦过程。它就像一个人拿起刀亲手割掉身上的毒瘤，需要巨大的勇气。认识到自己的错误或许不难，但要用一颗坦诚的心灵去面对它，却不是一件容易的事。懂得自省，是大智；敢于自省，则是大勇。割毒瘤可能会有难忍的疼痛，也会留下疤痕，但它却是根除病毒的唯一方法。只要“坦荡胸怀对日月”，心地光明磊落，自省的勇气就会倍增。古人云：“君子之过也，如日月之食焉。过也，人皆见之；及其更也，人皆仰之。”这句话的意思是，日食过后，太阳更加灿烂辉煌；月食复明，月亮更加皎洁。人的过错就像日食和月食，人人都看得见，但是改过之后，会得到人们更崇高的尊敬。

好说己长便是短，自知己短便是长

孟子说：“权，然后知轻重；度，然后知长短。物皆然，心为甚。”意思是说一件东西，用秤称过，才知道它的轻重；用尺量过，才知道它的长短。世间万物，也都是这个样子，要经过某些标准的衡量，才知道究竟。而一个人的心理，更应该如此，经常反省衡量，才能认识自己、改善自己。

而反省对道德修养的重要，就像秤与尺在权衡上所占的分量一样重要，我们如果不及时反省，就会犯错误，所以，检讨自己的行为，多加反省，才可能知道自己的行为是不是合乎道德的标准。如不反省，就无法知道自己的思想、心理行为中，有哪些地方需要改过，有哪些地方需要发扬光大。

自省，简而言之就是自我反省、自我检查，以能“自知己短”，从而弥补短处，纠正过失。“人无完人，金无足赤”，反省自己是十分必要的。

有位哲学家在他晚年的时候刺瞎了自己的双眼。别人都不理解他的这一举动。他说，我只是为了更好地看清自己。

每一个人都有一个自我，自我当然离自己最近，应该最容易认识。事实证明却相反，自我最不容易认识。上帝在每个人的肩上都挂了两个袋子，一个在胸前，一个在背后。前面的袋子装着自己的优点，后面的袋子则装着自己的缺点，结果，每个人只要一睁开眼睛，看见的就是自己的优点和别人的缺点。所以，一般的情况是，人们往往把自己的才能、学问、道德、成就等等评估过高，永远是自我感觉良好。每个人都认为自己最优秀，而别人最愚蠢，因而对别人总是求全责备，对自己总是肯定赞扬。这对自己是不利的，对社会也是有害的。许多人事纠纷和社会矛盾由此而生。

真正的聪明人必须具备自知之明。何谓自知之明？孔子说：“知之为知之，不知为不知，是知也。”孔子的学生曾子也强调：“吾日三省吾身。”成功之人都有自知之明，无非是因为他们都留着一只眼睛审视着自己。

陈子昂是我国初唐著名诗人。他的老家是梓州射洪（现在的四川省射洪县），幼年时他就随父亲一起来到了京城长安。由于父母平时对他非常娇惯，所以他长到十几岁时仍然不爱读书，每天只知道跟他的朋友出城打猎、游玩，要不就是四处找人斗鸡赌钱。

随着时间的流逝，陈子昂渐渐长大，这时他的父母才发现自己的宝贝儿子不学无术，一无所长，并开始为他的前途担忧。父母对他平日里的行为也看不下去了，多次劝他改掉身上的恶习，潜心攻读。可陈子昂早就游荡惯了，哪里听得进去。

有一天，他在游玩途中路过一处书塾，在窗外无意中听到老师在说这样一段话：“一个人是享有荣誉还是蒙受耻辱，完全取决于他本人的品德。

品德好的人，自然会享受荣誉；品德坏的人，也自然会蒙受耻辱。一个人如果放任自流，行为举止傲慢，身上具有邪恶污秽的东西，就无法得到他人的尊敬。要想成为一名君子，就要让自己博学多才，还要经常用学来的道理对照自身进行检点。如果坚持这样做下去，你的学问和知识就会越来越多，行为上也很难有什么过失了。俗话说得好：‘少壮不努力，老大徒伤悲。’在生活中，我们看到别人能做一番大事业时总是非常羡慕人家，可是你哪里知道，人家之所以能够取得成功，是下了一番苦功夫的！不经过自身的努力就想得到学问，那就如同缘木求鱼一样幼稚得可笑。”

无意中听到的这一番话，使陈子昂的内心受到很大的触动。他忘记了游玩，马上赶回家，在自己的屋中反思起来，回首自己以前做过的荒唐的事情，心里追悔莫及。从那一天起，陈子昂毅然跟原来那些朋友断绝了来往，把在家中饲养的各种小动物也都放掉了，从此和书本成了朋友，每天书不离手，勤奋刻苦地学习，直至最后成为一名伟大的诗人。

反省是一面镜子，它可以照见心灵上的污点，继而照亮前进的路途。因此我们要留一只眼睛看自己，才能看住自己那一颗狂野的心和无限的贪欲，你才能明白自己到底是谁，你才能明白这世间什么事可为，什么事不可为。

留一只眼睛看自己，你才能看清人的本性，从而看清别人。因为你所思正是别人所思，你所欲正是别人所欲，你所苦正是别人所苦，这样推己及人，既看清了自己，又看清了别人。只有这样，才能明白人生在世，应当有所为、有所不为，从而获得内心的自在和宁静。

人生最大的敌人是自己。那些认真审视自己，时刻反省自己的人，才可能真正觉悟。

反省是一棵智慧树，只有深植在思维里，它才能与你的神经互联，为你提供源源不断的智慧，让人生这条路变得简单、精彩起来。

见贤思齐，见不贤而内自省

“人以铜为镜，可以正衣冠；以古为镜，可以见兴替；以人为镜，可以知得失。”一代谏臣魏征死后，唐太宗李世民如是说。对于他来说，魏征就是那面可以帮助他知得失的“人”镜，因而会有“魏征没，朕亡一镜矣”之说。

镜子客观地折射出最真实的样子，但在照镜子的人眼中，却未必能将所有的真实尽收眼底，尤其是未必能看到，或者即便看到也未必能正视自己的弱势与他人的长处。

一天，天神中的主神朱庇特说：“凡是有生命的动物，都来到我的御前，谁对自己的身体外貌感到不满，尽管直说，不用害怕，我将予以补救。过来，猴子，你有理由先说，把大家的美丽与你相比，你能满意吗？”

“我吗？”猴子说，“为什么不？难道我的四肢不如别人？我的模样至今没让我出丑。倒是熊大哥，样子似乎太粗糙，照我看，请相信，他绝不会让人画像。”

大熊走上前，好像要抱怨，相反，他对自己评价极高，却对大象横加指责：说他应该把尾巴加长，削掉些耳朵；如今实在是又笨重又丑陋。

大象很聪明，同样耍花招，照他看来，鲸鱼似乎太大。和他相比自己已十分俊美了。朱庇特听完他们各自的意见之后，便打发他们回家了。

这些动物个个都是以他人为镜，来审视自我的。但他们看到的，全是他人的不足，而完全看不到自身的缺点，就像马来西亚谚语里所说的那样：“天上的繁星再多也数得清，自己脸上的煤烟却看不见。”他们个个认为自己是最棒的，正是这种良好的自我感觉，使他们错失了朱庇特可能给予他们的更好的改变。

现实生活中，人们也会有相似的心理，在他人的“镜子”里将自己的短处包裹得密不透风，却始终盯着他人的缺点欣赏，口中、心中坚持认为自己才是最优秀的，其实说到底，不过是自欺欺人而已。不仅如此，无法正视自身缺点的人，必定会任由缺点肆意蔓延、扩大，而不对其加以改正。

显然，这样的“以人为镜”与唐太宗李世民所要表达的，从他人身上发现自己的过失并加以改进截然不同。

曾子的“吾日三省吾身”和荀子的“君子博学而日参省乎己”都是必不可少的自我提升过程。除了进行反省，还可以借助他人的力量，帮助自省，即“人们具有比一般动物更高的智能，我们除了要到水边照镜子之外，也可以自己照镜子。这个镜子就是你的益友”。

“以益友为镜”，不只是一个口头上的主张，更是一生自我修为不断提高的重要手段。

墨子曾说：“有才德的人，不会以水为镜，而会以人为镜。因为以水为镜只能照见自己的容貌，而以人为镜方能得知如何为利，如何为弊。”一个益友，总是能让自己看到身上存在的不足，能帮助自己取得巨大的进步。孔子在《论语·里仁》也说:“见贤思齐,见不贤而内自省。”足见“以益友为镜”实乃一种自我修为，提升品质的良方。

认识自己，接受自己

有一个叫爱丽莎的美丽女孩，总是觉得自己没有人喜欢，总是担心自己嫁不出去。她认为自己的理想永远实现不了，她的理想也是每一位妙龄女郎的理想：和一位潇洒的白马王子结婚、白头偕老。爱丽莎总以为别人都有这种幸福，自己却永远被幸福拒之于千里之外。

一个周末的上午，这位痛苦的姑娘去找一位有名的心理学家，因为据说他能解除所有人的痛苦。她被请进了心理学家的办公室，握手的时候，她冰凉的手让心理学家的心都颤抖了。他打量着这个忧郁的女孩，她的眼神呆滞而绝望，声音仿佛来自墓地。她的整个身心都好像在对心理学家哭泣着："我已经没有指望了！我是世界上最不幸的女人！"

心理学家请爱丽莎坐下，跟她谈话，心里渐渐有了底。最后他对爱丽莎说："爱丽莎，我会有办法的，但你得按我说的去做。"他要爱丽莎去买一套新衣服，再去修整一下自己的头发，他要爱丽莎打扮得漂漂亮亮的，告诉她星期一他家有个晚会，他要请她来参加。爱丽莎还是一脸闷闷不乐，对心理学家说："就是参加晚会我也不会快乐。谁需要我？我能做什么呢？"心理学家告诉她："你要做的事很简单，你的任务就是帮助我照顾客人，代表我欢迎他们，向他们致以最亲切的问候。"

星期一这天，爱丽莎衣衫合适、发式得体地来到晚会上。她按照心理学家的吩咐尽职尽责，一会儿和客人打招呼，一会儿帮客人端饮料，她在客人间穿梭不停，来回奔走，始终在帮助别人，完全忘记了自己。她眼神活泼，笑容可掬，成了晚会上的一道彩虹，晚会结束后，有三位男士自告奋勇要送她回家。

在随后的日子里，这三位男士热烈地追求着爱丽莎，她终于选中了其中的一位，让他给自己戴上了订婚戒指。

不久，在婚礼上，有人对这位心理学家说："你创造了奇迹。""不，"心理学家说，"是她自己为自己创造了奇迹。人不能总想着自己，怜惜自己，而应该想着别人，体恤别人，爱丽莎懂得了这个道理，所以变了。所有的女人都能拥有这个奇迹，只要你想，你就能让自己变得美丽。"

人的一双眼睛的作用应当是这样：一只眼睛观察世界，一只眼睛发现自己。学会发现自己的优点，这是我们共同的义务，也是寻找自己的优势、挖掘潜能的重要方式。事实上，爱丽莎对自身产生怀疑，归根结底是因为没有发掘出自己的闪光点，她看到了别人的精彩，却忽视了自己的光亮。其实，每个人都是自己最优秀的载体，接受自己，你并不是一无是处。

每个人都不可能完美无缺，只有从内心接受自己，喜欢自己，坦然地展示真实的自己，才能拥有成功快乐的人生。伟大的哲学家伏尔泰曾说：

“幸福，是上帝赐予那些心灵自由之人的人生大礼。”这句话足以点醒每一个追求幸福的人：要做幸福的人，你首先要当自己思想、行为的主人。换言之，你只有做自己，当个完完全全的你自己，你的幸福才会降临！这就是幸福的秘密。

我们都要知道，在这个世界上，你可以是自己最要好的朋友，你也可以成为自己最大的敌人。在悲喜两极的抉择中，你的心灵唯有根植于积极的乐土，你的自信才能在不偏不倚的自爱中获得对人对己的宽宏，才能明辨是非。学会从内心善待自己，你会觉得阳光、鲜花、美景总是离你很近。你平和的心境是滋养自己的沃土。

爱自己首先要按自己喜欢的方式去生活。因为我们要想生活得幸福，必须懂得秉持自我，按自我的方式生活。如果你一味地遵循别人的价值观，想要取悦别人，最后你会发现“众口难调”。每个人的喜好都不一样，失去自我，是自己人生中痛苦的根源。

辛迪·克劳馥，对于中国的中青年人来说，几乎是无人不晓。作为一代名模，她也和许多名模一样，缺乏主见，也几乎和许多名模一样，差点沦为有钱人摆弄的花瓶。但她及时意识到了自己的个性弱点，主动调整自己的性格，展示出了自己的独有魅力，将命运牢牢地掌握在自己手中。

辛迪·克劳馥在18岁的时候进入了大学的校门。大学里的辛迪，是一朵盛开在校园的鲜艳花朵，走到哪里，哪里就发出一阵惊呼。那个时候，她已经身材修长、亭亭玉立，再加上漂亮的脸蛋，匀称修长的腿，实在是美极了。当时，人们对她赞不绝口。在同学当中，她是那么的引人注目。

在这期间，有一个摄影师发现了她，拍了她一些不同侧面的照片，然后挂在他自己的居室墙上。同时，她的照片刊在《住校女生群芳录》中，她的脸、她的身体、她的名字，第一次出现在刊物上。很快，她被领着去城市里的模特经纪公司。但是一开始，她就碰了壁。这家公司竟说她的形象还不够美。她感到伤心，而令她更感到伤心的是，那个经纪人认为她嘴边的那颗痣，必须去掉，如果不去掉，她就没有前途，但她不肯。

成名之后，她回忆起这件事的时候说："小时候，我一点都不喜欢那颗黑痣，我的姐妹们都嘲笑它，而别的孩子总说我把巧克力留在嘴角了。那颗痣让我觉得自己和别人不一样。后来，我开始做模特儿，第一家经纪公司要我去掉那颗痣。但母亲对我说，你可以去掉它，但那样会留下疤痕。我听了母亲的话，把它留在脸上。现在，它反而成了我的商标。只有带着它到处走，我才是辛迪·克劳馥。其他人跑来对我说，她们过去讨厌自己脸上的小黑痣，但现在她们认为那是美丽的。从这个意义上来说，这是件好事，因为人们变得乐于接受属于自己的一切，尽管他们过去并不一定喜欢。"

辛迪·克劳馥的经历告诉我们，你才是你自己的中心，一个人无须刻意追求他人的认可，只要你保持自我本色，按自己的方式生活，生活中就没有什么可以压倒你，你可以活得很快乐、很轻松。人应该爱自己的全部，那样你才会感到自身的魅力。一旦你看上去既美丽又自信，就会发现周围的人对你刮目相看了。正如美国歌坛天后麦当娜所说："我的个性很强，充满野心，而且很清楚自己想要什么。就算大家因此觉得我是个不好惹的女人，我也不在乎。"而事实上，并没有人因此而讨厌她，相反，人们更加着迷于她的优美歌声和独特个性。

观人重在言与行，识人重在德与能

"子曰：视其所以，观其所由，察其所安，人焉廋哉？人焉廋哉？"孔子观察人，"视其所以"，看他的目的是什么；"观其所由"，知道他的来源、动机；"察其所安"，再看看他平常做人是安于什么，一个人做学问修养，如果平常无所安顿之处，就大有问题。有些人有工作时，精神很好；没有工作时，就心不能安，可见安其心之难。

看任何一个人为人处世，要看他的目的何在，他的做法怎样，再看他平常的涵养，他安于什么，有的安于逸乐，有的安于贫困，有的安于平淡。做学问最难是平淡，安于平淡的人，什么事业都可以做，因为他不会被外物所困扰。

“视其所以”，是指要了解一个人，就要看他做事的目的和动机。动机决定手段。周恩来为中华之崛起而读书，苏秦为扬名于天下而“锥刺股”，易牙为篡权而杀子做汤取悦于齐桓公。我们要看他做什么，更要看为什么这样做，要透过荷叶看到藕。如果我们仅被表面的现象所迷惑，我们对人的认识又有多少呢？齐桓公被易牙所谓的忠诚所感动，结果落得个死无葬身之地的下场。

“观其所由”，就是看他一贯的做法。君子也爱财，但君子和小人不同，小人可以偷，可以抢，可以夺，甚至杀人越货；君子却做不来，即使钱财如同身旁的鲜花可以随意采撷，他也要考虑是不是符合道。有时候不在乎做什么、做多大、做多少，而要看他怎么做。官做得大，却是行贿得来的，钱赚得多，却是靠坑蒙拐骗得来的，那也为人所不齿。

“察其所安”，就是说看他安于什么，也就是平常的涵养。比如心浮气躁，比如急功近利，比如一有成绩就自视甚高、目中无人，比如一遇挫折就垂头丧气、怨天尤人，等等，都是没有涵养的表现。这样的人，做事有可能半途而废，交友有可能背信弃义。人只有踏实安静才能有所成就，不被身外之物所干扰。想想吧，越王勾践如果没有静心，怎么能卧薪尝胆？司马迁如果沉不下心，宫刑的痛苦还不缠绕终身，哪还有什么心思写《史记》？韩信如果没有静心，早成为流氓的陪葬品，还能帮助刘邦成就霸业？静心是在寂寞中的坚韧，在困苦中的达观，在迷离中的坚定，在庸常中的高贵，在失败中的自信，在成功中的沉稳。有如此品质的人，谁又会怀疑他呢？

用这三点去识人，又怎么不能够把人看明白呢？然而，自古以来，能够完全了解一个人、看透一个人，是一件不容易的事情。虽然不容易，但还是要去体味，毕竟识人是与人交往的基础。只有在对一个人的性格品质有所了解的情况下，才能决定与其相处的模式以及关系的远近。

在一个阳光明媚的清晨，柏拉图和老师苏格拉底一起在一片幽静的树林里散步。

柏拉图对老师说：“东格拉底这人很不好！”苏格拉底问：“为什么这么说？”柏拉图说：“他经常挑剔您的学说，并且不喜欢您的扁鼻子。”苏格拉底笑了笑，缓缓地说：“可我倒觉得他这人很不错。”柏拉图很迷惑地问：“您怎么会这样认为呢？”

苏格拉底说：“他对他的母亲很孝顺，照顾得非常周到；他对他的老师十分尊敬，从来没有对老师有不恭敬的行为；他对朋友很真诚，常常当面指出别人的缺点，帮忙改正；他对孩子很友善，经常和孩子们在一起做游戏；他对穷人非常富有同情心，我曾经亲眼看见他搜出身上最后一个铜板，放进了乞丐的帽子里……”

“但是，他对您不那么尊敬！”柏拉图说。

“孩子，问题就在这里，”苏格拉底抚摸着柏拉图的肩头，慈爱地说，“一个人如果站在自己的立场上来看待别人，常常会把人看错。所以，我看人，从来不看他对我如何，而看他对待别人如何。”

苏格拉底的话非常有道理，要想客观地认识一个人，不能总是站在自己的立场上，因为这会把自己的利益放在其中考虑，很有可能有失偏颇。

识人不同于相人。识人是经由观察一个人的行为与言论以鉴识其品德与才能，而相人是观察一个人的相貌与体征以判定其一生的吉凶祸福。两者小同大异。所以，与人交往，不能只凭借别人的相貌或体征评断其秉性，需要长时间去了解。当然，也不要在开始的时候就把很重要的事情交付于不知根知底的人，以免上当受骗，后悔莫及。

得人之道，在于识人。而识人之前，重在观人。观人重在言与行，识人重在德与能，不细观则不能明识，不明识则不能善用。只有知人才能善任，因为对一个人了解得越深刻，用起来就越得当，相处起来才能减少摩擦。

临之以利以观其心

有一个王子养了几只猴子，训练它们跳舞，并给它们穿上华丽的衣服，戴上人脸的面具，当它们跳起舞来时，逼真精彩得像人在跳舞一样。有一天，王子让这些猴子跳舞，供朝臣们观赏，猴子的精彩演出获得满堂的掌声。可是其中有一位朝臣故意搞恶作剧，丢了一把坚果到舞台上去，这些猴子看见了坚果，纷纷揭掉面具，抢食坚果，结果一场精彩的猴舞就在朝臣的嘲笑中结束。

《伊索寓言》里的这一则寓言说明了猴子的本性并不因为学习舞蹈和戴上面具而改变，猴子就是猴子，看到坚果就原形毕露！所以，“临之以利以观其心”，不失为一个识别人心的好方法。权力、官位、金钱、欲望、利益历来都是人心的试金石。当自己的利益没有受到损害时，或对自己有利时，人们之间就可以称兄道弟、亲密无间。可是一旦有损于他们的利益时，他们就像变了个人似的，见利忘义，唯利是图。

如果把人比成这故事中的猴子，人不是也戴着假面具在人生的舞台上表演吗？因此小人戴上面具，会让你误以为是君子；恶人戴上面具，会让你误以为是大善人；好色之徒戴上面具，会让你误以为是柳下惠！真令人防不胜防呀！

猴子不改其好吃坚果的本性，因此看到了坚果，就忘了它正在跳舞娱人。人的表现虽然不会像猴子那么直接，但不管他再怎么伪装，碰到他的弱点，他总会无意识地显现他的真面目，因此好色的人平时道貌岸然，但一看到漂亮的女性就会两眼色眯眯，言行失态；好赌的人平时循规蹈矩，但一上牌桌就废寝忘食，不知罢手！不是他们不知道显露这种本性不好，而是一看到所好之事或所好之物就忍不住要掀掉假面具——就像那群猴子！

用“投其所好”来看人，可以看出一个人的人品，而人品会影响他的行事、判断和价值观，甚至影响他为善或为恶的抉择。无论是交朋友、找合作伙伴或共事，这都是一项重要的参考！

一个人的成功，取决于其处世水平，即识人水平的高低。唯有学会投其所好，观其人品，识别人心，才能让自己的人生之路更顺利些。

莫以相貌论英雄，不以成见定良莠

唐朝有个神童名叫贾嘉隐，虽然其貌不扬，但小小年纪就具有深厚的学问和辩才无碍的才能。贾嘉隐七岁时，有一次被皇帝召见入宫。当时，长孙无忌和徐世勣正在朝堂讲话，他们看到贾嘉隐长得面貌丑陋，决定戏弄他一番。徐世勣便以戏谑的口吻问道：“你看我靠的是什么树？”贾嘉隐不假思索地回答道：“松树。”徐世勣不以为然：“这明明是槐树，怎么能说是松树呢？”贾嘉隐说：“您贵为英国公，以‘公’配‘木’，怎能说不是‘松’呢？”徐世勣顿时哑口无言。

长孙再问道：“那我所依靠的是什么树？”贾嘉隐回答：“槐树。”长孙说：“你怎么又说谎啊？”贾嘉隐不慌不忙地回答道：“我取‘鬼’对‘木’，不是‘槐’，是什么？”俩人顿时红了脸，无话可说。

贾嘉隐在贞观年间被选才授官，虽有卓越的才能，却因丑陋的外貌，被人轻视。他曾被召见入宫，请皇上决定其去留。当时朝堂官员们退朝后一齐来看他。还没等别人说话，英国公徐世勣抢先道：“这小孩的脸长得像獠面一样，这么粗野丑陋，怎么可能聪明呢？”其他人还没答话，贾嘉隐就应声道：“您头长得像胡人都可以做宰相，面貌丑陋的人为何不能聪明？”满朝官员无不捧腹大笑。

以貌取人是一种“势利”和愚蠢的表现。以貌取人收获最多的就是蔑视和嘲笑。当你以一种居高临下的眼光打量他人的时候，别人也会以相同的态度“回赠”与你。贾嘉隐就用自己的聪明才智，给予那些以貌取人的人最漂亮的回击。

人外貌的美丽或丑陋，不等于这个人的内在气质和涵养，而一个人能为别人器重、敬佩，取决于他的气度、才智与涵养，而并非外貌。而一般人总是容易被表象所迷惑，然后为许多事物划下刻板印象，例如：看到体型壮硕的胖子，就说“一副痴相”；看到面容黝黑的农夫，就自觉他一定认字不多；看到做生意的，就说“无商不奸”……许多偏见就由此得来。其实身材的胖瘦与其才智聪明与否并不相干，行业与知识学问也并非绝对相等，职业与人品高低，更不能画上等号。我们若能避开对表象的迷信，必能对事情的真相，有更正确的认识。所以，莫以相貌论英雄，不以成见定良莠。否则，你可能会为你的肤浅认识和错误成见识错人、做错事，付出巨大的代价。

很久以前，一对老夫妇，女的穿着一套褪色的条纹棉布衣服，而她的丈夫则穿着便宜的西装，也没有事先约好，就直接去拜访哈佛大学的校长。校长的秘书在片刻间就断定这两个乡下人不可能与哈佛有业务来往。老先生轻声地说：“我们要见校长。”秘书很礼貌地说：“他一整天都很忙！”女士回答说:“没关系，我们可以等。”过了几个钟头，秘书一直不理他们，希望他们知难而退，自己走开。他们却一直在那里等。

秘书终于决定告知校长：“也许他们跟您讲几句话就会走开。”校长不耐烦地同意了。校长很傲慢而且心不甘情不愿地面对这对夫妇。女士告诉他：“我们有一个儿子曾经在哈佛读过一年，他很喜欢哈佛，他在哈佛的生活很快乐。但是去年，他出了意外而死亡。我丈夫和我想在校园里为他建立一座纪念物。”校长并没有感动，反而觉得很可笑，粗声地说:“夫人，我们不能为每一位曾读过哈佛而后死亡的人竖立雕像。如果我们这样做，我们的校园看起来就会像墓园一样。”女士说：“不是，我们不是要竖立一座雕像，我们想要捐一栋大楼给哈佛。”

校长仔细地看了一下他们的条纹棉布衣服及粗布便宜西装，然后吐一口气说：“你们知不知道建一栋大楼要花多少钱？我们学校的每栋建筑物都超过750万美元。”这时，女士沉默了。校长很高兴，总算可以把他们打发了。这位女士转向她丈夫说：“只要750万就可以建一座大楼？我们为什么不建一所大学来纪念我们的儿子？”

就这样，老夫妇离开了哈佛，到了加州，创立了斯坦福大学，以此来纪念他们的儿子。在当今世界一流大学各种排名中，次序各有不同，但斯坦福大学总是名列前茅。而它所吸引的学者以及它所培养的学生们，则成为硅谷的第一代创业者。

校长的有色眼镜使哈佛大学失去了一次极佳的发展机会，这个代价可谓不小。在现实世界里，你是否有过戴着有色眼镜看人的经历？你有没有从心底里厌恶同一个肮脏、丑陋的人讲话？也许机会就在你皱起眉头的一刹那溜掉了！客观地判断他人就是在积极地为自己争取机会。

在日常生活中，我们常常听到这样的劝告：“不要以貌取人。”但是经验告诉我们，人都有一种心理：对长相出众的人颇具好感，对长相一般甚至难看的人给予较少关注或不关注。就是说，无论理智上怎样认为，实际上对别人判断时多少受到对方外貌的影响。我们总是戴着“漂亮与否”的眼镜打量着形形色色的人们，然后会根据自己的观察，从对方的形象上我们得出有关他的一切主观臆断：学历、职业、社会地位、家庭背景……

其实，观察人的外貌仪表是可以察人识人的，但不是唯一标准。与人相处，选择自己所喜欢的相处对象还可以从语言、行为以及生活细节等多方面观察其为人处世的态度与性格。总而言之，观察和认识一个人，可以通过外貌仪表来分析考察，但绝不可将其作为取人的唯一标准。

第三章

中庸之道，方与圆的艺术

画蛇添足，过犹不及

中庸之道似乎一直作为民族糟粕被骂了将近一百年，直到现在，也常常有人批判中国的中庸文化。究竟什么是中庸呢？许多人把中庸之道和道家的“明哲保身”“不敢为天下先”的出世哲学混为一谈，以为儒家的中庸之道就是教人平庸，这其实是很大的误解。

在《中庸章句》开篇，宋代大儒朱熹就借程颐之口说：“不偏之谓中，不易之谓庸。中者，天下之正道，庸者，天下之定理。”这段话道出了中庸之道的本质，那就是不偏不倚，既不缺少，也不过头。

其实，在《尚书·大禹谟》中就提到过中庸之道：“人心惟危，道心惟微，惟精惟一，允执厥中。”这是舜帝对大禹说的话，意思是人心难测，大道深邃，只有一心一意秉行中庸之道，才能治理好国家。《中庸》中孔子也多次提到中庸的重要性：“中庸其至矣乎，民鲜能久矣。”意思是说：“中庸是多么伟大的美德啊，但人们已经很少遵循它了。”

很少有人能够真正做到不偏不倚，恰到好处。有些人能力不足或态度不认真，做事马马虎虎，能交差就好，那就是“不及”，不符合中庸之道。还有一种人，能力太强，或者态度太认真，做事坚持完美主义还不够，还力求做到十二分好，那就是“过头”，也不是中庸，这样的人不比前一种人少。

《中庸》中就曾提到过这两种人："道之不行也，我知之矣：知者过之，愚者不及也。道之不明也，我知之矣：贤者过之，不肖者不及也。"意思是，为什么中庸之道不能被遵循呢？没有能力、没有德行而做不好事情固然是一方面，但是有能力又有德行的人呢？他们又把事情做得太过头了。

做事情做不到点上，当然是不好的，但做得太过头也是不好的。有一个成语叫画蛇添足，说的就是这个道理。能画出一条蛇当然是件好事，画了蛇还要添上脚，那蛇就不是蛇了。

有一次，子贡问孔子："子张和子夏这两个人哪个更贤能一些？"孔子回答说："子张有些过头，子夏还没做到位。"子贡听了，想当然地点点头，说："那么就是子张比较贤能一点了。"孔子说："过犹不及。做过了头跟做得不到位是一样的，没有谁好谁坏之分。"

中庸之道归根结底就是两个字——适度，既不能达不到，也不能做过头，因为达不到跟做过头没有本质的区别，都是错误的做法。这既是待人接物的处世哲学，更是中国人传统的人生哲学。

在很多人看来，中国人生活的最高境界应是中庸的生活。林语堂先生在《谁最会享受人生》中，深刻地剖析了中国人的生活模式，提出要摆脱过于烦恼的生活和太重大的责任，实行一种中庸式的、无忧无虑的生活哲学。林语堂先生说："我相信主张无忧无虑和心地坦白的人生哲学，一定要叫我们摆脱过于烦恼的生活和太重大的责任。"但这也不是叫我们完全逃避人类社会，最崇高的理想就是一个人不必逃避人类社会和人生，而本性仍能保持原有的快乐。

中庸的生活，就是指一种介于两个极端之间的有条不紊的生活。这种中庸精神，在运动与静止之间找到了一种完美的均衡。有人认为，理想人物应属一半有名，一半无名；懒惰中带用功，在用功中偷懒；穷不至于穷到付不出房租，富也不至于富到完全不做工，或是可以随心所欲地资助朋友；钢琴也会弹，可是不十分高明，只可弹给知己听，而最大的用处还是给自己消遣；古玩也收藏一点，可是只够摆满屋子的壁橱；书也读读，可是不算用功；学识颇广博，可是不成为任何专家。总而言之，这种生活当为中国人最健全的理想生活。

更有不少人认为，中国人的聪明才智得以淋漓尽致地发挥，是在中庸被我们活用以后的事。“中庸”成了一个有识者必争的“制高点”，抢到了，无往而不胜；丢掉了，处处被动挨打。中庸好比是圆心，从它出发，到圆周的任何点上距离都相等，随时可以变换立场，化敌为友，左右逢源；站在圆周上，左半圆的激进派以它为矛攻击对手，右半圆的保守派以它为盾保护自己，天下最锋利的矛遭遇天下最坚固的盾，一点也不“矛盾”，反倒奏出了悦耳和谐的乐章。

美国著名作家房龙曾提到《论语》中的灵魂思想——中庸。他说：“他（孔子）向几亿中国人传授了一种日常生活的哲理，那种哲理一直在过去2500年中影响着他们的子孙后代，并且至今如从前一样至关重要，一样可行。”

对于中庸之道的误解由来已久，在误会面前人云亦云，纯粹地抗拒或者毫无原则地接受都是不符合中庸之道的。我们要带着批判的眼光重新体悟儒家先哲们的思想，这样，我们就会发现，“知其两端而用其中”的中庸之道确实体现了中国传统文化中关于人生和处世的最精深的智慧。

哀而不伤致中和

何谓中和？《中庸》中说：“喜、怒、哀、乐之未发，谓之中。发而皆中节，谓之和。中也者，天下之大本也。和也者，天下之达道也。致中和，天地位焉，万物育焉。”说的是当人的七情六欲还没有表现出来的时候，就叫作“中”，把情绪表现出来，但是能够合理控制，就叫“和”，能够做到“致中和”，那宇宙万物就能正常运转了。

如果要给中华民族定义一个民族性格，那“含蓄”二字或许比较恰当。比起西方人来，中国人的情绪掌控能力极佳，高兴的时候不会得意忘形，悲伤的时候也很少号啕大哭。尤其是近代以前，很难看到中国人像西方人那样有狂飙突进式的狂欢或者呼号，即使面临穷困潦倒、山河破碎、贫病交加这样悲惨的境遇，在中国诗人笔下也含蓄成了“万里悲秋常作客，百年多病独登台”式的沉郁顿挫。

这主要是因为受到儒家中庸文化的影响。《诗经》中的第一首诗《关雎》也表现出了这种“致中和”：

“关关雎鸠，在河之洲。窈窕淑女，君子好逑。参差荇菜，左右流之。窈窕淑女，寤寐求之。求之不得，寤寐思服。悠哉悠哉，辗转反侧。参差荇菜，左右采之。窈窕淑女，琴瑟友之。参差荇菜，左右芼之。窈窕淑女，钟鼓乐之。”

这首诗讲的是一个贵族青年追求美貌女子的故事，孔子评价说它是“乐而不淫，哀而不伤”。什么意思呢？这个青年看上了一个窈窕淑女，但是追求不到，于是“求之不得，寤寐思服，悠哉悠哉，辗转反侧”，内心感到很伤心，但只是躺在床上睡不着觉，翻来覆去地把被子踢出一个大洞来，既没有割腕，也没有跳楼。这就叫哀而不伤，虽然内心悲哀，但是不会做出出格的事情。后来追到了那个姑娘之后呢？小伙子“窈窕淑女，琴瑟友之”，“窈窕淑女，钟鼓乐之”，就在那里吹拉弹唱逗女孩子开心，也没有过于得意忘形。

这就是中庸之道中所谓的“致中和”，哀而不伤，乐而不淫。常有人说中国人太含蓄，有感情不敢全部表达出来，活得太累。殊不知，人和动物的区别就在于人能够控制自己的感情。如果不能控制自己的感情，想干什么就干什么，那人和动物又有什么区别？

况且，过度的喜怒哀乐极为伤神伤身体。《世说新语》中曾记载某人因为过度悲伤而形销骨立，还吐血三斗。

这是对自己身体的损害，而由于不能控制住情绪而危害他人和社会的例子就更多了。

《世说新语》中还记载了这样一个人，此人名叫王蓝田。

东晋蓝田侯王述是一个很性急的人，脾气极为暴躁。有一次，王蓝田在自己家里吃鸡蛋，用筷子去扎鸡蛋想挑起来吃。结果鸡蛋圆滚滚、滑溜溜的，一筷子下去居然没有扎中。王蓝田因此暴跳如雷，把鸡蛋扔到地上，结果鸡蛋在地上旋转不止，仿佛在挑衅一般。王蓝田更加愤怒了，一脚踩上去想把鸡蛋踩扁，结果居然又没踩中！王蓝田简直快要被鸡蛋气疯了，又捡起鸡蛋，放在嘴巴里，把鸡蛋狠狠嚼碎之后恶狠狠地吐出来，这时他才感觉心里舒服了一些。

王羲之听说这件事情之后，摇着头说："就算是比王蓝田更加有才气的王安期，如果脾气这么坏，那也将一无是处，更何况是王蓝田呢！"

一个控制不住情绪的人，很难给人沉稳的印象。在所有的情绪中，又以愤怒最难以克制。北宋大儒程颢曾说："夫人之情，易发而难制者，唯怒为甚。第能于怒时遽忘其怒，而观理之是非，亦可见外诱之不足恶，而于道亦思过半与。"说的就是人一定要恪守中和之道，控制住自己的情绪。而在所有情绪中，最容易产生并且难以抑制的就是愤怒，如果一个人能够在愤怒的时候控制自己，想明白自己愤怒的缘由，那就算已经学了一半的道了。

确实，自古以来，多少灾祸是从愤怒而来。儒家推崇"致中和"，要求人们控制情绪，愤怒是其中最重要的一项。

20 世纪 60 年代早期的美国，有一个很有才华、曾经做过大学校长的人竞选美国中西部某州的议会议员。此人资历很深，又精明能干、博学多识，非常有希望赢得选举的胜利。但是，一个很小的谎言散布开来：3 年前，在该州首府举行的一次教育大会上，他跟一位年轻女教师"有那么一点暧昧的行为"。这其实是一个弥天大谎，但这位候选人不能控制自己的情绪，对此感到非常愤怒，并尽力为自己辩解。

由于按捺不住对这一恶毒谣言的怒火，在以后的每次集会中，他都要站起来极力澄清事实，证明自己的清白。

其实，大部分选民根本没有听到或过多地关注这件事，但是，现在人们却越来越觉得有那么一回事了。公众们振振有词地反问："如果你真是无辜的，为什么要为自己百般狡辩呢？"

如此火上浇油，这位候选人的情绪变得更坏，他气急败坏、声嘶力竭地在各种场合为自己辩解，并愤怒地谴责谣言的传播者。然而，这更使人们对谣言确信不疑，最悲哀的是，连他的太太也开始相信谣言，夫妻之间的亲密关系消失殆尽。

最后，他在选举中败北，从此一蹶不振。

试想，如果他懂得中和之道，能够控制住自己的情绪，事情可能也就不会像这样糟糕了。

这就是中和之道的价值所在，它不是教我们如何压抑心中的情感，而是告诉我们，情绪要注意控制，尤其是愤怒。

以德报怨还是以直报怨

在生活中，我们难免会和别人产生矛盾和冲突，会心生怨恨。遇到这种情况，我们该怎么处理呢？

中国人常说应该"以德报怨"，什么叫以德报怨呢？是别人抢了我们的财产，我们还自愿帮强盗扛回家，最后微笑地道别吗？恐怕谁都会觉得不合理，因为以德报怨的做法固然能感化某些冒犯者，但事实上，感化的程度极为有限，更多的是在纵容对方，使之得寸进尺。

以德报怨这个说法出自哪里呢？很多人最先想到的是孔夫子，确实，这句话是孔夫子说的，但原话是："或曰：'以德报怨何如？'子曰：'何以报德？以直报怨，以德报德。'"什么意思呢？有人问孔夫子，以德报怨好不好？孔子说："凭什么呀！以直报怨，以德报德，这才是正常的情况啊！”由此可知，孔夫子的话被断章取义了，孔夫子是反对以德报怨的。

不论是谁第一个提出了以德报怨之说，但至少在儒家的观念中不存在以德报怨这种说法，儒家讲究的是“以直报怨”。

以直报怨其实有点类似于《汉谟拉比法典》上说的“以牙还牙，以眼还眼”，就是你咬我一口，我也咬你一口。要是你咬我一口，我只瞪你一眼，这叫以德报怨；你瞪我一眼，我却咬你一口，这就叫防卫过当。

但是，以牙还牙的报复方式还不能等同于以直报怨。

以直报怨，就是以直道而行。是是非非，善善恶恶，对我们好的当然对他好，对我们不好的就让他接受应得的惩罚，这是孔子主张的明辨是非的思想。不能明辨是非，就不能确定何为直，以直报怨的直不仅仅是直接的意思，还有必须有理的意思。比方说，一个小偷偷了你的钱包，那你怎么做才是以直报怨呢？想一想小偷应该受到什么样的惩罚，他应当赔偿，就让他赔偿；如果情节恶劣，就让他接受刑事处罚。这才叫以直报怨。

茅于轼曾经历过的一件事，就是以直报怨的典型例子。

经济学家茅于轼陪一位外国朋友去首都机场，并打了辆出租车，等到从机场回来时，他发现司机做了小小的手脚，没按往返计费，而是按“单程”的标准来计价，多算了 60 元钱。这时候有三种方法可以选择：一是向主管部门告发这个司机，那么他不但收不到这笔车费，还将被处罚；二是自认倒霉，算了；三是指出其错误，按应付的价钱付费。

外国朋友建议用第一种办法，但茅于轼选择了第三种，他说：“这是一种有原则的宽容，我不会以怨报怨，也不会以德报怨，而是以直报怨。如我仅还以德，那么他将不知悔改，实质上是在纵容他；我若还以怨，斤斤计较，则影响了双方的效率与效益；我指出他的错误，然后公平地对待他，才是最直截了当的方法。”

由此我们看出，以直报怨实际上就是情理并重的一种解决争端的手段。孔子主张以直报怨有他的道理，人生经验也告诉我们，有的人德行不够，无论你怎么感化，恐怕他也难以修成正果。一个人如果已经坏到底了，那么我们又何苦把宝贵的精力浪费在他身上呢？现代社会生活节奏的加快迫使每个人都要学会在快节奏的社会中生存，用自己宝贵的时光进行最有价值的判断和选择。

有人开玩笑地说："以直报怨是正常现象，以怨报怨是平常现象，以怨报德是反常现象，以德报怨是超常现象。"以怨报怨，最终得到的是怨气的平方；以德报怨，除非真的达到一定境界，否则只会存积更多的怨。其实，做人只要以直报怨，有原则地宽容待人，问心无愧即可。

宽容不是纵容，不要让有错误的人得寸进尺，把错误当成理所当然，继续侵占原本不属于他的利益。表明应遵守的原则，柔中带刚，思圆行方，可以宽容他错误的行为，但要尽可能纠正他的错误。面对伤害时，我们只需以直报怨，不必委曲求全，也不要睚眦必报，有选择地报复、有原则地宽容，于己于人都有利。

中庸，是一种变通

孔子有个学生叫宰我，是个不安分的学生，经常问一些让孔子啼笑皆非的问题。

有一次，宰我又来问孔子："仁者，虽告之曰：'井有仁焉。'其从之也？"意思是："老师啊，你说仁人志士'有杀生以成仁，无求生以害仁'，那我碰到一个仁人志士，跟他说：'井里面有仁义在，你跳进去吧！'你说他应该跳吗？"

这问题有些刁钻，但孔子还是耐心地回答了宰我："何为其然也？君子可逝也，不可陷也；可欺也，不可罔也。"意思是说："怎么能这样呢！君子可以被摧折，但不可以被无辜陷害；君子可以被欺骗，但是不可被愚弄。"

儒家五德是“仁、义、礼、智、信”，应该说儒家思想是非常排斥“愚蠢”的。所以，尽管儒家教导人们要做好人，要为了仁义不惜付出自己的生命，但是，按照中庸之道，凡事都需有度，做好人的度，就是保持自己的独立思考，不能被别人愚弄。

扶苏是秦始皇的长子，年少时的扶苏机智聪颖，生就一副悲天悯人的慈悲心肠，因此在政见上，经常与暴虐的秦始皇背道而驰。他认为天下未定，百姓未安，反对实行“焚书坑儒”和“重法绳之臣”等政策。秦始皇认为这是扶苏性格软弱所致，于是下旨让扶苏协助大将军蒙恬修筑万里长城，抵御北方的匈奴，希望借此培养出一个刚毅果敢的扶苏。

几年的塞外征战果然使扶苏成长得与众不同，他身先士卒、勇猛善战，立下了赫赫战功，敏锐的洞察力与出色的指挥才能让众多的边防将领自叹弗如。他爱民如子、谦逊待人，更深得广大百姓的爱戴与推崇。

秦始皇三十七年(前210)冬,秦始皇巡行天下,行至沙丘时不幸病逝。秦始皇临终以前，曾写玺书召令扶苏至咸阳主持丧事并继承帝位。但中车府令赵高和丞相李斯等人与秦始皇的小儿子胡亥阴谋篡改始皇帝的遗诏，立胡亥为太子，继承帝位，同时另书赐蒙恬和扶苏死，并“数以罪”。

见到诏书后，扶苏以为是父亲的旨意，就决定自杀。大将蒙恬毕竟经验丰富，起了疑心，力劝扶苏不要轻生:“请复请，复请而后死，未暮也。”但扶苏为人宽厚仁义，不愿背礼，说:“父而赐子死，尚安复请！”即父亲让我死，我不能不死！旋即自杀于上郡军中。

扶苏平白无故地被害死是件极其可悲的事，虽然儒家强调“杀身成仁，舍生取义”，强调“忠君孝悌”，但也不能不加思考，说死就死。就算让他自裁的人真是秦始皇，扶苏也该想一想变通之道。

儒家的中庸思想其实蕴含了方圆之道，凡事都不能太过，违令不遵自然是不忠的，但唯命是从也是愚蠢的行为。只有心中有标准、有原则，懂得变通，知道什么事情应该做到什么程度，才真正符合中庸之道。

有一则微型小说，可以很好地诠释原则与变通之间的关系。

北洋时期有一对父子兵，父子俩长期在各个军阀的队伍里当兵，成了兵油子，经历大战小仗无数，身上却连个伤疤都没有留下，因为这对父子有一个绝招：装死。大炮一响，两人就躺下装死，装得无比逼真，躺着都中枪的概率毕竟不高，所以尽管上头司令大帅死了好几个，他们却一直没死。用老父亲的话说："军阀混战都是狗咬狗，我们去拼命，何必呢？"

后来，抗日战争爆发，父子俩的军队也被拉上了抗日前线。这一仗打得昏天黑地，在日军的炮火面前，父子俩所在的那支部队几乎全军覆没。

战斗结束后，儿子又毫发未损，原来他又装死了，但是当他再去看自己的父亲时，却发现父亲已经倒在血泊当中，原来在这场战斗中，他的父亲没有装死，因为这是一场抗击侵略者的正义之战。

这就是变通的中庸之道。在父亲看来，军阀混战中必须力求自保，把自己的命献给唯利是图的军阀实在太愚蠢；但是在抗日战争中，人人都有守土抗战的职责，如果再退缩，那就是卖国。相比之下，儿子的做法则是不变通，自然不算中庸之道。

中庸不是要把人变成一根筋，也不是要把人变成老油子，而是教我们要独立思考，要有节操、有理想，不为无意义的事情随便付出，在真正的道义面前能够毅然赴死。

一上一下，一仁一智

齐宣王与孟子谈治理国家，谈天下归心的大欲，也谈与邻国的交往之道。齐宣王问孟子："交邻国有道乎？"即与邻国交往有什么好的策略吗？

孟子回答说，当然有。"唯仁者能以大事小，是故汤事葛，文王事昆夷。唯智者为能以小事大，故大王事熏鬻，勾践事吴。以大事小者，乐天者也；以小事大者，畏天者也。乐天者，保天下；畏天者，保其国。”这里孟子提出了两个原则：一个是“以大事小”，这需要“仁”，能让则让，不要打压小，这样可以使天下太平。另一个是“以小事大”，这需要“智”，就像勾践侍奉夫差一样，要小心谨慎，明智地使用各种方法保护自己，最大限度地利用强者。

这一条既是外交之道，也可以用在人与人之间的交往上。因为不但国家有大国小国之分，人与人也有地位的差异，我们总免不了要和不同地位的人交往。在居上位时如何与地位低的人交往或居下位时如何与地位高的人交往的问题上，孟子的“仁”和“智”两大原则依然适用。

首先，居上位时，一定要懂得礼让，切不可仗势欺人，这就是“仁”。人生往往盛极而衰，一个人不可能永远风光无限，繁华过后总会凋零。对于真正悟透人生的仁者来说，礼让才是一个人应有的心态，而以礼让去尊重和对待每一个人，是他们的共同特征。

《桐城县志略》和姚永朴先生的《旧闻随笔》记载：清康熙时，文华殿大学士、礼部尚书张英世居桐城，其府第与一吴姓人家为邻，中间有一块属于张家的空地，一直作为过往通道。后来吴氏建房子想越界占用，张家不服，张吴两家遂产生纠纷，闹到县衙。这件事情让县令左右为难，迟迟不能做出判决。

张英家人见有理难争，遂驰书京都，向张英告状，想让张英以地位压一压吴姓的邻居。张英阅罢，认为事情简单，便提笔在家书上批诗四句：“千里修书只为墙，让他三尺又何妨。万里长城今犹在，不见当年秦始皇。”张家得诗，深感愧疚，于是让出三尺地，吴家见状，觉得张家虽有权有势，却不仗势欺人，深感羞愧，也效仿张家向后退让三尺，于是形成了一条六尺宽的巷道，名曰“六尺巷”，两家此举也成为美谈。

一条六尺巷，一封家书，一句“让他三尺又何妨”，描绘出了能够“以大事小”的仁者张英的形象。张英的宽宏大量使得邻里之间的关系得以缓和，既利他又利己，值得称道。

这就是事小之道，在两人地位悬殊的情况下，地位低的人常想当然地认为地位高的人一定会以势压人，这个时候，后者若是能够保持仁心仁德，谦虚礼让，收到的效果往往更加显著；相反，若是过于强横，则正好契合了对方“仗势欺人”的预想，所得到的只有更多的怨恨。

但居人之下时，则需要“智”，否则就会自身难保。

隋炀帝是中国历史上有名的暴君，他在位时骄奢淫逸，使得国家民不聊生。各地农民起义风起云涌，隋朝的许多官员也纷纷倒戈，转向农民起义军。因此，隋炀帝对朝中大臣们处处防范，疑心很重，尤其对外藩重臣更是顾虑重重。

当时唐国公李渊曾多次担任朝廷和地方官，每到一处，都广交当地英雄豪杰，多方树立恩德，因而声望很高，许多人前来归附。正在这时，隋炀帝下诏让李渊到他的行宫去晋见。李渊因病未能前往,隋炀帝很不高兴，猜疑之心顿起。当时，李渊的外甥女王氏是隋炀帝的妃子，隋炀帝向她问起李渊未来晋见的原因，王氏如实回答，隋炀帝问了一句：“会死吗？”王氏把这个消息传给李渊，李渊更加警惕起来。他知道自己迟早会为隋炀帝所不容，但过早起事又力量不足，于是，他想了一个办法。

从那时起，李渊故意广纳贿赂，败坏自己的名声，整天沉湎于声色犬马中，而且大肆张扬。隋炀帝听说了李渊的所作所为后，觉得李渊是个没有大志向的人，就放松了对他的警惕。

李渊的做法就是以下事上的“智”，面对上位者的猜忌，只有想办法隐藏自己的力量与锋芒，才能存活下去。

为人处世就是如此玄妙，处于不同的地位，便有不同的处世之道。处上位以仁，处下位以智，这是孟子教给我们的处世诀窍。

看懂世态炎凉，熟谙人情冷暖

晋国大夫文子曾遇到过不知投奔谁为好的难题。文子流亡在外，经过一个县城。随从说："此县有一个啬夫，是你过去的朋友，何不在他的舍下休息片刻，顺便等待后面的车辆呢？"文子说："我曾喜欢音乐，此人给我送来鸣琴；我爱好佩玉，此人给我送来玉环。他这样迎合我的爱好，无非是为了得到我对他的好感。我恐怕他也会出卖我以求得别人的好感。"于是他没有停留，匆匆离去。结果，那个人果然扣留了文子后面的两车人马，把他们献给了国君。

在变幻莫测的人世间，我们永远无法预测将来会遇到什么人，会发生什么事。当世道艰难的时候，也许人们迫不得已，但是有些人或许本来就是墙头草，他们永远见风转舵。在你春风得意的时候，为你喝彩，不惜牺牲自己的尊严；在你遭遇挫败的时候，他们跟着落井下石，转眼就成陌生人。

小人随时变色，君子才是真朋友。

在北宋的历史中让我们都很钦佩的几个大文豪，在王安石实行新法时，很遗憾他们不是同一个阵营的人。比如司马光和苏东坡等就是反对王安石的保守党。尽管政见不和，他们却欣赏王安石的才情与人品。眼看着他为了变法任用了吕惠卿等小人，司马光没有袖手旁观，而是及时写信给王安石说："忠信的人，在您当权时，虽然说话难听，觉得很可恨，但以后您一定会得到他们的帮助；而那些谄媚的人，虽然顺从您，让您觉得很愉快，一旦您失去权势，他们当中一定会有人为了自己的私利出卖您。"

果然，王安石被罢免了相位后，吕惠卿当上了宰相。他很快便与王安石发生矛盾，甚至企图将王安石置于死地。这正应验了司马光信中的话：

王安石养了一条恶狗，现在成了气候，要反过来咬主人了。

与司马光一样，对世态人情颇具洞察力的还有战国名相蔺相如。蔺相如曾是赵国宦官缪贤的一名舍人。缪贤曾因犯法获罪，打算逃往燕国躲避。蔺相如问他："您为什么选择燕国呢？"缪贤说："我曾跟随大王在边境与燕王相会，燕王曾私下握着我的手，表示愿意和我结为朋友。我想，如果我去投奔燕王，他一定会接纳我的。"蔺相如劝阻说："我看未必啊。赵国比燕国强大，您当时又是赵王的红人，所以燕王才愿意和您结交。如今您在赵国服罪，逃往燕国是为了躲避处罚，燕国惧怕赵国，势必不敢收留您，他甚至会把您抓起来送回赵国的。您不如向赵王负荆请罪，也许有幸获免。"缪贤觉得有理，就照蔺相如所说的办，向赵王请罪，果然得到了赵王的赦免。

缪贤以为燕王是真的想和自己交朋友，他显然没有考虑自己背后的一些隐性因素，如自己的地位、对燕王的利用价值等等。可是当他成了赵国的罪人时，地位变了，价值也失去了，他贸然到燕国去，当然很危险。

《红楼梦》中有一句话揭示了人们生存的道理：世事洞察皆学问，人情练达即文章。我们需要一双明察秋毫的眼睛，去透析变幻莫测的世态人情。

能屈能伸，乃智者人生

孟买佛学院是印度最著名的佛学院之一，这所佛学院的特点之一是建院历史悠久，培养出了许多著名的学者。还有一个特点是其他佛学院所没有的，这是一个极其微小的细节。但是，所有在这里学习过的人，几乎无一例外地承认，正是这个细节使他们顿悟，正是这个细节让他们受益无穷。

这是一个被很多人忽视的细节：孟买佛学院在它正门的一侧，又开了一扇小门，这扇小门只有1.5米高、0.4米宽，一个成年人要想过去必须弯腰、侧身，否则就会碰壁。

其实这就是孟买佛学院给它的学生上的第一堂课。所有新来的人，老师都会引导他到这个小门旁，让他进出一次。很显然，所有的人都是弯腰侧身进出的，尽管有失礼仪和风度，但是达到了目的。老师说，大门虽然能够让一个人很体面、很有风度地出入，但有很多时候，人们要出入的地方，并不是都有着方便的大门，或者，即使有大门也不是可以随便出入的。这时，只有学会了弯腰和侧身的人，只有暂时放下尊贵和虚荣的人，才能够出入。否则，有很多时候，你就只能被挡在院墙之外了。

孟买佛学院的老师告诉他们的学生，佛家的哲学就在这扇小门里。

其实，人生的哲学何尝不在这扇小门里。人生之路，尤其是通向成功的路上，几乎是没有宽阔的大门的，所有的门都需要弯腰、侧身才可以进去。因此，在必要时，要忍辱负重。

人在遇到不测风云时，能站起来就站起来，站不起来就得见机振作，即要能屈能伸，不可撞到头破血流，让自己难有东山再起之日。进退皆宜，能屈能伸，人生之路才会越走越宽。

一次，滕文公面临强大的齐国将在邻国薛筑城时，心里非常恐慌，于是请教孟子应该怎么做。孟子回答说："昔者大王居焉，狄人侵之，去之岐山之下居焉。非择而取之，不得已也。苟为善，后世子孙必有王者矣。君子创业垂统，为可继业。若夫成功，则天也。君如彼何哉！强为善而已矣。"孟子举出了周朝先祖太王的例子，即太王为避狄人的侵犯，体恤百姓，到岐山避难。意在劝谏滕文公面临强敌时，不要与人争强斗胜，而是自己勉励为善，巩固内部，然后自立图强。

孟子在这里提出了使国家保存下来的最实用的办法，也是能屈能伸之道。遥想项羽当年，率兵反秦，称王称霸，真是英雄豪气盖云天，这样一位大英雄在败北之际，却选择了自刎。空留一曲“力拔山兮气盖世，时不利兮骓不逝。骓不逝兮可奈何？虞兮虞兮奈若何”的悲歌。如果项羽能够回到江东，也许江东子弟还会跟随他，重谋天下，其结局也就不会如此悲惨。因此，人在该示弱时当示弱，万不可因一时之意气葬送自己的一生。

大丈夫要能屈能伸。能屈难，能伸也不容易。勾践灭吴的故事众所周知。当越国被吴国打败，困于会稽山上时，可以说勾践遇到了人生道路上的一扇小门！他选择了弯腰和侧身通过这扇小门，卧薪尝胆，十年生聚，十年教训，励精图治，终于一举灭吴。这正是勾践能屈亦能伸的结果。

为人处世，参透屈伸之道，自能进退得宜，刚柔并济，无往不利。能屈能伸，屈是能量的积聚，伸是积聚后的释放。屈是伸的准备和积蓄，伸是屈的志向和目的。屈是手段，伸是目的。屈是充实自己，伸是展示自己。屈是圆通，是高超的处世技巧；伸能圆满，是美妙的做人心境。屈是柔，伸是刚。

屈是一种气度，伸更是一种魄力。处逆境当屈则屈，则为大丈夫矣。当屈不屈，意气行事，不过莽夫行为。处顺境乘势应时，该伸则伸，则伟丈夫矣。当伸不伸，一蹶不振，优柔寡断，则懦夫耳。伸后能屈，需要大智。屈后能伸，需要大勇。屈有多种，并非都是胯下之辱；伸亦多样，并不一定叱咤风云。屈中有伸，伸时念屈。屈伸有度，刚柔相济。

能屈能伸者，成功者之谓也！

圆中预，方中立，古人处世之真理

在《资治通鉴》中有这样一个故事：

一次，魏王攻陷了一座城池，大宴群臣。宴席之上，魏王问文武百官：“你们说我是明君呢，还是昏君呢？”百官多是趋炎附势之徒，纷纷说道：

“大王是一代明君。”正当魏王飘飘然时，问到任座，正直的任座却说：“大王是昏君。”魏王如被泼了一盆冷水，问：“何以见得？”任座说：“大王取得了城池，没有按顺序分给您的弟弟，而是分给了您的儿子，可见您是昏君。”魏王恼羞成怒，命令手下把任座赶了出去，听候发落。接着问下一个臣子，这位大臣说：“大王是明君。”魏王心中暗喜，忙问：“何以见得？”这位大臣说：“臣曾听说明君手下多出直臣。现在大王手下有像任座这样的直臣，可见大王是明君！”魏王听罢，觉得有理，急忙命人把任座重新请了进来。

上文中第一种人一心曲意逢迎，为人圆滑却失其德，失其筋骨；而任座过于刚正，险些因之获罪；最后一位大臣，柔中带刚，既使魏王喜悦，又救了人，是最上乘的处世之道，即内方外圆之道。

古语道：“处治世宜方，处乱世宜圆，处叔季之世当方圆并用；待善人宜宽，待恶人宜严，待庸众之人当宽严互存。”处在太平盛世，待人接物应严正刚直，处天下纷争的乱世，待人接物应随机应变、圆滑老练，处在国家行将衰亡的末世，待人接物要方圆并济、交相使用；对待善良的人，态度应当宽厚；对待邪恶的人，态度应当严厉；对待一般平民百姓，态度应当宽厚和严厉并用。这里所说的道理就是为人处世应该遵循的方圆之道。

为人处世，需要一颗方正的心。但是有方无圆，则性情太刚，太刚则易折，在现实生活中经常愤世嫉俗，牢骚满腹，自命不凡却又处处碰壁，遇挫折缺少变通，很容易歇斯底里，自暴自弃，并把自己推向极端。有圆无方，则谓之太柔，太柔之人缺筋骨，乏魄力，少大志，在生活中难以有大作为。所以方圆相生才是为人处世之本。

清朝光绪年间(1875～1908年)，孙中山刚刚从日本留学归国。有一次，在路过武昌总督府时，他想见一见当时的两广总督张之洞，于是便让守门人传一张便条进去。张之洞打开这张便条，只见上面写着：“学者孙中山求见张之洞兄。”张之洞没听过这个人，好奇其有如此大的口气，于是问道：“他是什么人？”守门人说：“一个书生。”张之洞非常不高兴，提笔在条子上写道：“持三字帖，见一品官，白衣尚敢称兄弟？”守门人出来，将条子递给孙中山，孙中山看过之后，从容地在条子上写道：“行千里路，读万卷书，布衣也可傲王侯。”守门人又将条子传了进去，张之洞看过之后，连忙说：“请！”

孙中山以一介“布衣”笑傲王侯，可见其充盈天地的浩然正气和不惧怕权贵的精神。但不得不承认的是孙中山运气好，恰遇君子，如果遇一昏官，早给他吃闭门羹了。当时身在高位的两广总督能折服于孙中山的气势，也可看出张之洞的器量以及识才爱才之心。张之洞初以规矩来要求他人，不肯见布衣书生；但后为其魄力和骨气所动，欣然接见，也算破了自己的“规矩”，堪称圆润变通的典范了。

“方”乃做人之根本，“圆”乃立世之道。纵观人的一生，无非是做人与做事两个方面。为什么铜钱是内方外圆？这就是中国辩证哲学的集中体现，做事要方，做人要圆。凡事都在圆中预，方中立，这是古人谋事的原则，也是亘古不变的真理。世间事物都在方圆之中，而方圆是历史和哲学的辩证。

方是做人之本，是堂堂正正做人的脊梁；圆是处世之道，是妥妥当当处世的锦囊妙计。只有内方，具有正直的品格，为人处世才能无愧于天地，但是月满则亏，水满易盈，过于刚直则易折，因此凡事要学会变通，要讲究圆融，即外圆。外圆是以万变来处理内方这一不变。懂得这一道理，行走于人世间就能游刃有余了。

水至清则无鱼，人至察则无徒，凡事要掌握分寸，把握好度，正确运用处世的方法谋略，八面玲珑，左右逢源，让人生之路通达顺畅。

对外圆融以安身，对内秉持而立命

颜渊问孔子说："我曾听先生说过：'不要有所送，也不要有所迎。'请问先生，一个人应该怎样居处与闲游？"孔子说："古之人外化而内不化，今之人内化而外不化。""外化内不化"最早来自《庄子·知北游》，庄子假托孔子和其弟子颜渊对话来阐释这个道理。

这句话暗含的意思就是：古时候的人，外表适应环境变化，内心世界却持守凝寂；现在的人，内心世界不能凝寂持守，外表又不能适应环境的变化。随外物变化的人，必定内心纯一凝寂而不离散游移，对于变化与不变化都能安然听任，安闲自得地跟外在环境相顺应，必定会与外物一道变化而不有所偏移。

庄子曾经跟他的弟子说过这样的话，用现代语言来说就是："假如能顺应自然而自由自在地游乐……没有赞誉没有诋毁，时而像龙一样腾飞，时而像蛇一样蛰伏，跟随时间的推移而变化，而不愿偏滞于某一方面；时而进取，时而退缩，一切以顺和作为标准，悠然自得地生活在万物的初始状态，役使外物，却不被外物所役使，那么，怎么会受到外物的拘束和劳累呢？"这是神农、黄帝的处世原则，也是庄子留给后人"外化内不化"的人生价值观。

在外在，一个人越融合、越进入，他的生命就越有效率。而一个人的"内不化"，就是用生命恪守的那份信念；每一个人之所以为"我"的本质，在于灵魂深处的反省与坚持。能够将自己内在的生命、外在的生存有机地统一起来，既能游刃有余地应对世界，也能保全本色自我的纯然，人就会越活越开心。

纯然的理想主义，并不是为人处世的良方，太过飘逸与空幻的梦想，会使人在幻化中迷失方向。但完全意义上的现实主义，总是肩负着使命，自我牺牲的意识总是略显沉重。做到"外化内不化"，才能做到内外合一，让生命自然成长，又将束缚与自由巧妙结合，浑然天成。

进入信息时代，世界瞬息万变，我们的社会每天都在出现新情况、提出新规则，这对每一个人都是一种新的要求、新的考验。如果一个人食古不化，总是坚持自己保守的准则，就会陷入被动，在社会上没有立锥之地。但如果一个人左右逢源却老于世故，丢掉了自己的本真，也是生命的一大悲剧。

因此，作为一个兼具社会性与自然性的年轻人，应该尽早学会顺应外界的变化，接受各种各样的新知识；同时又坚守自己的心灵，保持一颗纯净的心灵。在顺应外界和保持真我之间灵活应付，就能够达到“一龙一蛇，与时俱化”，就能体验到真正的人生大自由。

一个人在社会上生存，必然会被社会上的各种规则、法度所制约，人们若能遵守这些外在的东西，那就做到了庄子所说的“外化”。同时，一个人之所以是一个独特的个体，必然有他与众不同的地方，这是个人的独特个性。能够在时光的洪流中坚守自己内心的禀赋，这就是庄子所谓的“内不化”。能够顺应周围的环境而又保持自己内心高洁的人，才能在生活的穿越中无往而不胜。

这有点像古龙先生《绝代双骄》中的江小鱼。小鱼儿从小生活在恶人谷，受恶人们训练，成了花招百出、调皮捣蛋的惹祸专家。但在他表面邪恶的背后，却隐藏着一颗善良、天真的心。表面上他已经被恶人谷的老师们教坏了，但实际上他有着自己内心纯洁的禀赋。

人在江湖，哪个不是在功名、利禄、权势中打滚，能够在这样的环境中保持内在价值与判断的人又有几个呢？恰恰是江小鱼这样的人，让人们知道，即便长在恶人谷，也同样可以保持赤子之心。他用洞悉尘世的办法逃避世俗的责难，却用一颗真心对待周围的人，所以，他赢得了江湖各路人物的喜欢，令无数女子为他神魂颠倒。

所谓“外化内不化”，其实不仅是自我的一种修为，也是善待他人的一种表现。每个人都是这个世界上独一无二的个体，想要与别人和睦相处，就需要适应外在的环境和他人。但是，在纷繁复杂的现象背后，乱花渐欲迷人眼，一定要秉持自己清晰的内心，保持自己不变的人格和理想，才有可能超然物外，体会真正属于自己的生命快乐，找到束缚背后的自由法则。

第四章

戒除贪欲，无欲则刚

少欲知足是真富，人到无求品自高

有一个天使，送信的时候在人间睡着了。醒来后，他发现翅膀被偷走了。没有翅膀的天使，能力比普通人还要小。他又冷又饿，来到一户人家门口。“我是天使，请把门打开。”这家人打开门，看到天使被雨淋了，衣服皱巴巴的，却问：“你给我们带来了什么礼物？”天使回答：“我的翅膀丢了，回不到天堂去，没有礼物。”“没有翅膀和礼物的天使不算天使！”这家人把门关上了。他敲第二家、第三家的门，都遭到拒绝。天使没办法，只好蹲在村口哭。一个牧羊人看他可怜，把他带回了家。天使吃饱了饭，穿上了暖和的衣服，开始对牧羊人述说自己的遭遇。牧羊人说：“你即使不是天使，我也会给你一顿饭吃的。如果你没有别的事做，就留下来和我一起牧羊吧。”天使在人间的确不会什么手艺，便开始牧羊。天使每天梳理一些羊毛并将之留下，日积月累，他为自己织了一对羊毛的翅膀，在牧羊人目瞪口呆地注视下飞走了。过了几天，天使来答谢牧羊人，问他要什么。牧羊人说：“让我增加 100 只羊吧。”羊群增加了 100 只，牧羊人比过去更累了。他找到天使，请他把羊收回去，为自己盖一间大房子。牧羊人在大房子里住着，发现到处是灰尘，打扫不过来。于是他用房子换了一匹马，牧羊人骑在马背上，但不知要到何处去，就把马还给天使。

天使问："你还要什么？"牧羊人说："什么也不要了。"天使说："人从来都有很多愿望，你难道没有吗？"牧羊人说："愿望实现之后，我才知道我不需要这些东西，它成了我的累赘。"天使说："我送你一件无价之宝，那就是性格。你想有什么样的性格？"牧羊人说："我已经有了这样的性格，那就是知足。"

东西多了，心为形役，生活反而得不到安宁。多求的人，自己是什么也保不住的。如果人们能够知足，那么生命就会安定，我们的生活中才有乐趣可言。只有从内心深处得到满足，那才是真正的知足，这种知足才是真富。

所以，少欲知足是真富，人到无求品自高。一个人只要能做到少欲知足，清心寡欲，并能修身养性，灭除名利的烦扰，就能获得生命的升华。而古往今来，许许多多德高望重的名人都是这样的人。

在过往的岁月中，季羡林因学识的渊博和人品的出众，一直被冠以国学泰斗、学术权威、大师的称号，一生之中获得无数荣誉，他虽著作等身，名扬四海，但对名利却从来都不痴迷，"出点小名，小有得意，却诚惶诚恐"。在季老身上没有对名利处心积虑的追逐，只有淡然和诚恳，而不求名利的心态则为季老带来更多的尊崇与敬意。

季老这种品质的养成，也得益于他的老师陈寅恪。自 1930 年考入清华大学，季羡林便结识了陈寅恪先生，在他的印象中，"在熙熙攘攘的学生人流中，有时会见到陈老师去上课，身着长袍，朴素无华，腋下夹着一个布包，里面装满了讲课时用的书籍和资料。不认识他的人，恐怕大都把他看成是琉璃厂某一个书店的到清华来送书的老板，绝不会知道，他就是名扬海内外的大学者"。季老说，寅恪先生曾经到欧美日等地留过学，因此可知其家境还是比较富裕的，但是他同当时清华大学留洋归来的大多数西装革履、发光鉴人的教授迥然不同，而这也给季老"留下了毕生难忘的印象，令他受益无穷"。

在季老撰写的《寅恪先生二三事》中，他提到了关于恩师的这样几件事：20世纪20年代中期到30年代中期，陈先生在清华教书，工资优厚，那一段时光大概是他一生中经济情况最辉煌的时期。然而，七七事变之后，日寇南侵，寅恪先生拖家带口，举家南迁，这一段时间全家人颠沛流离，不仅居无定所，甚至食不果腹。由于眼疾，又因为在越南丢失了两箱重要的书籍而过分劳神，陈先生的眼睛最终未能治愈而失明。这一段时期，可谓陈寅恪先生人生中最艰难的时期，然而在他写给傅斯年先生的多封信件中，那朴素与真实的表白令季老深为感动。

其中一封写于1939年，陈先生远赴英国牛津大学任教，借英庚款会200英镑。他在信中写道："如入境许可证寄来，而路仍可通及能上岸，则自必须去，否则即将此借款不用，依旧奉还。"另一封写于1945年，他婉言谢绝了其他好友的赠款，"兄及第一组诸位先生欲赠款，极感，但弟不敢收，必退回，故请不必寄出"。

这段时间，正是陈寅恪先生极为贫困的时候，但他仍然坚决不取不该得到的钱，其秉性的耿介可见一斑。季老评价说："寅恪先生，一介书生，清廉自持，不该取之财，一文不取。他是我们学术界以及其他各界的一面明镜。"

世人皆知名利本为浮云，生不带来死不带去，但大多数人仍然难以摆脱名枷利锁的束缚。枷锁之所以能束缚人，主要是因为人太过看重名利，放不下金钱，就做了金钱的奴隶，放不下虚名，就成了名誉的囚徒。

对于名利，假如根本看不破，把利害得失看得比山高比水深，患得患失，那么人就会变得特别输不起，甚至小肚鸡肠、钩心斗角、不择手段，这样得到的名利不要也罢。你只有看穿了名利的虚妄，达到陶渊明"不戚戚于贫贱，不汲汲于富贵"的精神境界，才能获得一片可供心灵自由驰骋的广袤天空。

久贪生灾厄，寡欲心自清

杭州有个名叫叶洪五的孩童，9岁时突然遭逢噩梦侵袭，惊坐而起，吐血不止，突然病倒了，一直未能痊愈，任家里用了多少办法，都治不好。洪五聪明伶俐，亲戚朋友都非常疼爱他，看他病重不愈，非常担心，不是送来财帛，就是送来珍贵的药材。但是病情仍未有半分起色。他的祖母暗暗伤心，遂倾尽所有的财帛买物放生，想要积累阴德，没想到洪五反而因此痊愈了。

上面这个故事是弘一大师向世人讲述的，他借这个故事告诉人们：一个人如果将钱财看得太重，太过爱财，就会心情郁结，连疾病都不容易痊愈，而钱财一旦被当成身外之物，人自然就会变得轻松，百病不生。

贪婪并非完全是天生的，它是个人在后天环境中受病态文化的影响，形成自私、攫取、不满足的价值观而出现的不正常行为。贪婪没有满足的时候，越加满足，胃口就越大。不控制好贪欲，终会导致欲望之火焚身。

所以戒贪一直以来都是佛教的一戒。佛教中人的十指相合手势，便是教导世人不要让金钱腐蚀了人的内心之意。然而，要真正做到这一点并不容易。这就要求我们树立一个正确的金钱观。

金钱对于我们的生活来说，的确很重要，但我们必须清楚的是金钱并不是万能的。挣钱的目的是让自己的生活过得更好。钱不是神，而是仆人，如果我们被金钱奴役，成了金钱的奴隶，不能很好地把握和控制金钱，那么，钱越多，对于我们的害处则越大。要知道：金钱并不是生活的全部，生活中有比金钱更重要的东西。

其实常人都应该明白一个道理，金钱并不是唯一能够满足心灵的东西，虽然它能为心灵的满足提供多种手段和工具，但在现实生活中，过于依赖金钱和物质，反而会使人变得惰性十足，甚至为了金钱不择手段。过于爱钱的人，容易为金钱所困惑，为金钱而难受，为金钱而痛苦。一旦失去了钱财，就如同鱼离开了水，无法存活。然而，金钱不一定越多就越能让人获得幸福。人生的美好不只在于有物质享受。钱只要够花，能满足生活需要就可以了，何必为了挣钱而变得利欲熏心呢。

一位哲人曾说，贪欲会随着黄金的数量增加而增加，而痛苦则会因贪欲的增加而增加。贪欲如海水，越喝越渴，越渴越喝，欲望过多，不加节制，便成了贪婪。生活本来就太辛苦，烦恼、挂虑、忧伤、痛苦，如果贪得无厌，只能苦上加苦，如同一个疯狂旋转的陀螺。

贪婪的人每天都生活在殚精竭虑、费尽心机的算计中，更有甚者可能会不择手段、走极端。而贪婪的人在这个过程中是无法知道贪婪的结果的，因为贪欲早已迷惑了他的心，遮住了他的眼，他不知道自己该在什么时候停下来，他就像一只转磨的驴，只顾一个劲儿地转着圈。

贪欲是魔鬼免费赠送的一剂穿肠毒药，“贪”正是产生人生痛苦的最大根源，久贪就必生灾难，只有祛除贪欲，才能减轻身心的重负。所以，对待金钱必须拿得起、放得下，赚钱是为了活着，但活着绝不是为了赚钱。假如人活着只把追逐金钱作为人生唯一的目标和宗旨，那人就成了一种可怜的动物，人将会被自己所制造出来的这种工具捆绑起来，被生活所遗弃。

有求皆苦，无欲则刚

拉尔夫是一位国际著名的登山家，他曾经在没有携带氧气设备的情况下，成功地征服了多座高峰，其中还包括了世界第二高峰——乔戈里峰。其实，许多登山高手都以不带氧气瓶而能登上乔戈里峰为第一目标。但是，几乎所有的登山好手来到海拔6500米处，就无法继续前进了，因为这里的空气变得非常稀薄，几乎令人感到窒息。因此，对登山者来说，想靠自己的体力和意志，独立征服8611米的乔戈里峰，确实是一项极为严峻的考验。

然而，拉尔夫却突破障碍做到了，他在事后举行的记者招待会上，说出了这一段历险的过程。拉尔夫说，在突破海拔6500米的登山过程中，最大的障碍是心里各种翻腾的欲念。在攀爬的过程中，任何一个小小的杂念，都会让人松懈意念，转而渴望呼吸氧气，慢慢地让人失去冲劲与动力，而“缺氧”的念头也会开始产生，最终让人放弃征服的意志，不得不接受失败。

拉尔夫说：“想要登上峰顶，首先，你必须学会清除杂念，脑子里杂念愈少，你的需氧量就愈少；你的欲念愈多，你对氧气的需求便会愈多。所以，在空气极度稀薄的情况下，想要登上顶峰，你就必须排除一切欲望和杂念！”排除一切欲望和杂念，保持身心安定、清净、祥和。身心清净，没有欲望和杂念的干扰，能量的消耗就会降到最低限度。

所以真正刚强的人是没有欲望的，南怀瑾大师曾送给学生一副对联，上联是佛家的思想，下联是儒家的思想：“有求皆苦，无欲则刚。”如果一个人说什么都不求，只想成圣人、成佛、成仙，其实也是有所求，有求就苦，只有做到一切无欲才能真正刚强，才能真正成为一个大气的人，屹立于天地之间。

《论语》里有这样一段对白：“子曰：吾未见刚者。或对曰：申枨。子曰：枨也欲，焉得刚？”意思是，孔子说，他始终没有看见过一个称得上刚强的人。有一个人说，申枨不是很刚吗？孔子说，申枨这个人有欲望，怎么能称得上刚呢？一个人有欲望是刚强不起来的，碰到你所喜好的，就非投降不可，人要做到“无欲”才能刚。

历史上那些成大器的人物，往往都是最刚强的人，而这类刚强的人，往往都是欲望最少的人。正因为他们的清心寡欲，才使得他们能够坚持自己的信念，始终如一地追求自己的信仰，最终做成大事。所以说，欲望越少，人生就越有力量。

那我们何不减少一些欲望，给自己的人生增加更多的动力呢？其实，人的欲望就像个无底洞，任万千金银也难以填满。一个人真正所需的十分有限，许多附加的东西只是徒增无谓的负担而已，所以，抛却心中的妄情、妄念、妄想，顺其自然地生活，才是真正的生活之道。

见小利则大事不成

一位女总裁讲了一个发生在自己身上的故事。

一天，她正在厨房里做饭，忽然听见从客厅里传来4岁的儿子非常恐慌的声音："妈妈！妈妈快来呀！"

她一听，不知道出了什么事，赶快跑到了客厅。这才发现原来儿子的手卡在一个花瓶中出不来了，因此痛得哇哇直叫。她想帮儿子将手从花瓶中拉出来，可试来试去就是不行。看着儿子脸上挂满了泪水，她急坏了，于是找来一个锤子，小心翼翼地敲破了花瓶。

费了很大的劲，儿子的手终于出来了。这时她看到儿子的小手紧紧攥成了一个拳头，怎么也不松开。

她吓坏了，心想，难道是孩子的手在花瓶里卡得太久变了形？

等她将儿子的拳头小心地掰开了，这才彻底松了口气：孩子的手没事，他的小手心里紧紧攥着的，是一枚5分钱硬币。这让她哭笑不得，因为刚刚被她敲碎的，是一个价值3万元的古董花瓶。

原来，淘气的儿子不小心将几枚硬币扔进了花瓶，他想把硬币取出来，可由于紧紧攥住硬币的拳头大过了瓶口，于是就怎么也出不来了。

她不由问儿子："你怎么不把手松开，放下硬币呢？那样你的手就可以出来了，妈妈也就不必打烂这个花瓶啊！"儿子的回答却是："妈妈，花瓶那么深，我怕一放手，它就跑掉了啊！"

为一枚5分钱的硬币，砸烂了一个价值3万元钱的花瓶，这个故事听上去未免太可笑了。

但笑过之后，大家反思：虽然这个故事发生在一个4岁孩子身上，但其实这种现象在成人身上也普遍存在——很多人正是由于将手中的东西抓得太紧，最后因小失大，甚至导致了悲剧的产生。

一个唯眼前小利是图的人，必将失去大利。孔子有云：见小利则大事不成。正是此道理。

仔细想想，我们身边的人以及我们自己，有多少人在做着故事中的孩子所做的傻事。人生如梦，弹指一挥间，已是夕阳红。而在这个过程中，有多少人为蝇头小利算来算去，终究一事无成，如一粒尘土来到世间，庸碌过后，仍旧是尘归尘。他到来那刻，世界似乎在打盹，没有被他激起一点涟漪。

其实见小利而心动是人性的一个普遍弱点，普通人如此，一国之君也难以超越。针对梁惠王的求利心理，孟子在说完“王何必曰利？亦有仁义而已矣”这句话时，进一步阐述道：“王曰何以利吾国，大夫曰何以利吾家，士庶人曰何以利吾身。上下交征利，而国危矣。”

也就是说，如果人人都像梁惠王一样，怀着谋国的居心，急功近利，那么，上行下效，那些在高位的大臣、卿大夫，也只求顾全自己的家族利益；一般的国民，也就只为自己身家的利益打算。这种观念发展下去，一定会使全国上下各个阶层都将利害作为生活的重心，形成“当利不让”的风气，这样的话，国家就太危险了。其实，孟子是在劝说梁惠王放弃眼前的小利，而为天下、为千秋万代的大利着想。结果梁惠王根本听不进孟子的话，他还在做扩张领土的春秋大梦！可见，超越小利的诱惑是人生一大难事。

元代的一位文人曾作《正宫·醉太平》：“夺泥燕口，削铁针头，刮金佛面细搜求，无中觅有。鹌鹑嗉里寻豌豆，鹭鸶腿上劈精肉，蚊子腹内刳脂油，亏老先生下手。”显而易见，这是在讥讽贪小利者，其刻画真是入木三分，令人拍案叫绝。也许有夸张之嫌，但也足够引人思考。

做人，千万不可被小利蒙蔽了双眼，须将眼光放长远，方能成就大事业。

冯谖是历史上著名的食客，因为饭桌无鱼，便弹铗而歌。后来，他被孟尝君的诚意与谦逊所感动，终于为其利益而奔走。

有一次，孟尝君想从门下宾客中选人代他到薛邑（孟尝君的封土）收债，冯谖主动申请前往。孟尝君很高兴，便同意了。冯谖收拾停当之后，向孟尝君辞行，并请示："收完债，您需要买些什么东西吗？"孟尝君顺口答道："先生看我家里缺什么，就买些什么吧！"

冯谖驱车来到薛邑，他派人把所有负债之人都召集到一起，核对完账目后，他便假传孟尝君的命令，把所有欠债人的欠条当面烧掉了，百姓感激不已，皆呼万岁。

冯谖随即返回，一大早便去求见孟尝君。孟尝君没料到他回来得这么快，半信半疑地问："债都收完了吗？"冯谖答："收完了。""那你给我买了些什么回来呢？"孟尝君又问。冯谖不慌不忙地答："您让我看家里缺少什么就买什么，我考虑到您有用不完的珍宝，数不清的牛马牲畜，美女也很多，缺少的只有'义'，因此我为您买'义'回来了。"孟尝君不知其所云，忙问"买义"是什么意思。冯谖就把经过说了，并补充说："您以薛为封邑，却对那里的百姓像商人一样盘剥刻薄，因此，我假传您的命令，免除了他们所有的欠债，并把债券也都烧了。"孟尝君听罢心里很不高兴，只得悻悻地说："算了吧！"

一年后，孟尝君由于失宠被新即位的齐王赶出国都，只好回到薛邑。往日的门客都各自逃散了，只有冯谖还跟着他。当车子距薛邑还有上百里远时，薛邑百姓便已扶老携幼，夹道相迎。孟尝君好生感慨，回头对冯谖说："先生为我所买的'义'，我今天终于看见了！"

冯谖焚债券而买"义"，此一举确实高明。这也印证了他的大智谋与眼光。他没有被眼前的小利所迷惑，而是从长远出发，孟尝君作为战国的四公子之一，在这一点上比起冯谖来，也略逊了一筹。

急功近利带来的往往是目光的短浅、思考的匮乏，以小利而大喜，以小失而大悲，结果是因小利而亡命。要想摆脱小利的诱惑，不懈地去追求大利，其实是很困难的，这需要大胸襟、大气魄、大智慧，能够不断地战胜自我，为了心中的目标而执着前行。

欲望只可浅尝，不可沉溺

一个老头儿和他的老太婆住在大海边，住在“一间破旧的小木棚里”，老头儿天天撒网打鱼，老太婆天天纺纱结线。一天，老头儿打到一条金鱼，将它放回了大海。金鱼为了报答他，就说能满足他的所有愿望，可是他却不要任何报酬。但是，老太婆知道这件事以后却破口大骂，硬逼着老头儿去向金鱼要一只新木盆。金鱼满足了老太婆的要求。但是老太婆又破口大骂，让老头儿再去要一座木房子，金鱼又给了她一座木房子。

老太婆越来越不满足，她表示“不高兴再做平凡的农妇”了，她要做“世袭的贵妇人”。金鱼满足了她的要求。老太婆当上贵妇人以后，却把老头儿派到马房里干活儿。不久，老太婆声称“不想再做世袭的贵妇人，要当个自由自在的女皇”。金鱼又一次满足了她的要求。当老头儿回来时，老太婆看都没看他一眼，就吩咐左右把他从眼前赶开。最后，老太婆声称她已经“不高兴再当自由自在的女皇”，而“要当海上的女霸王”，并且要金鱼亲自侍奉她，听她使唤。这一次，金鱼不但没有答应她的要求，还收回了以前送给她的一切。当老头儿从海边回来时，他看到的仍旧是那间小木棚，老太婆面前还是那只破木盆。金鱼之所以这样做，是因为它已经看出老太婆贪婪的心是永远不会满足的。

渔夫救了金鱼，这是义，但渔夫的老婆不能挟义索利。金鱼知恩图报也是义，但它不能无限地满足私欲的要求。在这个故事中，义最终变质，蜕变成纯粹的欲，让人鄙弃。而被私欲蒙蔽的老太婆也最终得到了惩罚。伊索说过，有些人因为贪婪，想得到更多的东西，却把现在所有的都失去了。

一生之中，我们每一个人多少会遇到一些陷阱，而这些陷阱之中，最为可怕的一种是我们亲自挖掘的。因为私心，我们忽略了自己的弱点，不顾一切地去满足自己的欲望。这时，即使危险摆在我们面前，我们也无法去理会、去避让，私欲遮住了我们的眼，使我们无法看到危险所在。

私欲，无疑是对人类的一个巨大的考验，它是人的劣根性之一：私欲与现实之间的鸿沟是永远无法逾越的。曾经有人说："欲望像海水，喝得越多，越是口渴。"如果任由它对我们的人生予取予求，任由自己在私欲的泥潭中不断深陷，最终的结果必定是葬送自己。对于一个不知足的人来说，他的"口渴"病是无药可医的，而且如绝症一般，只会不断加重。私欲是魔鬼免费赠送的一剂穿肠毒药，谁能免疫？只要喝下它，原本清灵明澈的心，就必定会被其蒙蔽，自然就无法看到近在眼前的"熊熊大火"，结果自然与"饮鸩止渴"无异。想全身而退，就赶快从私欲的泥潭中脱身吧！

坐拥已有，不必占有

有一位年轻人因为穷困潦倒，整天闷闷不乐。

这一天，走过一个须发俱白的老人，问："年轻人，干吗不高兴？"

"我不明白我为什么老是这么穷。"

"穷？我看你很富有嘛！"老人由衷地说。

"这从何说起？"年轻人问。

老人没有正面回答，反问道："假如今天我折断了你的一根手指，给你1000元，你干不干？"

"不干！"年轻人回答。

"假如斩断你的一只手，给你10000元，你干不干？"

"不干！""假如让你马上变成80岁的老翁，给你100万元，你干不干？"

“不干！”“这就对了,你身上的钱已经超过了100万元呀！”老人说完，笑吟吟地走了。

人往往无法欣赏到自己真正拥有的财富，只想到我们所没有的，这便是人生的悲剧。如果换一种方式思考自己的人生，细数上天已经赐予的恩典，我们便会发现人生的财富。

很多人都想成为富翁，但如何把自己活成一个富翁呢？赚别人的钱当然是个办法，但人生最重要的不是去占有财富，而是知道自己已坐拥的所有物。不管你是穷人还是富人，都必须知道当下的生活中已经拥有的东西，跳脱“我没有”或“别人拥有的比我多”的思想，计算一下自己已拥有的，你会发现我们每个人都是富人。

有一个村庄，里面住着一个独眼的瞎爷。

瞎爷的左眼是在他9岁那年瞎的。一场高烧之后，他忽然对他的爹娘说:“我的左眼看不见东西了！”两位老人一惊,忙过来用手在他左眼前晃，而那只左眼果然像坏了的钟摆一样一动不动。他爹娘顿时泪流满面，仅有的儿子瞎了一只眼睛可怎么办呀！没料到爹娘哭得伤心的时候，他却缓缓地说:“爹娘，你们哭啥，应该笑才对！这场病不是只弄坏了我一只眼吗？左眼瞎了，右眼还看得见呢！总比两只眼都弄坏了要好啊！你们想一想，我比起世界上那些双目失明的人，不是强多了吗？”儿子的一番话，把两位老人惊呆了，但后来想想也有理，于是停止了流泪。

瞎爷的家境不好，爹娘无力供他读书，只好让他去私塾里旁听。爹娘为此十分伤心，瞎爷却劝道：“我如今也已识了些字，虽然不多，但总比那些一天书没念，一个字不识的孩子强多了吧！”爹娘一听，觉得安然了许多。

后来，瞎爷娶了个嘴巴很大的媳妇。爹娘又觉得对不住儿子，瞎爷劝他们说：“能娶到这样的一个媳妇已经很不错了，和世界上的许多光棍比起来，简直可以说是好到天上去了！”这个媳妇勤快、能干，可脾气不好，不温柔、不驯服，把婆婆气得心口疼。儿子劝道："娘，你这个儿媳妇是有些不大称你的心，可是你想想，天底下比她差得多的媳妇还有不少。你的儿媳妇脾气虽是暴躁了些，不过还是很勤快的，又不骂人。"爹娘一听真有些道理，就不生气了。

可是，瞎爷家确实很贫寒，妻子实在熬不下去了，便不断抱怨。瞎爷说："你只跟那些住在深宅大院、家有万贯家财、顿顿吃肉喝酒的人家相比，自然是越比越觉得咱这日子是没法过了。但是你只要瞧瞧那些拖儿带女四处讨饭的人，白天饱一顿饥一顿，晚上睡在别人家的屋檐下，弄不好还会被狗咬一口，就会觉得咱家这日子还真是不错。"

瞎爷老了，想在合眼前把棺材做好，然后安安心心地走，可做的棺材属于非常寒酸的那一种，妻子愧疚不已，瞎爷劝说："这棺材比起富豪大家们的上等棺木是差远了，可是比起那些穷得连棺材都买不起，尸体用草席卷的人，我不是强多了吗？"

瞎爷死的时候，面孔安详，脸上还留有笑容……

瞎爷失去了一只眼睛，没有知识，没有漂亮的媳妇，没有万贯家财，死时也没有一副好棺材，但他摆脱了去"占有"而使自己获得一切的想法，却见到了"无中之有"。他还有一只眼睛，他识得字，他有个妻子，他有可供栖身之所，这都是他的财富。不去占有的人生态度是一种境界，也是一种大度。有时，你所拥有的那一部分也许因为缺陷而不那么可爱，却也是你生命的一部分，接受它且善待它，自己的人生便会多一份财富。斯宾塞说，善恶乃在一念之间，喜乐贫富亦复如是。

以舍医贪，舍利而养心

深海里，一条小鲨鱼长大了，开始和妈妈一起学习觅食，它逐渐学会了如何捕捉食物。妈妈对它说："孩子，你长大了，应该离开我去独自生活。"

鲨鱼是海底的王者，几乎没有任何生物能伤害它，所以虽然妈妈不在小鲨鱼的身边，但还是很放心。它相信，儿子凭借着超强的捕食本领，一定能生活得很好。

几个月后，鲨鱼妈妈在一个小海沟里见到了小鲨鱼，它被儿子吓了一跳。小鲨鱼所在的海沟食物很丰富，它就是被鱼群吸引到这里的，小鲨鱼在这里应该变得强壮起来，可是它看上去好像营养不良，很疲惫。

究竟出了什么问题呢，鲨鱼妈妈想。它正要过去问小鲨鱼，却看见一群大马哈鱼游了过来，而小鲨鱼也来了精神，正准备捕食。鲨鱼妈妈躲在一边，看着小鲨鱼隐蔽起来，等着马哈鱼到自己能够攻击到的范围。一条马哈鱼先游过来，已经游到了小鲨鱼的嘴边，也丝毫没有感觉到危险。鲨鱼妈妈想，这下儿子一闭嘴就可以美餐一顿，可是出乎它意料的是，儿子连动也没有动。

两条、三条、四条，越来越多的马哈鱼游近了，可是小鲨鱼还是没有动，盯着远处剩下不多的马哈鱼，这个时候小鲨鱼急躁起来，凶狠地扑了过去，可是距离太远，马哈鱼们轻松摆脱了追击。

鲨鱼妈妈此时追上小鲨鱼问：“为什么不在马哈鱼在你嘴边的时候吃掉它们？你一闭上嘴巴就可以了啊。”小鲨鱼说：“妈妈，你难道没有看到，我也许能得到更多。”

鲨鱼妈妈摇摇头说：“不是这样的，贪婪是无法满足的，但机会却不是总有。贪婪不会让你得到更多，如果你不懂得舍弃一些东西，甚至连原来能得到的也会失去。”

人生常患大病，病由“贪”字而来。庄子就曾这样形容：世上的人们所尊崇看重的，是富有、高贵、长寿和善名；所爱好喜欢的，是身体的安适、丰盛的食品、漂亮的服饰、绚丽的色彩和动听的乐声；所认为低下的，是贫穷、卑微、短命和恶名；所痛苦烦恼的，是身体不能获得舒适安逸、口里不能获得美味佳肴、外形不能获得漂亮的服饰、眼睛不能看到绚丽的色彩、耳朵不能听到悦耳的乐声；假如得不到这些东西，就大为忧愁和担心。

所以，很多时候，得不到的原因不是你没努力，而是你的心放得太大，来不及收网。其实人又何尝不是这样，不懂得舍弃，只盯着远处那飘来飘去的巨大的贪念，又怎么能抓住眼前那一点点的“得”呢？

医“贪”病定要用“舍”字。只有真正地懂得舍弃，才能摒除自己的贪念，才能“得”。如果情爱是束缚，你能舍去情爱，不就自由自在了吗？如果妄想是烦恼，你能舍去妄想，不就能得到真实了吗？如果挂碍是痛苦，你能舍去挂碍，不就轻松愉快了吗？所以能舍，就能得，这是必然的道理。

镜湖山旅游区乘索道至山顶，游客在饱览风光后，可以乘坐索道奔下一个峪口。购票前，大家有两种选择，一是直接乘索道前行，票价 10 元；二是先入另一个通道，然后再乘索道，在这个通道里需要参加一种翻番奖励游戏，一共七关，奖励结果各关不同，全凭自己把握，票价 15 元。大部分游客都怀有不到长城非好汉的心态，既然到了山顶，还差这 5 元钱？赌一次！

检了票的游客被带进一个封闭通道内，通道每次只能过一人，等前面的人先过去了后面的人才能继续接上。入第一关，电子屏幕上写着：现在，您已经获得了 5 元钱的奖励，如感到满足，您可以结束游戏，从侧边出去领取奖金。游客想，我花 5 元钱就这结果呀，那还不如不玩，继续。于是就进了第二关。第二关屏幕上写着：现在，您已经获得了 10 元钱的奖励，如感到满意，您可以结束游戏，从侧边出去领取奖金。游客想，我获得此机会不容易，再走。第三关，奖金成了 20 元。游客想，下一个定是 40 元了，继续下去会比较好……到了第六关，屏幕上写着：现在，您已经获得了 160 元的奖励，如感到满足，您可以结束游戏，从侧边出去领取奖金。许多游客想，我不过花费 5 元钱，损失了也没事，就赌它一把，下一关应当是 320 元了！

然而，当游客进入最后一关时，只见那里负责检票的工作人员，手中拿的是一个印有“欢迎下次光临”的牌子。这时想要后退回去是不可以的，前面索道又催，那些游客只好怀着一丝遗憾离去。

最后从通道出来的是一对中年夫妇，只有他们获得了奖金，他们在第三关的时候领取了共 40 元的奖金，也就是说，中年夫妇分文未花地乘索道，旅游区还倒贴给他们 10 元。其他游客笑问这对中年夫妇怎么没有再往前选取再高一点的奖金呢，哪怕是在第四关、第五关或者第六关？

中年男子笑着说：“当我们到了第三关的时候，我们发现，这第三关的奖金已经让我们‘赚’了 10 元，我们当时就决定领取奖金，贪念是人间最可怕的东西，只有舍弃这个可怕的贪念，你才能获得美好，只有学会舍弃，你才有可能得到。”

这个创意让旅游区获得了相当丰厚的利润。据说起初论证时，好多董事提出质疑，说如果大家都在第六关满足的话，那可赔惨了……策划者说，不可能。这关其实是贪婪关，一般人很难做到以舍去贪，很难超越过去。事实确实如此，能通过者寥寥无几。

就像那对中年夫妇一样，只有舍弃了贪婪，才可能有更多的得到；只有舍弃了欲望，才可能有更多的收获。

走路时，不舍去后面的一步，便无法跨出向前的一步；作文时，不舍去那些冗长的赘语，便无法成就精简犀利的短文；庭院里的小树苗，如果你舍不得剪去那些看似漂亮的多余的枝叶，它的主干就无法茁壮地生长，会拖垮整棵树苗。舍，看起来是给人，实际上是给自己。通过“舍”来医治人们内心的贪婪，即是帮助人们回归真善美的本性。

钱用出去了，才是属于你的

在现代社会，许多有钱人都乐善好施，可以慷慨抛掷金钱。他们认为，钱财并不总是给他们快乐，而散财、做慈善事业，反而让他们找回了幸福感。这是一种正确的金钱观和布施方式。

身为亿万富翁的钢铁工业巨头安德鲁·卡内基认为：发财致富的目的在于散财。当年他一贫如洗时，一位富翁曾对他以友相待，让他自由借阅私人藏书。卡内基发迹后，便大笔大笔地捐款，兴建世界最大的免费借阅图书馆系统。

朱利叶斯·罗森沃尔德将经营惨淡的西尔斯·罗巴克公司从破产的边缘挽救过来，现在已将其发展成零售业巨头。如今，他正负责发展和改进乡村代理人体系及四健会（原美国农业部提出的口号，旨在推进对农村青少年的农牧业、家政等现代科学技术教育）。他的奋斗目标是实现美国乡村地区的繁荣和教育现代化。

对于普通的人来讲，虽然没有大笔的财富，但也不必为了金钱而变得锱铢必较。赚取钱财是为了让自己的日子越过越好，而不是让自己变得越来越提心吊胆，或者终日汲汲而求。在这个世界上，只有被自己用出去的钱财才是自己的，那些被我们牢牢攥在掌心的财富若不被利用，到最后不可能永远为我们所拥有。

金钱，要能接受，也要能施舍，用出去的钱财才是自己的，不用，再多的钱财，最后还不知是谁的。

亚历山大大帝死的时候，在棺材两侧各挖一个洞，将手伸出来，表明他也是两手空空走向死亡的。人们在活着的时候对名利和财富死死牵挂，到死都不肯放手，但事实上死后的名利钱财也将不再属于自己，那么活着的时候吝啬物质上的付出又有什么意义呢？在这里并不是告诉人们，在活着的时候要尽情享受物质，非把千金散尽不可，而是教人们对待财物的态度要自然一些，不要太吝啬。

人，从出生到死亡，不过是“赤条条来去无牵挂”，在生命的过程中，如果只想着做一个守财奴，那么赚再多的钱也没有任何意义，它只是暂时聚集在你这里的一堆数字，死后不知又成了谁的枷锁。不如舍去，换取世人更多的温暖。那些用了的钱财，才是你自己的。

君子爱财，取之有道

战国时代，孟子名气很大，府上每日宾客盈门，其中有很多是慕名前来求学问道的。有一天，孟子家接连来了两位神秘人物，一位是齐国的使者，一位是薛国的使者。对这种人物，孟子自然不敢怠慢，小心周到地接待他们。

齐国的使者给孟子带来赤金 100 两，说是齐王所赠的一点小意思。孟子见其没有下文，所以坚决拒绝齐王的馈赠。几番推脱下，使者无奈只有带着钱灰溜溜地走了。

隔了一会儿，薛国的使者也来求见。孟子依然客气地接待他，薛国使者给孟子带来 50 两金子，说是薛王的一点心意，感谢孟先生在薛国发生兵难的时候帮了大忙。孟子听完后点点头吩咐手下人把金子收下。这个时候左右的人都觉得十分奇怪，不知孟子葫芦里装的是什么药，但也没人敢问。

陈臻听到这件事后大惑不解，于是他在与孟子谈论学问的过程中趁机问他："齐王送你那么多的金子，你不肯收；而薛国才送了齐国的一半，你却接受了。这是为何？如果你刚才不接受是对的话，那么现在接受就是错了；如果你刚才不接受是错的话，那么现在接受就是对了。对于两个不同国家的礼物，你按道理应该是要么一起接受，要么哪一边都不接受才对。"

孟子笑着回答说："都对。在薛国的时候，我帮了他们的忙，为他们出谋设防，平息了一场战争，我也算个有功之人，为什么不应该受到物质奖励呢？而对于齐国我什么忙也没帮，但他们却平白无故给我那么多金子，这是有心收买我，君子是不可以用金钱收买的，我怎么能收他们的贿赂呢？"陈臻听后豁然开朗，更加佩服孟子的为人。

孟子不收不义之财，因为他明白收到贿赂的钱财后，自己将永远受制于人，还会招人话柄。如果收取的是自己应得的那份酬劳，那么就会坦荡荡，不会有丝毫的心虚。一个正直的人不会拒绝接受财富，但对不合法之财却从不沾惹。因为不合法之财既会让自己受到欲望的牵制，也会让自己受到他人的牵制，最后受到精神和良心折磨，落得一生不得自由的悲惨下场。这就像人说了一句谎话，说的时候不觉得，但说完后需要更多的谎话去填补这个窟窿，长此以往，让人苦不堪言。

也许这个世界上没有不爱财的人，尤其是当一个人穷困潦倒的时候，对金钱的渴望就会更加强烈。但是关于获取财富，每个人都有每个人的方式和手段，这其中就分正当的和不正当的。

俗话说得好，君子爱财，取之有道。这里的“道”讲的是规则，讲的是合法、有义之道。人一旦取了不义、不合法之财，那么他的行为无疑和官府勒索，与盗贼抢劫无异。这样的财，来得快去得也快。人们要想高枕无忧，夜里安然入睡，那么钱就得用自己的。聚敛钱财要讲究一定的方法，但是不能做违背良心和伤天害理的事情。

取有道之财，合法之财，人们方能光明磊落、坦坦荡荡、心地无私地活着。所以佛说：“如法求财，不以非法。”什么是如法？什么是非法呢？人们通过付出体力和脑力的劳动或正当的投资理财方式而得来的财物，便是合法的，通过其他途径获得巨额钱财就是非法的。

现在人人都想发财做官，但是用不正当的方法得到的，那就不能接受；虽然说贫穷和地位低贱是人人所不希望的，但是如果不能用正当方法摆脱，那就要安贫乐道。孔子关于义、利的看法，即是君子得财，要来得正当，不正当的钱财，离开仁道去获取的钱财，是令人生厌的。如果一位君子扔掉了仁爱之心，那怎么能成就君子的名声？君子就应该时时刻刻都不离开仁道，在紧急的时候不离开，在颠沛的时候也不离开，这样才是一位真正的君子。

财富虽然是人见人爱的东西，但是人们对待它的态度就有所不同。有的人是为了敛财而疯狂，不惜做出伤德败俗，有违人性的事情；而有的人则是通过艰辛的耕耘，付出勤劳的汗水得到钱财，是为了满足物质生活的需要。因为一个人的财富观、价值观直接决定了这个人的人品以及其名声和地位，所以许多富有的人都非常谨慎地对待他们的财富来源和财富去处。

明朝的开国皇帝朱元璋曾给他的下属算过一笔账：老老实实地当官，守着自己的俸禄过日子，就好像守着“一口井”，井水虽不满，但可天天汲取，用之不尽，如果井水过满，那么，就会很快枯竭，因为人们会争先恐后去舀取。朱元璋的这个账算得颇有哲理，“一口井”的哲学也说出了明哲保身的财富哲学，要知道人只有靠自己的劳动获取财富心里才会踏实，而非法手段获得的不义之财最终会葬送整个人生。

爱财之心人皆有之，而君子取财得之正道。让财来得心安理得，来得理所当然，对自己、对他人都没有坏处，那样的话用起来才能身心舒坦。

今日讨巧，明日奉还

欧洲某些国家公共交通系统的售票处大部分是自助的，也就是说你想到哪个地方可根据目的地自行买票。没有检票员，甚至连随机性的抽查都极少。据说逃票被抽检抓到的概率大约只有万分之三。

一位中国留学生发现了这个管理上的“漏洞”。他很高兴不用买票而坐车到处游玩，但在他 4 年的留学期间，他因逃票被抓了两次。

4 年后，他大学毕业，试图在当地寻找工作。他知道许多跨国大公司都在积极地开发亚太市场，就向这些公司投了自己的求职资料，可都被拒绝了。一次次的失败，使他愤怒地认为这些公司有种族歧视倾向。终于有一天，他冲进了一家公司人力资源部经理的办公室：“先生，我想问一下贵公司为何不录用我。据我所知，有一位各方面能力都不如我的韩国同学已被你们录用。你们是不是歧视中国人？”

“先生，我们并没有歧视你，相反地，我们很重视你，因为我们公司一直在中国进行市场开发，我们需要一些优秀的本土人才来协助我们完成这个工作，所以你刚来求职的时候，我们对你的教育背景和能力很感兴趣。老实说，你就是我们所要找的人。”经理回答。

“那为什么不录用我呢？”

“因为我们查了你的信用记录，发现你有两次乘公车逃票的记录。”

“我承认。但为了这点小事，你们就放弃了一个能为你们带来更大利益的人才？”

“小事？不，不！这位先生，我们并不认为这是小事。我们注意到了，第一次逃票你说自己还不熟悉自动售票系统，这有可能。但在之后，你又逃了票。这如何解释呢？”

“那时刚好我口袋中没零钱。”

“不，不！这位先生，我不同意这种解释。我相信你可能有数百次的逃票。对不起，我只是说可能。此事证明了几点：第一，你不仅不尊重规则，而且善于发现规则中的漏洞并恶意使用；第二，你不值得信任，而我们公司的许多工作的进行是必须依靠诚信来完成的，如果你负责了某个地区的市场开发，公司将赋予你许多职权，但为了节约成本，我们不会设置复杂的监督机构，正如我们的公共交通系统一样。因此我们没办法雇用你，而且我可以断定：在这个国家甚至在整个欧盟，可能没有公司会冒险来雇用你。”

做人不要自作聪明，把别人当傻瓜。贪图利益，终有一天会自食恶果。

追名逐利乃人之本性，然而就算追求也要有属于自己的“品位”，总不能为逃一元钱的公交费而把自己的人格毁损。生活中这样的人还真不少，他们表面上看来衣着光鲜，人们不会把他们与一元钱想到一起，然而贪图小便宜的人比比皆是。

当今，我们处在一个竞争非常激烈的时代，人人都有一种危机感，生怕丢掉饭碗，丢掉手中的权力，所以有些人的行为渐渐偏离了正常的轨道，想投机取巧地侵夺、占取他人的利益，致使人际关系陷于紧张。

“苟非吾之所有，虽一毫而莫取。”做人最要不得的就是自作聪明，以为自己很了不起，可以把别人当作傻瓜一样骗得团团转，或者以为自己的小动作别人无法发觉，这样想的人本身就是个傻瓜。今天你讨巧了，明日必定会让你加倍奉还，这似乎是一种冥冥之中注定的规律。

不义而富且贵，于我如浮云

《论语》中有这样一段经常被后人传颂的话：“不义而富且贵，于我如浮云。”意思是说用不义的手段获得的富贵名利，对于我来说，不过如天边的浮云，任它飘远无所憾。

每个人的一生皆各有各的乐，并不需要一味依靠物质。通过不合理的、非法的手段攫取财富，是非常可耻的事。孔子认为，这种富贵对他来说等于浮云一样，聚散不定，似乎拿到了，其实很可能转瞬即消失。看透了这一点，人自然不会受物质环境、虚荣的惑乱，可以建立自己的独立精神人格。

美国曾在1980年通过了《新难民法案》，使得居住在纽约水牛城收容所的500名难民成为美国的合法公民。这些人大多是来自贫困国家的偷渡者，希望来美国实现自己的幸福梦。新法案颁布25周年时，该法案的受益者们搞了一次集会，他们承认自从成了美国公民，生活有了空前改善，但是，幸福的梦想远远没有实现。

一位社会学教授闻知此事，便展开了调查。首先他对那批难民的身份进行了一次全面的核实，发现这500人有一些共同点，即贫穷艰苦的经历和对金钱强烈的渴望。这批偷渡者由于都有着强烈的发财梦，来美后，经过20余年拼搏，有将近一半的人，靠冒险和吃苦的精神达到了美国中产阶级的水平。

那么，为什么他们没有找到梦寐以求的幸福呢？

为了找出根源，教授对他们一一进行调查。下面是他对其中的3位所做的调查记录：某水产商，初来美国时，在迈阿密的水产一条街做黄鱼生意，现已由原来的一间店铺，发展为连锁店。20年来，为挤垮竞争对手，未休息过一天，更未出外度过一天假。某房产开发商，1995年之前，在12个市镇拥有房产开发权，因逃税被判1年6个月监禁，剥夺开发权，罚款7300万美元，现从事涂料进出口业务。某中介商，来美国后，一直从事海地、多米尼加、波多黎各等国的劳务输出工作，通过他，本家族60%的人在美国打工或暂住，现和他一起居住的亲属有十几人。

教授的调查报告历数了每个人的生活状态，这份报告被交到美国政府之后，迅速被移交到移民局。没过多久，原纽约水牛城收容所的500名难民每人收到一本小册子，小册子的封面上写着：一个穷人成为富人之后，如果不及时修正贫穷时所养成的贪婪，就别指望能跨入幸福的境界。

不久，美国《加勒比海报》报道一则消息，一位来自加勒比海地区的富翁卖掉公司，打算去过简朴的生活。第二天，教授收到美国移民局的一封信：这批难民中已有一人找到了富裕后的幸福。

幸福其实很简单，不一定非要过豪奢的生活，只要简简单单就好，如果终日围着“利”旋转，便会在“富贵”的诱惑中迷失自我，忘记应坚守的“义”，忘记应持守的“品”，忘记自己独立的精神人格，终日吃美食喝美酒，沉湎于灯红酒绿的生活。每天早晨，清风拂过，双眼迷蒙，心里充满了难以拂拭的尘埃，时间久了，生活变得越来越无趣，除了吃喝玩乐似乎已经没有什么事情可做，便开始追求刺激，一步步滑向“不义”的深渊。这样的生活并不是人们想要的，人们期待的是毫无心灵负担的幸福，此种幸福该如何获得呢？便是“放下”二字。“放下”不是叫你倾家荡产，也不是自讨苦吃，而是有钱便去做些力所能及的善事，无钱独善其身即可。

在《格言》里就有这样一篇文章：

他今年 76 岁，和妻子居住在美国旧金山的一套一居室的出租屋里。他从来没有穿过名牌衣服，眼镜还是多年前从街头杂货店里买来的，佩戴的手表是地摊上买的塑料手表。他不爱美食，最喜欢的是价格低廉的烤奶酪和西红柿三明治。他没有自己的小汽车，外出通常都是乘坐公交车，他用的公文包是个布袋。如果你和他一起到小酒馆喝上一杯啤酒，他一定会仔细核对账单。

你一定奇怪，一个贫穷而吝啬的美国老头有什么好说的？那么让我们看看他 76 岁以前都做了哪些事。

他曾为康奈尔大学捐了 5.88 亿美元，为加州大学捐了 1.25 亿美元，为斯坦福大学捐了 6000 万美元。他曾投入 10 亿美元，改造和新建了爱尔兰的 7 所大学和北爱尔兰的两所大学。他曾设立“微笑行动”慈善基金，为发展中国家的腭裂儿童做手术提供医疗费用。他曾为控制非洲的瘟疫和疾病投入巨额资金……迄今为止，他已经捐出 40 亿美元。他就是对己吝啬对人大方、喜欢挣钱却不喜欢拥有钱的查克·费尼。

这么多年，他为人低调，行善一直隐姓埋名，捐款全部匿名，就连他亲自创立的高达 80 亿美元的“大西洋慈善基金会”，也拒绝以自己的名字命名。

目前，查克·费尼还有两个愿望：一个是 2016 年前捐出剩下的 40 亿美元；另一个是为富豪们树立一个榜样——“在享受生活的同时做出馈赠”。据说，比尔·盖茨和沃伦·巴菲特深受他的影响并已付诸行动。

媒体追问查克·费尼，为何非要把钱捐得一干二净？他的回答很简单，因为“裹尸布上没有口袋”。

“裹尸布上没有口袋”，钱生不带来，死不带去。既然如此，何必把钱财抓得太紧，不如将之回馈给社会，造福更多的人。

身无分文，不碍快乐

有一位贫穷的哲学家，生活潦倒。当他还是单身汉的时候，因为没有钱，只能和几个朋友一起住在一间小屋里。尽管生活非常不便，但是，他一天到晚总是乐呵呵的。

有人问他："那么多人挤在一起，连转个身都困难，有什么可乐的？"

哲学家说："朋友们在一块儿，随时都可以交换思想、交流感情，这难道不值得高兴吗？"

过了一段时间，朋友们一个个相继成家了，先后搬了出去。屋子里只剩下了哲学家一个人，但是他每天仍然很快活。

那人又问："你一个人孤孤单单的，有什么好高兴的？"

"我有很多书啊！一本书就是一个老师。和这么多老师在一起，时时刻刻都可以向它们请教，这怎能不令人高兴呢？"

几年后，哲学家也成了家，搬进了一座大楼里。这座大楼有七层，他的家在最底层。底层在这座楼里环境是最差的，上面老是往下面泼污水，丢死老鼠、破鞋子、臭袜子和杂七杂八的脏东西。那人见他还是一副自得其乐的样子，好奇地问："你住在这样的环境中，也感到高兴吗？"

"是呀！你不知道住一楼有多少妙处啊！比如，进门就是家，不用爬很高的楼梯；搬东西方便，不必费很大的劲儿；朋友来访容易，用不着一层楼一层楼地去叩门询问……特别让我满意的是，可以在空地上养些花，种些菜。这些乐趣呀，数之不尽啊！"

后来，那人遇到哲学家的学生，问道："你的老师总是那么快快乐乐，可我却感到，他每次所处的环境并不那么好呀。"

学生笑着说："决定一个人快乐与否，不在于环境，而在于心境。"

这位哲学家生活穷困，但是他拥有快乐的心境，因此他永远乐呵呵的。

华服美衫、别墅豪宅都不过是人生的装饰品而已，而一份快乐自在的心境，忧患时快乐，落魄时洒脱，难道不是一种令人羡慕的富有？

穷人可能没有很多钱，但拥有健康的体魄、聪慧的头脑以及明确的志向，这难道不比那些穷得只剩下钱的富人富有吗？

穷人可能没有漂亮的妻子，但拥有宁静的内心，并且执着地相信着单纯而美好的爱情。

穷人可能没有足以炫耀的事业，但拥有不断攀升、永远向上的斗志，永远有一种自信乐观的心态，池中之物也可化作在天飞龙。

星云大师将财富这个问题看得很通透，他说：财富不仅仅指金钱，我们既有心外的财富，也有心内的财富。

外财与内财俱有，物质与精神同重，接受与施舍并行，这才是星云大师眼中真正的富人。即使一个身无分文的穷人，也能在达观的心境中努力地修炼出高尚的品德，成为一个真正的富贵之人。穷人不一定永远穷困，他们的内心强大，所激发的能力也非同一般，他们一样能创造财富，与富人并驾齐驱。

充满自信、积极向上的人，即使生活艰辛，一样能快乐无忧；满腹阴郁、精神贫乏的人，即使富可敌国，一样愁眉不展。我们不仅要追求物质财富，同时也要充实自己的精神宝库。

做一个自信、乐观、勤奋的富人，财富就能积少成多，慢慢地汇聚到手中。而一个充满自信的穷人也可以很富有，因为他的心并不贫穷，所以他会充满信心地去创造财富，迟早有一天他也能享受到富人的生活。

舍一身皮囊，财富不压身

曾经“为了钱而疯狂”的洛克菲勒是一个人人羡慕的富人。但人们对于他的财富来源总是充满猜忌、疑惑、妒恨。他也不断地遭到非议，名声受损。为此他常头痛脑热、身体疲惫，还患上了神经衰弱症。中年以后，洛克菲勒突然想开了，他不再孜孜不倦地追求财富，而是开始为别人考虑，思考如何用钱来换取幸福。洛克菲勒把他的巨额财富散播出去，帮助那些需要帮助的人。或是投入慈善事业，或是投资学校，创立学习基金。从此，他不再惧怕别人的嫉妒和攻击，他不再失眠、头痛。最后，他变成了远近闻名的大慈善家，每一天都过得非常快乐。

从洛克菲勒的身上，我们看到了物质财富与精神财富的辩证关系。一个有钱的富人，可以用金钱买到胭脂、花粉，可是买不到气质；可以用金钱买到山珍海味，可是买不到食欲；可以用金钱买到华美服饰，可是买不到美丽；可以用金钱买到舒适床铺，可是买不到睡眠；可以用金钱买到书本，可是买不到智慧；可以用钱买到酒肉朋友，可是买不到患难之交；可以用金钱买到别墅豪宅，可是买不到幸福家庭。洛克菲勒从不能正确理解财富，到最终变得对财富释然，他重新找回了那个快乐的自我。

正像穷人可以富贵，富人也可能困窘。真正的富人并不一定是个有钱人，有钱人钱财很多，房屋田产很多，但是若没有道德、智慧，也是贫困的人。

19世纪英国道德学家塞缪尔·斯迈尔斯曾说："财富掌握在意志薄弱、缺乏自制、缺乏理性的人手中，就可能会成为一种诱惑和一个陷阱。"对于那些手持万贯家财，却心灵空虚的人来说，即便能得到一切美好的物质享受，其精神上永远都是贫乏的，他随时随地都处于别人的有色目光之下。人不应当只重视物质上的拥有，同样要不断充实精神财富，做一个灵肉完美结合的人。

金钱有时是万能的，因为能够带来物质上的享受，但金钱却也并非总是万能的，它常会在无形中影响一个人心灵世界的丰富。

心存取舍，则有邪见与妄行。凡成就大事之人，无不是心存善念、身行善事者。像故事中的富人，舍不得一身皮囊，身价百万又如何？

富人的慈悲不应该仅仅是金钱上的施舍，还应该包括心灵的布施，既是对他人的关爱，也是对自己的成全。当我们拥有财富时，与其握着拳头，只能看到掌中的世界，不如摊开手掌，放眼欣赏整个浩瀚的天空，只有这样，才不至于财富压身，成为贫穷的富人。

第五章

摆脱困境，破茧成蝶

命里有时终须有，命里无时莫强求

从前，有个书生和未婚妻约好，在某年某月某日结婚。到那一天，未婚妻却嫁给了别人。书生受此打击，一病不起。家人用尽各种办法都无能为力，眼看他奄奄一息。

这时，过路的一个云游僧人，得知情况，决定点化一下他。僧人到他床前，从怀里摸出一面镜子叫书生看。

书生看到茫茫大海，一名遇害的女子一丝不挂地躺在海滩上。路过一人，看一眼，摇摇头，走了……又路过一人，将衣服脱下，给女尸盖上，走了……再路过一人，过去，挖个坑，小心翼翼把尸体掩埋了……疑惑间，画面切换，书生看到自己的未婚妻。洞房花烛，被她丈夫掀起盖头的瞬间……

书生不明所以。

僧人解释道：那具海滩上的女尸，就是你未婚妻的前世，你是第二个路过的人，曾给过她一件衣服。她今生和你相恋，只为还你一个情。但是她最终要报答一生一世的人，是最后那个把她掩埋的人，那人就是他现在的丈夫。

书生大悟，“唰”地从床上坐起，病竟然痊愈了！

命里有时终须有，命里无时莫强求。对于爱情，甚至是世间的一切，最好本着一颗“得之我幸，不得我命”的平常心。

爱情这杯酒最苦之处也许就是失去所爱之人，失恋会给你带来一时的痛苦和伤感，但失恋并不意味着永远失去幸福，失去感情生活。我们应该明白，勉强的爱情不会幸福，为对方的离去而制造悲剧的人也并非缘于真爱。爱，需要豁达，实在抓不住爱，就轻轻放手吧。

一个周五的早晨，格兰的礼品店依旧开门很早。格兰静静地坐在柜台后边，欣赏着礼品店里各式各样的礼品和鲜花。忽然，礼品店的门被推开了，走进来一位年轻人。他的脸色显得很阴沉，眼睛浏览着礼品店里的礼品和鲜花，最终将视线固定在一个精致的水晶乌龟上面。“先生，请问您想买这件礼品吗？”格兰亲切地问。可是，年轻人的眼光依旧很冰冷。“这件礼品多少钱？”年轻人问了一句。“50 元。”格兰回答道。年轻人听格兰说完后，伸手掏出 50 元钱甩在柜台上。格兰很奇怪，自从礼品店开业以来，她还从没遇到过这样豪爽、慷慨的买主呢。“先生，您想将这个礼品送给谁呢？”格兰试探地问了一句。“送给我的新娘，我们明天就要结婚了。”年轻人依旧面色冰冷地回答着。格兰心里咯噔一下：什么，要送一只乌龟给自己的新娘，那岂不是给他们的婚姻安上一颗定时炸弹？格兰沉重地想了一会，对年轻人说：“先生，这件礼品一定要好好包装一下，才会给你的新娘带来更大的惊喜。可是今天这里没有包装盒了，请你明天早晨再来取好吗？我一定会利用今天晚上为您赶制一个新的、漂亮的礼品盒……”“谢谢你！”年轻人说完转身走了。

第二天清晨，年轻人早早地来到了礼品店，取走了格兰为他赶制的精致的礼品盒。

年轻人匆匆地来到了结婚礼堂——但新郎不是他，而是另外一个年轻人！他快步跑到新娘跟前，双手将精致的礼品盒捧给新娘，而后，转身迅速地跑回了自己的家中，焦急地等待着新娘愤怒与责怪的电话。在等待中，他的泪水扑簌簌地流了下来，有些后悔自己不该这样做。傍晚，婚礼刚刚结束的新娘便给他打来了电话：“谢谢你，谢谢你送我这样好的礼物，谢谢你终于能明白一切，能原谅我了……”电话的一边新娘高兴而感激地说着。年轻人万分疑惑，他什么也没说，便挂断了电话。但他似乎又明白了什么，迅速地跑到了格兰的礼品店。推开门，他惊奇地发现，在礼品店的橱窗里依旧静静地躺着那只精致的水晶乌龟！

一切都已经明白了，年轻人静静地望着眼前的格兰。而格兰依然静静地坐在柜台后边，冲着年轻人轻轻地微笑了一下。年轻人冰冷的面孔终于在这瞬间被改变成一种感激与尊敬：“谢谢你，谢谢你，让我又找回了我自己。”

格兰笑着说：“先生，过去的就让它过去吧，你的宽容会为一对新人带来幸福的。”年轻人抬起头问道：“我想知道我送给他们的究竟是什么？”

“是两颗相交在一起的水晶心。”格兰淡淡地答道。

生活是多姿多彩的，爱情只不过是人生旅途中的一个里程碑。当你面临失恋的痛苦时，不必悲伤，身边还有更多美好的东西，可以医治失恋的创伤，冲洗掉一切烦恼、痛苦、惆怅、失意的情绪。

歌德才华出众，他一生经历了十几次恋爱，每次他都全心地投入，把自己全部的热情奉献给对方，但一次又一次都未取回感情的“投资”。当他意识到爱情已面临破灭的边缘，有可能给对方带来灾难时，他立即从对方身边离开，不给对方带来痛苦，也及时地挽救了自己。

23岁那年，他又深深地爱上了一个叫夏绿蒂的少女，哪知她已经有了未婚夫，歌德又一次遭受沉重的打击，只好默默地离去。这已经是他的第5次失恋了。为此他痛苦至极，把一把匕首放在枕头底下，几次想到自杀，但后来终究还是下不了手。他把全部的精力投入文学创作中，及时地以工作热情补偿了感情上的失落，以事业的成功补偿了失恋的痛苦，也成就了自己。

多一分坚强，失恋的人照样可以光鲜亮丽地生活，因为生命比我们预料的要顽强、要博大。恩格斯在 21 岁那年，曾失恋过一次。他在自己的日记中写道：“还有什么比痛苦的失恋更高尚和更崇高的痛苦——爱情的痛苦更有权利向美丽的大自然倾诉！”他果然去向大自然倾诉了，他越过了阿尔卑斯山，又到了意大利，很快在大自然的怀抱中医治了心灵的创伤，达到了心理的平衡。

对待爱情，需要有“命里有时终须有，命里无时莫强求”的胸怀，当一切痛苦风轻云淡时，你就会发现，失恋没有什么大不了，失恋的痛苦只不过是像被蚂蚁叮过一样，只是有点微痛而已。

爱若成为固执，就摧毁了自由

浪漫女和现实男是一对恋人，他们两人如漆似胶地相爱着，真可以说是一日不见，如隔三秋。一次，为了考察现实对自己的忠诚程度，浪漫问：“你到底爱不爱我？”

“十二分地爱你！”现实回答。

“那假设我去世了，你会不会跟我一起走？”

“我想不会。”

“如果我这就去了，你会怎样？”

“我会好好活着！”

浪漫心灰意冷，深感现实靠不住，一气之下和现实分开了，去远方寻觅真爱。

浪漫首先遇到了甜言，接着又碰见蜜语，相处一年半载后，均感不合心意。过烦了流浪的日子，浪漫通过比较，觉得现实还是多少出色一些，就又来到现实面前。

此时，现实已重病在床，奄奄一息。

浪漫痛心地问：“你要是去世了，我该咋办呢？”

现实用最后一口气吐出一句话：“你要好好活着！”

浪漫猛然醒悟。

对于爱情，很多人一直执着于自己内心的一个标准：爱情是一种浪漫的体验。这种体验使任何事物在恋爱者的眼中，都是一种美好。爱情中不能没有浪漫，没有浪漫，也就没有了爱情，然而，爱情的浪漫毕竟只是一种主观的、很缥缈的东西，总是依附于一种现存的事情上，没有现实做基础的爱情是不牢固的，总有一天泡沫破了，梦也就醒了。

其实，真正的浪漫，来自对生活的真实面对，来自对爱人的真心付出。男孩不肯用虚浮的甜言蜜语来欺骗女孩的感情，这正是发自心底的真爱，也是对女孩和自己人生的负责。

真正的浪漫从不是浅薄的、程式化的甜言蜜语，也不是死去活来的心灵激荡；它更应该是一种现实的温馨与美好，是一种真正地、全心全意为对方着想的相互关爱——这才是爱情的真谛！真正的爱情只有蜕变成亲情才能永存，浪漫只能是一时的风花雪月，再美丽的爱情到最后也要踏踏实实过日子。生命苦短，几十载光阴，如梦般飘逝无痕，如果能和自己心爱的人，在余晖下，相依携手看天边的浮云，看飘零的枫叶，这何尝不是人世间最大的幸福呢？真正的浪漫并非全是烛光晚餐加玫瑰香槟。浪漫有时只是一种质朴至纯的表达，并不需要过多的物质条件。浪漫不是华丽语言的伪饰，它需要我们用行动来表达。浪漫，从来都是一种相濡以沫的支持，或是风雨中一起面对的豪情。浪漫，本色至纯！

还有些人在爱情中总是在追求完美。其实，完美的标准是相对而言的，因人的审美观不同而不同，今天以胖为美，明天就可能以瘦为美。古人以脚小为美，如果今天有“三寸金莲”走在大街上，大家只会同情她肢体的残疾。

完美主义的人表面上很自负，内心深处却很自卑。因为他很少看到优点，总是关注缺点，总是不知足，很少肯定自己，于是就很少有机会获得信心，当然会自卑了。不知足就不快乐，痛苦就常常跟随着他，周围的人也一样不快乐。

爱情要有激情，更要有理性

爱情是一种激情，而婚姻则是一种理性，缺少爱情就没有完美的婚姻，而爱情只产生快乐，婚姻则产生人生，快乐消失了，婚姻依旧存在，真正成熟而稳定的婚姻，必须考虑到两性结合后的感情发展，而在现实生活中却出现了这样一幅匪夷所思的图景：

2 秒钟可以冲好一杯速溶咖啡；2 分钟可以把牙刷完；2 小时可以看完一场精彩的足球比赛……在有限的时间内，想知道有人在做什么吗？闪婚一族说：“2 秒钟可以爱上一个人，2 分钟可以谈一场恋爱，2 小时可以确定终身伴侣。”在如今这个一切都讲求速度的年代，原本给人以温馨、甜蜜、幸福的婚姻，就这样搭上了特快列车。闪婚，这一新的婚姻模式已在现代都市中悄然流行，而这些“闪婚族”由于没有经过婚前的磨合期，缺乏免疫力，就很容易被残酷的现实所击倒。

与传统社会相比，现在是一个资讯非常发达的时代，广泛的人际交往使情感火花碰撞的空间变得无限大，但外在诱惑对情感的威胁也加大了。闪婚一族多为年轻人，他们追求的大多是瞬间爆发的激情，也就是所谓的一见钟情，但瞬间的激情往往掩盖了双方的某些缺点。婚姻是现实的，当尘埃落定后这些缺点就会暴露无遗。在外在和内在的双重压力下，磨合不好的结果就是婚姻最终走向解体。

对于一个人来说，情感投入是一生中最重要的投入，一种婚姻关系的缔结，不仅仅代表两个个体的结合，更连接了两个家庭及各种社会关系。婚姻所带来的影响是非常大的，即使婚姻关系解除仍有许多问题存在。闪婚不可取，闪婚不可能做到来无影去无踪，选一个人过一段与过一辈子是不一样的，投入的精力也是不一样的，所以结婚时一定要慎重。

现今社会快节奏的生活，给人带来的压力大了，让人的心灵变得脆弱了，很多时候会盲目地寻求感情的慰藉，像吃快餐一样，饱了就行，营养的事就顾不得了，而婚姻恰恰是需要营养的，这个营养不是一蹴而就的，而是日积月累磨合出来的，这个磨合不仅在婚后，也有婚前的磨合，那就是了解。婚姻不是男女之间的游戏，不是一般意义上的普通朋友，两人一旦缔结婚姻就要承担生育、相互扶持、照顾等责任。家庭是社会的细胞，只有家庭稳定社会才稳定，因此两人一旦选择结婚一定要增加一份社会思考。基于此，也不要轻易尝试闪婚。

据专家统计，一见钟情的婚姻成功率仅10%。同时，闪婚也不符合婚姻的基本规律，爱是婚姻的基石，爱需要双方深入了解。随着社会的快速发展，快餐式的爱情和婚姻会将婚姻家庭卷入缺乏理性的旋涡。婚姻的成功和稳定，需要感性、理性双轨发展，如此，爱情列车才能行驶得稳定持久。不能只凭激情和感觉开单轨的磁悬浮，否则你的婚姻列车势必会脱轨。

自处之道，断婚姻病根

一个即将出嫁的女孩，向她的母亲提了一个问题："妈妈，婚后我该怎样把握爱情呢？"

"傻孩子，爱情怎么能把握呢？"母亲诧异道。

"那爱情为什么不能把握呢？"女孩疑惑地追问。

母亲听了女孩的问话，温和地笑了笑，然后慢慢地蹲下，从地上捧起一捧沙子，送到女儿的面前。女孩发现那捧沙子在母亲的手里，圆圆满满的，没有一点流失，没有一点撒落。

接着母亲用力将双手握紧，沙子立刻从母亲的指缝间撒落下来。当母亲再把手张开时，原来那捧沙子已所剩无几，其团团圆圆的形状，也早已被压得扁扁的，毫无美感可言。

女孩望着母亲手中的沙子，领悟地点点头。

爱情和婚姻就像手中的一捧流沙，握得越紧，流失得越多。如果婚姻中的每个人都想将爱情紧紧地攥在掌中，让自己成为对方唯一的依靠，成为对方的全部，那么爱情这朵娇嫩的鲜花，极有可能会因缺少自由的空气而窒息、死亡。

婚姻中两个人的关系是有韧性的，拉得开，但又扯不断。谁也不束缚谁，到头来仍然是谁也离不开谁，这才是和谐的相处之道。

夫妻之间产生矛盾的主要原因，是人们习惯于把婚姻当作一把雕刻刀，时时刻刻都想用这把刀按照自己的要求去雕塑对方。为了达到这个目的，丈夫或妻子就会希望甚至迫使对方改变以往的习惯和言行，以符合自己心中的理想形象。但每个人本身都是“艺术品”，而不是“半成品”，人人都企望被欣赏，而不愿意被雕塑。于是“个性不合”“志向不同”就成了雕刻刀下的“成品”，夫妻之间的相处就变得越来越难。

所以，不要把婚姻当作一把雕刻刀，想尽办法把对方雕塑成什么模样；婚姻需要一种艺术的眼光，要懂得从一个正确的角度欣赏对方，而不是去束缚对方，否则彼此之间会由于空间太小，而产生不安的情绪。

婚姻由两个不同的个体组成，丈夫和妻子是两个不同的角色，他们的责任便是和谐地生活在一起，为对方的生活添加幸福与快乐。因而，他们有共同之处，同时他们又是两个人而不是一个人，只有保持各自的个性，才能获得真正的美满。完全依附于丈夫的妻子并不是好妻子，就像为了取悦妻子而改变自己的丈夫不是好丈夫一样，夫妻二人真诚相爱却各有所好是正常的。所以，谁也不能把对方纳入自己的视线中，要求他（她）想己所想，做己所做。

婚姻生活需要技巧，需要经营，给彼此留一个自由的空间，婚姻的容量就会加大。婚姻需要的是两个人的互补，而不是完全的相同，时时刻刻以自己的要求去捆绑对方，婚姻就不再和谐，而是一种重负。

以“自处之道”提醒自己，给另一半一个心灵的空间，你会发现你们之间不是走得更远了，而是更近了。不要去要求你们思想、行动上的绝对一致，而要学会在分开中实现分不开，弦绷得太紧，总有一天会断掉，更何况你们本来就是两根不同的弦，给他（她）一个自己发声的空间，不仅是出于对对方的尊重，也是婚姻中的一种境界，一种不可或缺的美，一种解脱伤痛和束缚的高招。

爱情维系如往昔，天长地久会有时

有一个女人问男人："有一朵花长在悬崖边上，去摘的人会有摔死的危险，但是我真的非常喜欢那朵花，你愿不愿意去摘给我？"男人想了想，说明天告诉她答案。女人听后顿时有些不高兴。因为这是女人考验男人对爱情是否忠贞的方法，而且自己身边很多姐妹都成功地得到对方的点头与肯定，但是当她问男人时，他却没有那么肯定地向自己保证。于是女人越想越伤心，对男人有些失望了。

等到第二天，女人看见男人给她留的一张字条："我不会冒险去摘那朵花。因为你出门总是忘记带钥匙，而我要留着我的双脚跑来给你开门；你也常常迷路，而我要留着眼睛给你带路；你不喜欢出门，喜欢待在家里，而我要留着嘴巴驱赶你的寂寞。我要好好地活着，一直陪着你，等到你老了，我还要给你修剪指甲，牵着你的手在公园散步……"女人看完信后，感动不已。

虽然爱情有的时候是让人疯狂的，但是用生命来维系爱情，人们并不提倡。爱就如一棵常青树，千百年来让众多痴男怨女为之欣喜，也为之憔悴。例如《牡丹亭》中的杜丽娘就是为情痴，为情怨，因情逝，又因情复生的典型。不论是古之文人墨客，还是高高在上的帝王将相，都难逃爱情关，如唐玄宗于贵妃自缢八年后怀念她时，亦老泪纵横。问世间情为何物？直叫人生死相许。爱情让无数人为之痴，为之狂，为之沉醉，为之迷离。但是爱情本身是个盲者，如果人们爱得过分，爱昏了头，就会不知天高地厚。

男女的爱情如何才能天长地久？这是人们常常会思考的问题，现在的社会里，有的人结婚不到三天或蜜月未度完就已经分道扬镳，这是为什么呢？这是因为他们不懂得维系爱情的妙诀。那什么是维系爱情的妙诀呢？

他们是大学同学，彼此欣赏，互相爱慕，相知相惜，毕业后就结了婚。现在结婚已经6年了，这6年里，妻子温柔贤惠，将一个小家打理得干干净净，丈夫对妻子体贴关怀，两人恩恩爱爱，感情极好。但是最近两人常吵架，原因是丈夫常常在外面应酬，很少回家吃饭，妻子常做守夜人。妻子天性恬静9，向往夫唱妇随式的温馨生活，她认为只要两人一起聊聊天、看看电视，哪怕偶尔拌拌嘴也是幸福。丈夫却觉得男人应以事业为重，有交际应酬也是难免的，更何况自己这么辛苦就是为了让这个家更加富足、更加美满啊。

这一天是两人结婚纪念日，丈夫早就许诺无论如何也要陪妻子度过一个浪漫之夜。妻子很早就期待这一刻的到来，她下班后将房间打扫干净，穿上他最喜欢的那条长裙，并化了淡妆，等着丈夫回家。6点钟过了，7点钟、8点钟也过了，丈夫还没回来。快9点时她打电话问，他说单位同事生日在某酒店吃饭。听闻此言，妻子心中积蓄多日的怨气终于爆发出来，对着话筒大大地发泄了一通。丈夫搁下电话便匆匆向同事道别，马上赶了回来。妻子仍在生气，丈夫便主动下厨做好了晚饭，吃饭时，两人谁也没有说话，吃完饭后妻子终于破涕为笑，丈夫如释重负，打开电视寻找妻子爱看的法制频道。妻子气消了，可她越想越觉得不对劲，总觉得丈夫这样中途退席不礼貌，于是又反过来劝丈夫再回酒店去。丈夫安慰她说没关系，但后面的电视节目两个人根本没看进去，都显得有些心不在焉。

以后，丈夫仍然早出晚归、应酬不断，妻子却不再说什么。只是每次丈夫总会先打个电话回家："我带了钥匙，你自己先睡。"但每次当他蹑手蹑脚地走到门口准备掏钥匙时，门却打开了，妻子说："你的脚步声太重了，呵呵。快去洗脸，我准备了醒酒汤。"

见到妻子每晚等待自己回家，还备好醒酒汤，丈夫心中涌出一股股暖流。浪漫不需要山盟海誓，不需要鲜花钻石，有时一些看似平常的体贴便足以震撼对方的心。

爱情的维系要建立在彼此了解的基础上。关于年龄、学历、家世、财务、才华、思想等，这些都不必欺瞒造假，两人有了深入的了解，才能保持真挚的爱情。

爱情的维系要懂得相互尊重、相互体贴。爱情不是今天送她首饰，明天送她玫瑰就能长久维持的。虽然说物质能赢得一时的欢喜，但是那样得不到永久的感情。两人感情的城墙要靠相互尊重、相互体贴来巩固。生活中一句简单的“需要我来帮你一下吗？”“累不累啊？”“休息一下吧”，就能让对方感受到爱的温暖。有时多看对方一眼，有时相互给一个微笑……生活中的体贴与细心帮助，更能让两人的心紧紧地拴在一起。

夫妻要懂得相互鼓励与帮助。两个人既然在一起，就要给对方帮助及鼓励。例如男人学业尚未完成，应该鼓励他深造；如果女人就业上班，加班迟归，不要责怪，要给予慰问；虽然对方地位不高，待遇微薄，但不要嫌弃，要相互鼓励。平时买一本书帮他进步，订一份报纸慰藉她家居的寂寞。

两人在一起要想得到幸福，最重要的就是相互包容。两人相处难免会有一点摩擦、矛盾，就好像牙齿和舌头有时也会打架，重要的就是互相忍耐、包容。其实，只要夫妻之间能达成共识，彼此互相了解、体贴、尊重，全心协助对方，则婚姻就必能历久弥坚，婚姻也不会成为爱情的坟墓。

上岸何须回头，苦海无边处处岸

禅宗有个公案，有一个龙湖普闻禅师，普闻是他的名字，他是唐朝僖宗太子，看破了人生，出了家到石霜庆诸禅师那里问佛法。他说：“师父啊，你告诉我一个简单的方法，怎么能够悟道？”这个师父说：“好啊！”

他就立刻跪了下来：师父啊，你赶快告诉我。师父用手指一下庙前面的山，说那叫案山。依看风水的说法，前面有座很好的案山，风水就对了；像坐在办公椅上，前面桌子很好，就是案山好。他这座庙的前面有座案山非常好。案山也有许多种，有的案山像笔架，是笔架山，面朝这座案山的人家一定出文人；有些像箱子一样，面朝这样的案山的人家一定发财。石霜禅师说："等前面案山点头的时候，再向你讲。"他听了这一句话，当时开悟了。

换句话说，就是"你等前面那座山点头了，我会告诉你佛法，这是什么意思？"才说点头头已点，案山自有点头时。说一声回头是岸，不必回头，岸就在这里，等你回头已经不是岸了。

佛法常常告诫世人：苦海无边，回头是岸。

岸究竟在何处呢？其实，当下就是岸。你要上岸何须回头啊！放下即是踏上了苦海的岸。如果一个人能够放下，那么在你放下的一刹那，你就能看到苦海的岸，根本不用回头去找，因此，一个人必须学会放下，放下是一切的根本。

有一位女施主，家境非常富裕，不论其财富、地位、能力、权力，以及漂亮的外表，都没有人比得上，但她却郁郁寡欢，连个谈心的人也没有。于是她就去请教无德禅师，如何才能具有魅力，赢得别人的欢喜。

无德禅师告诉她："你能随时随地和各种人合作，并具有和佛一样的慈悲胸怀，讲些禅话，听些禅音，做些禅事，用些禅心，那你就能成为有魅力的人。"

女施主听后，问道："禅话怎么讲呢？"

无德禅师道："禅话，就是说欢喜的话，说真实的话，说谦虚的话，说利人的话。"

女施主又问道："禅音怎么听呢？"

无德禅师道："禅音就是化一切音声为微妙的声音，把辱骂的声音转为慈悲的声音，把毁谤音、哭声闹声、粗声丑声转为称赞的声音，那就是禅音了。”

女施主再问道：“禅事怎么做呢？”

无德禅师：“禅事就是布施的事、慈善的事、服务的事、合乎佛法的事。”

女施主更进一步问道：“禅心怎么用呢？”

无德禅师道：“禅心就是你我一如的心、圣凡一致的心、包容一切的心、普利一切的心。”女施主听后，一改从前的骄奢之气，在人前不再夸耀自己的财富，不再自恃自我的美丽，对人总谦恭有礼，对眷属尤能体恤关怀，不久就被夸为“最具魅力的施主”了！

这位女施主在听过禅师的劝导之后，心念一转，魅力就在她的身上呈现出来了。她就成功地登上了幸福的彼岸。

其实，所谓的“放下”只不过是一种象征，不要钻到禅师所讲的字眼中，从一个更高的层次上去理解这个问题，就会明白。任何时候，你想要上岸，只要你的念一转，岸就在你的面前了，根本无须回头。

苦海虽然看似无边，但如果真心寻求彼岸，便会发现处处皆岸；如果仅仅是为自己的不良之行找一个无法停止的借口，你倒是可以在苦海中慢慢漂泊，不过要记住，找不到岸只是你自己设置的障眼法而已。

把伤害刻在沙滩上，潮起潮落无痕迹

1991 年 11 月 1 日万圣节这天，一个叫卢刚的中国留学生因对学校及导师心怀不满，在刚刚获得美国衣阿华州立大学太空物理博士学位之后，开枪射杀了该校三位教授、一位副校长和一位中国留学生后，饮弹自尽。

就在卢刚制造校园枪击惨案的第二天，受害者安妮·克黎利的三位兄弟给卢刚的家人写了一封信：

“安妮相信爱和宽恕。我们也愿意在这一沉重的时刻向你们伸出我们的手，请接受我们的爱和祈祷……此刻如果有一个家庭正承受比我们更沉重的悲痛，那就是你们一家。我们想让你们知道，我们与你们分担这一份悲痛……”

也许，在一些人看来，此举不可理解，因为在一般情况下，人们对凶手恨都来不及，更不用说谅解和宽容了。但是在受害者的亲人身上，我们看到了他们的理性和宽容。

一个佛教信徒曾说：“如果一个人对我不怀好意，我将慷慨地施与我的包容、仁爱之意。他的邪恶意图越强，我的善良之意也就越多。”把排斥变为宽恕，把伤害变成祥和，把惩罚化为温暖，这的确是一件非常美妙的事情。用宽容之心对待伤害自己的人，会让你的人生更加从容。

第二次世界大战期间，一支部队在森林中与敌军相遇，激战后两名战士与部队失去了联系。这两名战士来自同一个小镇。

两人在森林中艰难跋涉，他们互相鼓励、互相安慰。十多天过去了，仍未与部队联系上。这一天，他们打死了一只鹿，依靠鹿肉又艰难地度过了几天。也许是战争使动物四散奔逃或被杀光，这以后他们再也没看到过任何动物。他们仅剩下的一点鹿肉，背在年轻战士的身上。

这一天，他们在森林中又一次与敌人相遇，经过再一次激战，他们巧妙地避开了敌人。就在自以为已经安全时，只听一声枪响，走在前面的年轻战士中了一枪——幸亏伤在肩膀上！后面的士兵惶恐地跑了过来，他吓得语无伦次，抱着战友的身体泪流不止，并赶快把自己的衬衣撕下包扎战友的伤口。

晚上，未受伤的士兵一直念叨着母亲的名字，两眼直勾勾的。他们都以为自己熬不过这一关了，尽管饥饿难忍，可他们谁也没动身边的鹿肉。天知道他们是怎么度过那一夜的。第二天，部队救出了他们。

事隔30年，那位受伤的战士安德森说：“我知道谁开的那一枪，他就是我的战友。当时在他抱住我时，我碰到他发热的枪管，但当晚我就宽容了他。我知道他想独吞我身上的鹿肉，我也知道他想为了母亲而活下来。

此后30年，我假装根本不知道此事，也从不提及。战争太残酷了，他母亲还是没有等到他回来，我和他一起祭奠了老人家。那一天，他跪下来，请求我原谅他，我没让他说下去。我们又做了几十年的朋友，我宽容了他。”

古今中外，不计前嫌、以宽恕为上，从而化敌为友的例子真是不胜枚举。人活一世，最难得的就是将心比心。谁没有过错呢？当我们有对不起别人的地方时，十分渴望得到对方的谅解，希望对方能把不愉快的往事忘记！既然我们都有这样的想法和愿望，那么为什么不能用宽广的胸怀去理解他人呢？要知道你并非踯躅独行，在这个世界上，我们各自走着自己的人生之路，难免有碰撞，所以即使心地最善良的人也难免会伤别人的心，如果冤冤相报，非但抚平不了心中的创伤，还会将你的心捆绑在无休止的争吵战车上。

把别人的伤害刻在沙滩上，潮起潮落间便了无痕迹；而把别人的关爱刻在石头上，任凭风吹雨打永不消失。对整个人类充满爱心，去真诚爱护每一个人，这是千百年来人类总结出来的处世智慧。若紧紧抓住过去受到的伤害不放，只能给双方带来痛苦。以宽广的胸怀包容往日的恩怨，不落井下石、不计前嫌，这样才会使我们的人生更加从容。从容和宽容不仅能给我们带来平静和安宁，也是通向健康的坦途，而且对赢得友谊、保持家庭和睦以及事业成功都是必不可少的。

与其抱残守缺，不如断然放弃

我们常听到人们如此哀叹：“要是……就好了！”这是一种明显的内疚、悔恨情绪，而我们每个人都会不时地发出这种哀叹。

悔恨不仅是对往事的关注，也是由于过去某件事产生的现时惰性。如果你由于自己过去的某种行为而到现在都无法积极生活，那便成了一种消极的悔恨了。吸取教训是一种健康有益的做法，也是我们每个人不断取得进步与发展的重要方法。悔恨则是一种不健康的心理，它会白白浪费自己目前的精力。实际上，仅靠悔恨是无法解决任何问题的。

爱默生经常以愉快的方式来结束每一天。他告诫人们："时光一去不返，每天都应尽力做完该做的事。疏忽和荒唐事在所难免，要尽快忘掉它们。明天将是新的一天，应当重新开始，振作精神，不要使过去的错误成为未来的包袱。"

要成为一个快乐的人，最重要的一点是学会遗忘，将过去的错误、罪恶、过失通通忘记，充满希望地向前看，努力地向着未来前进。

印度"圣雄"甘地在行驶的火车上不小心把刚买的新鞋弄丢了一只，周围的人都为他惋惜。不料甘地立即把另一只鞋从窗口扔了出去，让人大吃一惊。甘地解释道："这一只鞋无论多么昂贵，对我来说也没有用了，如果有谁捡到一双鞋，说不定还能穿呢！"

显然，甘地的行为已有了价值判断：与其抱残守缺，不如断然放弃。我们都有过失去某种重要的东西的经历，且大都在心里留下了阴影。究其原因，就是我们并没有调整心态去面对失去，没有从心理上承认失去，总是沉湎于对已经不存在的东西的怀念。事实上，与其为失去而懊恼，不如正视现实，换一个角度想问题：也许你失去的，正是他人应该得到的。

只要你心无挂碍，什么都看得开、放得下，何愁没有快乐的春莺在啼鸣，何愁没有快乐的泉溪在歌唱，何愁没有快乐的白云在飘荡，何愁没有快乐的鲜花在绽放！所以，放下就是快乐，不被过去所纠缠，这才是豁达的人生。

第六章

忍苦忍辱是一生的修行

有容德乃大，有忍事乃济

小不忍则乱大谋。能屈能伸，成事之道也。忍不是懦弱无能，忍是不受诱惑。忍是以退为进，忍就是相信时光的力量，不是依靠自已，而是相信冥冥之中自有公道。忍得一时方能成就伟业，相反，不能忍耐、毛毛躁躁，最终只能错失良机、遗恨千古。莫大的祸患，都来源于不能忍耐一时。

当父母教导你的时候，你是否不耐烦地顶嘴甚至是恶言相对，之后看到父母受伤的表情又后悔不已；当你恋爱的时候，是否因为恋人的一次迟到而怒火三丈吵得天翻地覆，最终为破裂的感情唏嘘良久；当你工作的时候，是否会因为受到一点点委屈就不依不饶，之后不仅没有讨回公道反而失掉了人心；当你在拥挤的公车上被人踩了一脚，你是否会愤恨地骂那个“肇事者”，之后引来一场“热烈”的争吵……多少人因为一时冲动而犯下错误，留下遗憾，这都是因为没有一颗忍耐包容的心，没有三思而后行的智慧。所以，遇事不要着急，先耐住性子，冷静分析后再处理事情，三思而后行，就算干不出伟大的事业，但也不会犯下不应该犯的错。

话说有一个人在外面做生意，因为年关将近，急急忙忙地想回家过年，回家前突然想到要带些东西给太太，在街上走着看着，这一样家里也有，那一样家里也有，突然看到一个老和尚坐在那儿，身旁竖着“卖偈语”的招牌。

“咦！什么叫作卖偈语呢？”

老和尚回答说：“我的偈语能消灾免难，保吉祥安康。”

商人想，买个吉祥的偈语回去送给太太，这倒是个别致的礼物，便说：“老和尚，那我就向你买个偈语吧。”

这位老和尚就说偈语道：“向前三步想一想，退后三步想一想，嗔心起时要思量，熄下怒火最吉祥。”他接着说：“你记住：以后你愤怒生气，要把我这一首偈语拿出来念一念，会有很大妙用的。不过这首偈语价值是十两黄金。”

商人一听吓了一跳：“就这四句话值十两黄金吗？老和尚！你太欺骗人了！”

老和尚哈哈一笑。这个商人觉得对方是个年老的出家人，也就不和他计较了。他就这样子回家了，回到家正好是深夜的时候，门也没有上锁，随手一推就推开来了。想要叫太太，但太太已经睡着了，床底下怎么会有两双鞋子呢？一双女人的，一双男人的，他想：“你这不要脸的贱人，我不在家，你就做这样的坏事。”一气之下，立刻到厨房里拿了把菜刀，想要杀死这一对奸夫淫妇。

正当举刀要砍下去的时候，突然想起了那个老和尚卖给他的偈语，于是他就开始念起了那首偈语：“向前三步想一想，退后三步想一想，嗔心起时要思量，熄下怒火最吉祥。”

他就在那里进啊退啊的，退啊进啊的，把太太给惊醒了。

太太一醒来，看见丈夫站在床前，就说：“唉哟！你这个人，怎么这么迟才回来？”

丈夫怒道：“你床上还有什么人？”

“没有啊！”

“这双鞋子？”丈夫指着鞋子责问。

“你这个没心肝的人，你到这个时候才进门，我左等右等，等你回来团圆，你人未到，我摆双鞋子表示夫妻成双讨个吉祥，你倒平白无故地冤枉我。”

商人定睛一看，没有什么男人啊！他大声道：“偈语有价值！有价值！就是黄金一百两、一千两、一万两也值得！”

所以，在情绪激动时，不妨忍耐一时，三思而后行，为自己留几步路，留个回旋的空间，这样将会有意想不到的转机，这样对人、对己都好。

事业失败需要忍耐，感情受挫需要忍耐，人生磨难需要忍耐，合作共事需要忍耐，人际关系需要忍耐，家庭生活需要忍耐。在人生的历程中，我们会遇到一些需要忍耐的事情，借以历练自己的心智。学会忍耐，在生命历程中实践忍耐，你就能够在不久的将来成就你的人生。

忍一时风平浪静，退一步海阔天空

有一位青年脾气非常暴躁、易怒，经常爱与人争执，所以很多人不喜欢他。有一天，这位青年到大德寺游玩，碰巧听到一位禅师正在说法，他听完后受益匪浅，甘愿痛改前非。于是他对禅师说：“师父！我以后再也不跟人打架、发生口角了，免得人见人厌，就算是受人唾面，也只会忍耐地拭去，默默地承受！”

禅师说：“何必呢，就让唾沫自干吧，不要去拂拭！”

“那怎么可能？为什么要这样忍受？”

“这没有什么不能忍受的，你就把它当作蚊虫之类停在脸上，不值得与它打架或者骂它。虽受唾沫，但并不是什么侮辱，微笑地接受吧！”禅师说。

“如果对方不是吐唾沫，而是用拳头打过来，那怎么办？”

“一样呀！不要太在意！这只不过是一拳而已。”

青年听了，认为禅师说得太没道理，终于忍耐不住，忽然举起拳头，向其头上打去，并问："和尚！现在怎么样？"禅师非常关切地说："我的头硬得像石头，没什么感觉，倒是你的手，大概打痛了吧？"青年哑然，无话可说。

心胸宽阔、心态平和的人是不可战胜的。面对别人的挑衅和辱骂，只要我们能够平静对待，不把它们放在心上，那么所有的责难就会烟消云散。更有趣的是，当你对别人的侮辱、挑衅毫不在意的时候，往往会令对方毫无办法、自讨没趣，很快便会悻悻然离开。

有人说，世界上最无敌的有两种人，一种是不怕死的，另一种是不动心的。如果能以自己的不动应付对方的动，就像太极中的以柔克刚，无坚不摧，如此自己便到了无敌的境界。在平常的生活中，"不动"的境界通常被人们称为涵养。

在一辆行驶的公共汽车上，人虽然不多却没有空位，有几个人还站着，吊在拉手上晃来晃去。一个年轻人身旁有几个大包，手里拿着一张地图在认真研究着，眼里不时露出茫然的神色。他犹豫了半天，很不好意思地问售票员："去颐和园应该在哪儿下车啊？"售票员是个短头发的小姑娘，正剔着指甲缝呢。她抬头看了一眼小伙子，说："你坐错方向了，应该到对面往回坐。"要说这些话也没什么错，小伙子下站下车到马路对面去坐也就是了！但是售票员可没说完，她又说："拿着地图都看不明白，还看个什么劲儿啊！"

外地小伙子可是个有涵养的人，他嘿嘿笑了笑。旁边有个大爷可听不下去了，他对外地小伙子说："你不用往回坐，再往前坐四站换904能到。"要是他说到这儿也就完了，那还真不错，既帮助了别人，也挽回了北京人的形象。可大爷又说了一句："现在的年轻人呐，没一个有教养的！"

站在大爷旁边的一位女孩不爱听了："大爷，不能说年轻人都没教养吧，没教养的毕竟是少数嘛！"这位女孩儿显得真有教养——要不是又说了那最后一句话："就像您这样上了年纪看着挺慈祥的，不也有很多不干好事的吗？"

马上就有几个老年人指责起了那位女孩……

这么吵着闹着车可就到站了。车门一开，售票员小姑娘说："都别吵了，该下车的赶快下车吧，别把自己正事儿给耽误了……再吵下去车可不走了啊！烦不烦啊！"

烦！不仅她烦，所有乘客都烦了！骂售票员的，骂外地小伙子的，骂那位女孩的，骂天气的……别提多热闹了！

那个外地小伙子一直没有说话，最后他实在受不了了，大叫道："别吵了！都是我的错，我自己没看好地图，让大家跟着生一肚子气！大家就算给我面子，都别吵了行吗？"听到他这么说，车上的人当然都不好意思再吵了，声音很快平息下来。可谁也想不到这小伙子又来了一句话："早知道北京人都是这么不讲理，我还不如不来呢！"

这个故事惹人发笑，但笑过后又不禁感叹，生活中就是因为有了太多的计较，所以才会变得不快乐。我们常常因为一些对自己不利的事情而生闷气，为什么老板总不给涨工资，为什么爱人总是不理解自己，朋友为什么会在关键的时刻明哲保身，等等，这些事情会让我们的头脑一下子火药味十足。但生气有什么用呢？毫不利于解决生活中的问题，反而会让自己的头脑发热，做出一些让自己后悔终身的事情。所以当你生气的时候尽量克制一下，重要的是找出解决问题的方法，而不是不断地追究谁为什么如此，伤神也伤身。当别人的错误加诸自己身上，也要制怒，不要用别人的错误来惩罚自己或其他人；自己有了错误，更需制怒，不要用自己的错误去惩罚不相干的人。怒气会传染，克制不容易，无论发生什么，都要时刻谨记不要迁怒于人。所以活着不必计较太多，更不必惦记一报还一报，逍遥一点，快乐一点，怨怼少了，别人舒服，自己也一样舒服。

忍苦谛才能成大器

一位西方学者曾经说过："忍耐和坚持是痛苦的，但它会逐渐给你带来好处。"人要获得某方面的成就，必须学会忍耐，从某种程度上说，忍耐是成就一项事业必需的。忍得苦中苦，方为人上人。

佛学将我们人类生活的世界称作婆娑世界，意为"堪忍"，人类生活其上，勉勉强强过得去。我们每一个人活着都会觉得很委屈，因为心里都有股烦恼压抑其中，无法倾吐。有人说，如果人生是一种痛苦，那么，为了夕阳西下那动人心魄的美，我宁愿选择痛苦。

一个想修佛的人当然需要学会忍。怎样叫忍？这个忍在佛法修持里是一个大境界。忍是一个人获得成就不可回避的修炼。

其实，不光学佛需要行"忍"，一切成就也都来源于忍。孔子的克己复礼是忍，他的思想至今散发着理性的光芒，成为人们奉行的行为准则。朱元璋在取得基本胜利后广积粮、高筑墙、缓称王是忍，终成大明朝一代帝业；韩信甘愿受胯下之辱是忍，司马迁遭受宫刑著《史记》是忍。

忍耐是一种执着，忍耐是一种谋略，忍耐是一种意志，忍耐是一种修炼，忍耐是一种信心，忍耐是一种成熟人性的自我完善。所以明代禅宗憨山大师就讲："荆棘丛中下脚易，月明帘下转身难。"

一个人学佛处处都是障碍，等于满地荆棘，都是刺人的。普通人的看法，荆棘丛中下脚非常困难，但是一个决心修道的人，并不觉得太困难，充其量被刺破而已！最难的是什么呢？月明帘下转身难。要行人所不能行，忍人所不能忍，进入这个苦海茫茫中来救世救人，那可是最难做到的。

在人生的历程中，我们要学会忍耐，在生命历程中实践忍耐，忍受苦难以争取人生的成功！

忍小忿以成大事，小不忍则乱大谋

相传春秋时代秦穆公巡游时一匹马走失了，穆公追到岐山之南，发现一些人正杀了这匹马煮着吃了。穆公见状后就说："吃肉不喝酒，我担心伤害你们的身体。"于是拿来酒一一为之劝饮，尽欢而去。一年后，晋秦交兵，穆公被围，眼看就要被俘时，有三百多人过来死战晋军，保住穆公，并生擒了晋惠公，原来，这些人正是当年吃马肉者。

所谓"大人不计小人过"，秦穆公此举赢得了民心。大度忍耐别人的冒犯，是智者的行为。

大凡器量宽大的人，大多都能从"忍"字做起。今英雄豪杰大都能忍能让，干了很多惊天动地的事业，"大度能忍，方为智者本色"。在人际交往当中，如果没有海纳百川的容人肚量，是很难容忍别人的缺点及对自己某些利益的损伤的。这些问题若处理不当，就会对自己造成许多损失，轻则失去朋友，重则成众矢之的，使自己陷入孤立无援的境地之中。

能够容忍别人的过失，以宽容为怀，是一个人非常优秀的品质。很多成功者就是凭借着对他人的宽容走上了成功之路。

刘邦定天下之后，准备封赏官员。由于人多得考虑各种因素，因此弄得他一筹莫展。

有一天，刘邦在洛阳南宫边散心，放眼望去，只见一群人在宫内不远的水池边，有的坐着，有的站着，一个个看上去都是武将打扮，在交头接耳，好像发生了什么事，在议论着什么。刘邦心生疑惑，便把张良找了过来，问道："那群人在干什么？"张良答道："他们准备聚众谋反呢！"刘邦一惊，问："为什么呢？"张良回答："皇上从一个布衣百姓开始，与各位将士一道夺取了天下。但现在所封的都是您以前的老朋友及自己的族人，杀的都是您最恨的人，这怎么不使大家害怕呢？今天没有所封，以后肯定难逃一死。这么一想，他们当然头脑发热，要聚众闹事了。”刘邦赶忙征求张良的意见。“怎么才能平息呢？”张良问刘邦：“皇上平时在将士中对谁最厌恶、憎恨呢？”刘邦说：“我最恨的是雍齿。在我起事时，他无缘无故投降了魏，后来又从魏投向赵，再从赵投降张耳。当张耳投降我时，我才收容了他。现在因为刚灭楚不久，我不方便无缘无故杀他。想起他来我就恨得牙齿‘咯咯’作响。”

张良一听，说：“好！您立即把他封为侯，这样，就可化解眼下的人心浮动。”刘邦对张良很信任，他相信张良的话很有道理。过了不久，刘邦在南宫设酒招待群臣。在宴席快要结束时，他宣布：“封雍齿为侯。”将士们见刘邦能宽容地对待他最讨厌的人，知道不用再担心自己的性命，便都忠心地拥护刘邦。

宋代著名大文学家苏东坡在评论楚汉之争时就曾说：汉高祖刘邦所以能胜，楚霸王项羽所以失败，关键在于能不能忍。项羽不能忍，白白浪费自己百战百胜的勇猛；刘邦能忍，养精蓄锐，等待时机，直攻项羽弊端，最后夺取胜利。刘项之争，从多方面说明了这一点。刘邦可以成大业是他懂得忍下人之言，忍一时失败，忍个人意气；而项羽气大，什么都难忍难容，不懂得“小不忍则乱大谋”的道理，大业未成身先死，可悲可叹！

能够将别人的愤怒平息，代之以喜乐，是很不容易的事情，能够称赞挖苦过你的人，那真令人敬佩；能够用智慧、品行战胜狭隘的嫉妒，可以说更是了不起的本事了。

在狭窄的路上行走，要留一点余地给别人；羊肠小道两个人互相通过时，如果争先恐后，两人都有坠入深谷的危险，在这种情况下先停住脚步让对方过去，才是于人于己都最有益的选择。遇到美味可口的饭菜时，要留出三分让给别人吃，这样才是一种美德。路留一步，味留三分，是一种谨慎的利世济人的方式。在生活中，除了原则问题须坚持外，对小事、个人利益，互相谦让就会带来个人的身心愉快。

然而，在社会上，无论说话也好，做事也好，好多人不肯给别人一点余地，不愿给别人一点空间，往往只为了“争一口气”。本来没有什么大不了的琐事，非要大费周章，坚持己见互不让步，结果小事变大事，甚至搞得两败俱伤，这是何苦？

人在世间若不能忍受一点闲气，不肯给人方便、让人一步，往往使自己到处碰壁，到处遭逢阻碍。不肯给人方便，结果自己也到处不方便。如果一个人平常为人在语言上让人一句，在事情上留有余地，肯让人一步，也许收获就能更大。所以，我们提倡“忍小忿以成大事”。其实这是在给你的未来让路。

暂时退却弯腰，换取大踏步地前进

赫蒙是美国著名的矿冶工程师，毕业于耶鲁大学，又在德国的佛莱堡大学拿到了硕士学位。可是当赫蒙带齐了所有的文凭去找美国西部的大矿主赫斯特的时候，却遇到了麻烦。那位大矿主是个脾气古怪又很固执的人，他自己没有文凭，所以就不相信有文凭的人，更不喜欢那些文质彬彬又专爱讲理论的工程师。当赫蒙前去应聘递上文凭时，满以为老板会乐不可支，没想到赫斯特很不礼貌地对赫蒙说：“我之所以不想用你就是因为你曾经是德国佛莱堡大学的硕士，你的脑子里装满了一大堆没有用的理论，我可不需要什么文绉绉的工程师。”聪明的赫蒙听了不但没有生气，反而心平气和地回答：“假如你答应不告诉我父亲的话，我要告诉你一个秘密。”赫斯特表示同意，于是赫蒙对赫斯特小声说：“其实我在德国的佛莱堡并没有学到什么，那三年就好像是稀里糊涂地混过来一样。”想不到赫斯特听了笑嘻嘻地说：“好，那明天你就来上班吧。”就这样，赫蒙运用了必要时以退为进的策略，轻易地在一个非常顽固的人面前通过了面试。

也许有人认为赫蒙那样做不太合适，但不得不承认赫蒙的做法既不伤害别人又能把问题解决。就拿赫蒙来说，他贬低的是自己，他自己的学识如何，当然不在于他自己的评价，就是把自己的学识抬得再高，也不会使自己真正的学识增加一分一毫；反过来，即使贬得再低，也不会使自己的学识减少一分一毫。

后退是为了更好地前进，是为人之学中不可多得的一条锦囊妙计。你先表现得以他人利益为重，实际上是在为自己的利益开辟道路。在做有风险的事情时，冷静沉着地让一步，方能取得绝佳效果。

小华是一个化妆品公司的推销员，小华的公司几次想与另一个化妆品公司合作都未能如愿。经过小华的不懈努力，该公司终于答应与小华的公司合作，但有一个要求：要在其化妆品广告词中加上该公司的名字。

小华公司的老总却不同意，认为这是花钱替别人打广告，协商又陷入僵局，合作公司限小华的公司两天内回话。

小华听到这个消息，直接找到老总，让他赶紧答应，否则会错失良机。老总不乐意地说："我坚决不妥协，他们这是以强欺弱。"小华认为把产品和一个著名的品牌绑在一起是有利的，经他的劝说，老总终于同意了合作的条件。事情像小华预料的一样，公司的生产蒸蒸日上，销售额直线上升，小华也因此被提升为业务总经理。

实际上，退后一步是在冷静中窥视时机，然后准确出击。这里所说的退是另一种方式的进。暂时退却弯腰，养精蓄锐，以待时机，这样的退后再进会更快、更好、更有效、更有力，而弯腰则会增强以后的爆发力和冲劲，使人对你刮目相看。退是为了以后再进，暂时放弃某些有碍大局的目标是为了最后实现更大的成功。这退中本身已包含了进的意义，这种退更是一种进取的策略。

《菜根谭》中说："径路窄处，留一步与人行；滋味浓时，减三分让人尝。此是涉世一极安乐法。"妥协从退让开始，以胜利告终，表面是以对方利益为重，实际是为自己的利益开道。以小步的退却换取大踏步地前进，何乐而不为呢？

暂时的让步不是吃亏，而是为了更好地前进，为下一个目标做准备，这就是做人的道理，忍一时风平浪静，退一步海阔天空。

耐住寂寞，在寂寞中守望成功

有“马班邮路上的忠诚信使”称号的王顺友就是这样一个甘于寂寞、耐得住寂寞的人。

王顺友，四川省凉山彝族自治州木里藏族自治县邮政局投递员，全国劳模，2007 年“全国道德模范”的获得者。他一直从事着一个人、一匹马、一条路的艰苦而平凡的乡邮工作。邮路往返里程 360 公里，月投递两班，一个班期为 14 天，22 年来，他送邮行程达 26 万多公里，相当于走了 21 个二万五千里长征，相当于围绕地球转了 6 圈！

王顺友担负的马班邮路，山高路险，气候恶劣，一天要经过几个气候带。他经常露宿荒山岩洞、乱石丛林，经历了被野兽袭击、意外受伤乃至肠子被骡马踢破等艰难困苦。他常年奔波在漫漫邮路上，一年中有 330 天左右的时间在大山中度过，无法照顾多病的妻子和年幼的儿女，却没有向组织提出过任何要求。

为了排遣邮路上的寂寞和孤独，娱乐身心，他自编自唱山歌，其间不乏精品，像“为人民服务不算苦，再苦再累都幸福”等等。为了能把信件及时送到群众手中，他宁愿在风雨中多走山路，改道绕行以方便沿途群众。他还热心为农民群众传递科技信息、致富信息，购买优良种子。为了给群众捎去生产生活用品，王顺友甘愿绕路、贴钱、吃苦，受到群众的交口称赞。

20 余年来，王顺友没有延误过一个班期，没有丢失过一个邮件，没有丢失过一份报刊，投递准确率达到 100%，为中国邮政的普遍服务做出了最好的诠释。

王顺友是成功的，因为他耐住了寂寞，战胜了自己。耐得住寂寞，是所有成就事业者共同遵循的一个原则。它以踏实、厚重、沉思的姿态作为特征，以一种严谨、严肃、严峻的表象，追求着一种人生的目标。当这种目标价值得以实现时，仍不喜形于色，而是以更淡定的人生态度去探求实现另一奋斗目标的途径。而浮躁的人生是与之相悖的，它以历来不甘寂寞和一味追赶时髦为特征，有着一种强烈的功利主义色彩。浮躁的向往、浮躁的追逐，只能产出浮躁的果实。这果实的表面或许是绚丽多彩的，却并不具有实用价值和交换价值。

耐得住寂寞是一种难得的品质，不是与生俱来的，也不是一成不变的，它需要长期的艰苦磨炼和自我修养。耐得住寂寞是一种有价值、有意义的积累，而耐不住寂寞是对宝贵人生的挥霍。

一个人的生活中总会有这样那样的挫折，会有这样那样的机遇，然而只要你有一颗耐得住寂寞的心，用心去对待、去守望，成功就一定会属于你。

成就大业者都是耐得住寂寞的，古今中外，概莫能外。门捷列夫的化学元素周期表的诞生，居里夫人的镭元素的发现，陈景润在哥德巴赫猜想中摘取的桂冠，等等，都是他们在寂寞、单调中扎扎实实做学问、在反反复复的冷静思索和数次实践中获得的成就。每个人一生中的际遇肯定不会相同，然而只要你耐得住寂寞，不断充实、完善自己，当际遇向你招手时，你就能很好地把握，获得成功。

蛰伏时养精蓄锐，争取更好地飞翔

《卧虎藏龙》让华裔导演李安名噪一时。有人认为他的成功全靠运气，其实，李安能有今天的成功，与他的坚忍密不可分。

1978 年 8 月，艺专毕业后，李安申请到美国伊利诺大学攻读戏剧。1983 年顺利拿到硕士文凭后，李安花了一年的时间制作自己的毕业作品。

作品出来时，除了得到当年最佳作品奖的荣誉外，也吸引了经纪人公司的注意。有一家经纪人公司不仅与他签约，还表示要将李安推荐到好莱坞。

进入好莱坞电影城发展几乎是每个年轻人的梦想，李安也不例外。与经纪人公司签约后，李安原以为离梦想已经不远了，但事情并不如想象中美好。原来所谓的经纪人，并不是帮他介绍工作，是要他有了作品后，再代表他把这部作品推销出去。然而没有剧本，哪来的电影作品？于是毕业后的李安，转而专心埋首于剧本创作。

墙上的日历就像李安笔下的稿纸一样，撕了一张又一张，整整6年的时间，他都待在家里写剧本，等机会。要进好莱坞，谈何容易！于是李安选择从中国台湾出发，果然，电影《推手》一推出，立即受到来自各界的瞩目与好评，李安6年的蛰伏得到了肯定。他说："6年不是一段短时间，如果没有相当的耐心，可能早已消沉了。"

6年之中，李安最大的体会就是，身处逆境中千万不要焦躁不安、惊慌失措及盲目挣扎。"我庆幸自己学会了忍耐，才有今日的成就。"

有的时候，无论你怎么努力，成效似乎都不大，若退一步，忍苦耐烦，静观其变，先求其次，待选定时机再东山再起，投入自己认定的事业中，这时你才能真正获得成功。所以说，蛰伏时多一分忍耐，多一分养精蓄锐，一定能获得更大的成功。历史上，无数英雄豪杰的事迹向我们证实了这一道理。

成吉思汗很小的时候，就对蒙古人受金国欺辱的情形怒不可遏，蒙古部落对金国可谓是恨之入骨，只是自身势力尚不足以与金国抗衡，只得忍辱负重等待时机。

后来成吉思汗渐渐崛起，但势力仍很单薄，虽对金国早已"怨入骨髓"，但还是不敢以卵击石，依旧忍受着金国的残暴统治。为了歼灭仇敌塔塔尔部，他毅然接受了金国的邀请，与金军联手消灭了塔塔尔部落。对这一切，成吉思汗异常冷静和从容，他认为：金军与塔塔尔部都是他的仇敌，但仅凭他当时的力量，消灭任何一个都有很大困难，不如借一个仇敌之手先灭了另一个仇敌，少了些心头之患，以后就可以全力以赴对付金国。

立国称汗之后，成吉思汗对金国的态度逐渐强硬了起来。尤其是降服了西夏之后，成吉思汗更是威震北方，令金国也有些害怕了。此时金国大势已去，却还要撑住所谓“大国”的门面，对蒙古部落指指点点，俨然以统治者自居，简直可笑之极。即使在这个时候，成吉思汗还是没有“睚眦必报”，所谓“君子报仇十年不晚”，他仍然不动声色。后来，卫王永济继位，给成吉思汗讨伐金国带来了机会。报仇的时机到了，他开始了反击。

正是成吉思汗韬光养晦，坚忍等待时机，才有了后来的元朝，才有后来“一代天骄”的美名。所以，要成大气候者，就不得不经过漫长的等待和忍耐，只有经历了最深沉的准备和磨砺之后，你才会飞得更高。

其实，这不仅仅适用于成大业上，也适用于我们生活中的方方面面。例如在工作中，当我们的能力不足以解决面对的困难时，不妨让退一步。当然，让退一步绝不是知难而退，而是灵活机动，养精蓄锐，另辟蹊径，更好地取得成功。当事业到了即将成功的时候，正是最艰难的时候，退一步换个思路，坚持到底，则成功在望。所以，当你陷于困境时，不妨多一份忍耐，多一份坚持，多一份准备，以迎接更大的成功。

忍耐以适应变化，获得真的成功

西武集团在世界上是赫赫有名的企业，它的掌门人堤义明自 1987 年连续两年登上《福布斯》企业家财富榜的榜首。然而，西武集团今天的成就，却来自一个“忍”字。

堤义明的父亲——西武集团创始人堤康次郎临终时，留下一份特殊的遗嘱：“在我死后的 10 年里，不要做任何创业，只能忍，即使有新的构想，也不能付诸行动。10 年之后，你想怎么做就怎么做，你一定要按照我的想法去做。”

堤义明在早稻田读大学时，就已经是一个非常有主见的年轻人。他和几位好友一起创办了早稻田大学观光会，发动学生到西武企业去打工，表现出了很强的企划能力和实践能力。父亲去世后，堤义明接管了西武集团。

当时，堤义明正是意气风发、血气方刚之年，很想做出一些大事情，但他必须遵守父亲的遗训。10 年间，面对很多投资机会，堤义明都忍住了大干一场的冲动。其中，放弃地产业的投资，是最不被人理解、事后又证明是最明智的行为。

当时，日本工业进入全盛时代，工商企业蓬勃发展，地价猛涨。这个时候，堤义明却做出了一项惊人的决定：“西武集团退出地产界。”整个日本的企业界都为此震惊，那时，做土地投资就像印钞票。这时有人开始怀疑堤义明的能力，有人还开始中伤堤义明，说他只知道靠着家业生活，于是他的高层主管也对他失去了信心。为此，企业还专门召开了一次专题会议，讨论是否投资地产业，堤义明在会议上面对经验比他丰富、年龄比他大的高层主管这样说：“现在土地投资的好时机已经过去了。什么都要讲求平衡，现在大家一个劲儿地炒地皮，结果只能把正常的状态搞坏，我想，过不了多久就会出现失衡的大问题。”他当机立断：“我们集团必须得有一个明智的决定，如果全体一致同意，那事情就不妙了，全体一致的主张，往往都会有毛病。现在你们大家都不同意我的看法，可是我知道我是对的，你们全都没有看到地产业的风雨已经来临了。这件事情我决定了，大家就照我的话去做就行了。”

对于这个决定，有的人说堤义明其实是拥有了太多的土地，满足了，所以不想再做土地买卖。不错，当时西武集团拥有的土地数量是日本最多的，可是在地产行情最好的时候放弃地产投资，却并不是因为他已经握有大量的土地，而是因为他收集到了足够的情报。分析表明，地产业的景气只能够维持几年，土地供过于求，只有及时收手，才不会在大灾难来临的时候一败涂地。堤义明的想法不久就得到了验证，很多地产投机者一一陷入了困境。

到 1974 年，堤义明忍够了 10 年，确保阵脚不乱，为他后来的全面出击打下了良好的基础。1974 年之后，当其他企业还没有从地产投资失败中恢复元气时，他已经大举进入酒店业、娱乐业等多个行业，在全日本刮起了一股“堤义明旋风”。

以变化适应变化，是一种策略，但前提是你要具备变化的能力。忍耐，以不变应万变也是一种策略，在这种策略下，你可以更仔细地观察对手、养精蓄锐、磨炼内功，等待时机的降临。

现今社会处于高速变化中，跟着外界高速变化，往往使我们力不从心，不仅不能很好地适应变化，反而会因为手忙脚乱而失去自我，造成“赔了夫人又折兵”的结果。所以，忍耐，以不变来适应变化不失为一个良策，西武集团的成功证明了这一点。其实，这不仅对于企业有用，对我们个体的人生也是有用的。一个人最重要的就是保持独立完整的自我，以不变的自我应外界的万变，才能不被外部世界牵着鼻子走，才能获得真正的成功!

沉住气，厚积薄发

有一个人投师学艺，其间经常受师傅的虐待、欺负，不是骂就是打，造成他满肚子的怨恨，总认为师傅太不人道了。因此他愈学愈恨，恨意久久累积下来，到了难以平息的地步，便决定离开，甚至准备在离开前进行报复。他跟朋友说明缘由与计划，朋友却说：“你是来投师学艺的，师傅也拜了，学艺未成就离开，太可惜了！不如跟他学艺三年，等到手艺学成了再离开，到时候报仇也不嫌迟啊！”他觉得朋友的看法有道理，决定留下来。为了把手艺学精，他不得不忍耐师傅严厉的教导；也由于他的勤劳，手艺日益精进。相应地，师傅对他也愈来愈好，种种的赞美、呵护、奖赏让他愈活愈快乐，愈学愈满足。三年后，朋友问他："三年过了，怎么还不走呢？"他说："现在师傅待我很好，舍不得走了。"

在走向成功的道路中，懂得忍耐是最难能可贵的品质。忍耐是一种毅力，有了它，才能不断地成长，才能逐步走向成功。有时候成功离我们真的很近，但是由于你不沉着、不够稳定、急躁而让成功与你擦肩而过。所以我们一定要沉住气，把握好身边的每一个机会。相信自己，坚持行动，你就能成功。

法国著名作家凡尔纳写过很多受人追捧的科学幻想小说，被人尊称为"科学幻想之父"，他写的著作包括：《海底两万里》《七十天环游地球》和《地心游记》等。可是他的第一部著作《气球上的五星期》，却曾经接连被 15 家出版商退稿，他们认为这部著作没有出版的价值。然而，凡尔纳并没有气馁，默默地坚持自己的梦想。结果，第 16 家出版商接受了这部作品。《气球上的五星期》成为一部最畅销的书，并被译为许多种文字。

这样，在那一年，他成了世界上最有名的作家之一。可以想见，如果没有他的沉着坚忍，估计他的第一本书稿就要被埋葬了，也正是因为他的沉着坚忍，才给了他的书稿一个大放异彩的机会。

的确，如果你沉不住气，那么本来能办到的事，结果也许办不成；而相反，本来没有指望的事，如果你沉住气冷静思考和分析，那么事情就有可能办成。可见，人在办事前的心态是影响其成功的重要因素，有时候，事情的难易并非如人所料，不要被表面的现象吓倒，只要多一些耐心，沉住气，就会有意外的收获。

沉得住气是一种修养，有这种修养的人往往能镇定自若地控制局面，让局势转危为安。而日常生活中，有多少人能真正做到沉着冷静，沉得住气呢？常常见到一些沉不住气的人，在头脑发热的情况下盲目行事，最后造成憾事。

美国男子网球运动员麦肯罗，身体素质好，球技精湛。他在比赛中奔跑迅速，步伐敏捷；重扣轻吊，变幻莫测，直线球、大角球更是鬼神难料。凭着他超人的体质、卓越的球艺，在历次比赛中，无论是在顺境中还是在逆境中，他都能成功地控制局势，赢得胜利，多次登上冠军的宝座。然而遗憾的是，麦肯罗球风恶劣，缺少起码的运动员品质。麦肯罗在一次英国女皇俱乐部举行的伦敦草地网球比赛中，过五关斩六将，战胜了所有的对手，第三次蝉联了这项比赛的冠军。但是，就是在这次比赛中，他却多次表现出极端恶劣的球风。他不服从裁判员的判决，蛮横地质问女裁判员克拉克：“你为什么要破坏这次比赛？”当场外观众对他的这种不礼貌行为进行批评和指责时，他又把怒气转向观众，大骂道：“笨蛋，住口！”“一群猪猡！”“你们跳到湖里去洗洗头脑吧！”最后，当他对一个边线球的裁判提出质疑时，十分野蛮地捡起地上的网球，狠狠地向女巡边员身上砸去。裁判员克拉克实在无法忍受这种极不文明的举动，向麦肯罗出示了“非运动员行为”的警告牌。比赛结束后，麦肯罗不但不认真检讨自己的过失，反而向大会提出荒唐无理的建议：不要女裁判员裁判男子比赛。他的粗鲁无礼，遭到过人们激烈的反对，使他失去了众多的支持者。但麦肯罗的恶劣球风并未得到彻底改正，终于受到严厉的惩罚。1981 年 6 月 23 日，在伦敦温布尔登网球赛的第一轮比赛中，他又因一个球不服从裁判判决并且辱骂裁判，被大会组委会处以 1500 美元的罚款。并郑重警告他，如果今后再有类似事情发生，他将被罚款 10000 美元，甚至取消他的比赛资格。在这次受罚和严重警告以后，麦肯罗才冷静下来，开始注意自己的球风，并且在实际比赛中有了很大改进。在以后的一场双打比赛中，裁判员错判了一个边线球，他没有吵闹，十分规矩地接受了这个错判，并以友好和认真的态度打完了这场比赛。事后，记者评述道：“在这场比赛中，麦肯罗的行为是无懈可击的。”但是“江山易改，本性难移”，不久，麦肯罗又旧病复发，经常在球场上因为控制不住情绪、沉不住气而辱骂裁判、丢拍子，因而得到了一个“坏孩子”的称号。

期望得到外界的认同，这一点本无可厚非，但在遭遇不公、挫折的时候，必须学会理智，学会冷静，沉得住气，否则会让自己后悔莫及。

生活中，只有冷静沉着，沉得住气，才能理性地思考解决问题，这才是真正的智者所为。

正如星云大师所说的，现在的快速炉，快速加温，也快速冷却；温室里的花朵，快速开花，也快速凋谢。世间的万事万物都要禁得起时间的循序渐进，才会平顺。学剑的人，愈急着想获得成就，就愈不能如愿，因为他没有留一只眼睛看自己，就会给敌人可乘之机。所以，做人有时要当机立断，不能犹豫，但大多时候则要“向前三步想一想，退后三步思一思”，才能免留遗憾。

在忍耐中坚强，在坚强中成长

有一支刚刚被制作完成的铅笔即将被放进盒子里送往文具店，铅笔的制造商把它拿到了一旁。

制造商说，在我将你送到世界各地之前，有5件事情需要告知：

第一件，你一定能书写出世间最精彩的语句，描绘出世间最美丽的图画，但你必须允许别人始终将你握在手中。

第二件，有时候，你必须承受被削尖的痛苦，因为只有这样，你才能保持旺盛的生命力。

第三件，你身体最重要的部分永远都不是你漂亮的外表，而是黑色的内芯。

第四件，你必须随时修正自己可能犯下的任何错误。

第五件，你必须在经过的每一段旅程中留下痕迹，不论发生什么，都必须继续写下去，直到你生命的最后一毫米。

铅笔的一生是充满传奇的一生，它用自己的生命勾勒出世人心中最精致的图画，书写着最温暖的文字，即使在生命渐渐消失的时候，还在创造着新鲜的美丽。但是，它所迈出的每一步，都踩在锋利的刀刃上，它一生都在忍受着无穷的痛苦。

生活总是充满苦难和磨炼的，而充实的生命、幸福的人生，需要忍受寂寞，忍受他人的恶意羞辱，忍受生活的磨炼，在忍耐中坚强，在坚强中成长。

美国前总统克林顿的童年很不幸。他出生前 4 个月，父亲死于一次车祸。他母亲因无力养家，只好把出生不久的他托付给自己的父母抚养。童年的克林顿受到外公和舅舅的深刻影响。他自己说，他从外公那里学会了忍耐和平等待人，从舅舅那里学到了说到做到的男子汉气概。他 7 岁时随母亲和继父迁往温泉城，不幸的是，双亲之间常因意见不合而发生激烈冲突。继父嗜酒成性，酒后经常虐待克林顿的母亲，小克林顿也经常遭其斥骂。这给从小就寄养在亲戚家的小克林顿的心灵蒙上了一层阴影。

坎坷的童年生活，使克林顿形成了尽力表现自己，争取别人喜欢的性格。

他在中学时代非常活跃，一直积极参与班级和学生会活动，并且有较强的组织和社会活动能力。他是学校合唱队的主要成员，而且被乐队指挥定为首席吹奏手。

1963 年夏，他在“中学模拟政府”的竞选中被选为参议员，应邀参观了首都华盛顿，这使他有机会看到了“真正的政治”。参观白宫时，他受到了肯尼迪总统的接见，不但同总统握了手，而且还和总统合影留念。

此次华盛顿之行是克林顿人生的转折点，使他的理想由当牧师、音乐家、记者或教师转向了从政，梦想成为肯尼迪第二。

有了目标和坚强的意志，克林顿此后 30 年的全部努力，都紧紧围绕这个目标。上大学时，他先读外交，后读法律——这些都是政治家必须具备的知识修养。离开学校后，他一步一个脚印：律师、议员、州长，最后达到了政治家的巅峰——总统。

人都希望在一个平和顺利的环境中成长，但上帝并不喜爱安逸的人，他要挑选出最杰出的人物，让这部分人历经磨难，千锤百炼终成金。一位大学者说过："苦难是一所学校，真理在里面总是变得强有力。"每一个渴望成功的人都需要到苦难中接受教育。

历经风雨的洗礼，忍受苦难的磨炼，生命才能常活常新。忍是人生一大修养，也是过幸福生活不可或缺的。

真正的忍耐不仅在脸上、口上，更在心上，是自然就如此，不需要费力气、分毫不勉强的忍耐。人要活着，必须以忍处世，不但要忍穷、忍苦、忍难、忍饥、忍冷、忍热、忍气，也要忍富、忍乐、忍利、忍誉。以忍为慧力，以忍为气力，以忍为动力，还要发挥忍的生命力。只要你在忍耐中坚强，就必定能在坚强中成长。

既要会隐忍，又要能奋发

现实生活中，许多身怀绝技的人都显得谦虚谨慎，把自已的"绝世武功"隐藏得非常严密。其实，这么做的主要原因就是想"不鸣则已，一鸣惊人"。这即是所谓的"既会隐忍，又能奋发"，实际上就是该藏则藏，该露则露，这就牵涉一个"度"的问题。隐藏只是为了更好地释放，预示着他们正在寻求有利的释放时机，一旦时机成熟再充分地表现自己，使自己脱颖而出，成为众人的焦点。

庞统是与诸葛亮齐名的能人。但庞统天生怪异、相貌丑陋，因此不太受人喜欢。他先投奔吴国，孙权嫌他相貌丑陋没有留用他。

于是，庞统便投奔了蜀国的刘备。临行前，孔明交给庞统一封推荐信，表示一旦刘备见此推荐信定当重用他。

可是庞统见到刘备时并没有将推荐信呈上，而是以一个平常谋职者的身份求见，因此，刘备只让他去治理一个不起眼的小县。

虽然如此，身怀治国安邦之才的庞统，并没有为此而耿耿于怀，他深知靠人推荐难掩悠悠众口，他要在该露脸的时候才露脸。

于是，庞统当着刘备的心腹、爱弟张飞的面，将一百多天积累的公案，用不到半日就处理得干净利索、曲直分明，令众人心服口服。

庞统这种该藏则藏，该露则露，既会隐忍，又能奋发的做人方式，使得他步步高升，不久后便被刘备提升为军师中郎将。

英雄就是这样，不仅会忍耐，也会奋发。时势造英雄，所以，奋发要掌握时机。没有第二次世界大战，哪里有朱可夫那样的元帅，哪里有丘吉尔那样的首相，哪里有罗斯福那样的总统？所以要把握住机会，不鸣则已，一鸣惊人。

隐忍与奋发，关键在“度”，在时机，抓住机遇奋发，就可能一鸣惊人，功成名就。切不可不看时机，否则一步不慎，就可能事事不顺，倒霉透顶。

某大企业的策划总监血气方刚，上任之初把三把火烧成燎原之势，大刀阔斧撤换班底，推行改革。这位策划总监颇具才华，但因年轻气盛，遭到其他中层主管的抵制。整个蓝图成了他的独角戏，别人非但没有发挥力量，反而把他视为障碍。最终越唱越难，只好挂印走人。

在现实生活中存在这样一种自视颇高的人，他们锐气逼人、锋芒毕露，处世不留余地，咄咄逼人。他们虽然也有充沛的精力、很高的热情，也有一定的才能，但这种人往往在人生旅途上屡遭挫折。其中的重要原因就是过于天真，没有把握好隐忍与奋发的关系。

有一位分配到某单位的大学生，从下车间开始，就对单位这也看不惯，那也看不顺。未到一个月，他给单位领导上了洋洋万言意见书，上至单位领导的工作作风与方法，下至单位职工的福利，都一一列了存在的问题与弊端，提出了周详的改进意见。由此，他被单位的某些掌握实权的领导视为狂妄、骄傲乃至精神病，不仅没有采纳他的意见，而且借别的理由将他退回学校再做分配。

这个大学生作为锋芒毕露者的典型，在新的人际关系中未能处理好包括上下级关系在内的各种关系，加上又不注意讲究策略与方式，结果不仅妨碍了个人才能的发挥，还招来了嫉妒和排斥。

因此，在现实中，必须讲究隐忍的策略与艺术。锋芒毕露者，他们往往不会因锋芒毕露而走向成功，反而容易因此遭受挫折，甚至一蹶不振。为人处世既要能隐忍，又要能够瞅准时机奋发。